ローカルテレビの60年

地域に生きるメディアの証言集

日本大学法学部新聞学研究所［監修］
米倉 律・小林義寛・小川浩一［編］

森話社

目　次

刊行によせて

この度、日本大学新聞学研究所の研究成果の一環として、本書『ローカルテレビの60年—地域に生きるメディアの証言集—』を刊行する運びとなった。そこで、以下で本書刊行の意図と経緯を簡略に述べておきたい。

本年（2018年）春先から「放送法改正」が政府から提起されて検討課題となっていた。変更案の主要な点の一つが「放送法第4条」の撤廃といわれていた。幸運にも今回は与党の政治的事情で第4条の撤廃は、法案として提示されずに済んだ。第4条で放送事業者に求められていることは「①公序・良俗を害しない　②政治的公平性　③事実依拠　④多様な意見の尊重」という、民主主義社会でのマス・メディアとして組織の存在を担保する至極当然、かつ遵守すべき要請である。この変更を検討する本体組織が「規制改革推進会議」というのも違和感がある。この組織が期待している第4条廃止の目的は、この会議が推進してきた他の活動から推測すると、放送に対する外資の参入、通信業者の自由参入ということであろうか。要は放送を自由競争市場原理に委ねようという姿勢ともとれる。さらに、廃止の結果は、事実によらない「フェイク・ニュース」あるいは「ポスト真実」放送や、社会規範から著しく逸脱した番組内容、偏向した一方的意見の開示等々さえも規制しない方針ということになろう。

アメリカではFCC（連邦通信委員会）が通信技術の発展によったメディアの多様性を背景として1987年に「fairness doctrine」（公平原則）を廃止した結果、放送局が政治的意見を鮮明にしたし（好例がトランプ大統領支持を鮮明にしているFoxテレビ）、インターネット放送も含めた多メディア化が日常化している。新聞における選択的接触性と比較して選択性が弱い放送では公正性よりも公平性が求められてきたのも、電波の公共性が根拠となっていた。この規制が外された結果、実態としては多様性の保証よりは政治的立場を鮮明にする放送が登場し、それが政治的に利用されるようになっている。

日本でも仮に放送法第4条の廃止が実現すると、規制緩和という隠れ蓑によって「言論の自由」「言論多様性の保証」というこれまで我々が依拠してきた、たとえ最善ではなくても過去に実施された他の制度よりは悪さが少ない、社会、国家の運営制度である民主主義の理念の根幹が覆される結果となる恐れがある。今国会では成案とはならなかったとはいえ、予断は許されない。

いうまでもなく、戦後日本社会が営々として構築してきた民主主義制度の実践において、その主要な機能をジャーナリズム機能として担ってきたのが活字メディア、電波メディアである。放送法第4条の廃止という事態は「放送が民主主義の一翼を担わなくてよい、世論に向き合わなくてもよい、世論を喚起しなくてもよい」という宣言に等しいのではなかろうか。こうした事態は、創成期からこれまで放送ジャーナリズムがジャーナリストたらんとして培ってきた放送人、とりわけ本書との関連でいえば地方民間放送における放送人の試練と苦闘に満ちた多様な報道活動を無意味なものとするし、爾後放送ジャーナリズムは存在しなくなってしまうことにもなりかねない。

本書で語られる、地方民間放送の当事者がまさに多様多岐にわたる放送人として、この国の民主主義を充実させるために在り続けた、在り続ける活動を、一時の気の迷いや経済原理だけで意味無きものとすることは、次世代に対する責任の放棄という点でも拒否しなければなるまい。本書の中でインタビューにお答え頂いた総ての方々が、創成期の地方テレビジョン放送に携わった方、およびそうした方々から薫陶を受けて地方民間放送をジャーナリズムとしての意義ある存在とさせるべく活躍してきた。現在第一線を離れたりあるいは上級管理職となった方々も多いが、この方々が所属してきたいずれの局も民間テレビジョン放送が開始された直後に各地方で最初の民間放送として開局した。沖縄については本土復帰以前からの特殊事情があるが、それについても当事者として興味深いお話が述べられている。また、多くの局で民間企業ということで株主集めの苦労が語られる一方で、他方ではいくつかの局では地方自治体からの株主という形での資金投下はあったが自治体は報道内容には一切立ち入らない、局側は入らせないという、言論の自由を基本原理とする組織としては至極当然の組織運営が維持されてきたことも語られている。

さらに、もう一点注目すべきは表現は異なるが、総ての方が各々の地方住民の声を反映する報道番組の重要性を主張されていることである。言論の多様性を担保することで民主主義の実効性を顕にすることができるのである。こうした地方ジャーナリズムの活動が無くなるということが、単純な中央集権的、効率優先的国家運営を招来する危険性があるということを、いみじくも「放送法第4条」変更、廃止方針は示している。

上記した放送界の状況に関する現時点での事情だけでなく、創成期以来の日本の地方民間テレビジョン放送に関連する事象を以下で簡略に示しておこう。テレビジョン報道の諸課題、地方文化との関係、経営上の問題やデジタル化の問題については、各々の方々が興味深い示唆に富んだ発言をなさっているのでここでは触れない。

視聴覚メディアとしてのテレビジョン放送が社会に与えた多種多様な衝撃についての研究は、先進国アメリカのみならず多くの国で豊饒な成果が提示されてきた。日本社会への影響についても過去50年の蓄積として数多の成果がある。とはいえ、これらの諸成果、少なくとも日本のそれについてみると、包括的に日本社会に関する全体像を見ることはできても、必ずしも個別具体的日本社会の像を反映したものとは言えない。その一番の理由は、日本全体を把握するためには、研究の基礎となる調査の利便性、効率性、功利性を考慮すると、その調査の多くが人口の集中した大都市を中心として焦点化せざるを得ない、という調査技術上の要因にある。人口数的に日本の約半数を占めるとはいえ、地方に分散している人々の実態を把握しそれらを包含した全体像として考察することは、当該地域のみを対象とする場合は別として、多くの研究者、組織にとって諸条件から困難な作業といえよう。結果として、この国を支える約半分の人口を抱える地方社会には十分な目配りがなされていなかったのである。その点を衝撃的に明らかにしたのが東日本大震災とその被害状況の全国的拡散である。そこから新たに見えてきた都市と地方社会との格差と、その意味に関しては、多くの研究が提示されているし現在も進行中である。そして、戦後70年以上が経過した今日、とりわけ大都市と地方との間には様々な問題が「格差」という形で顕在化している。その内で、あるものは地方社会に特殊・特有のもののように見えて実は大都市にも共通であり、その意味ではこの国の基本的課題なのである。

本書の課題である地域と民放を考察する際にも、上述したこの国の国情が顕現化している。多くの地方民放が当該地域の地方新聞の後押しを受けたとはいえ、それとは異なる出自と発展経路を持っていたことにも留意すべきであろう。

日本におけるジャーナリズムの先駆者であった新聞は、戦中の一県一紙体制を基本的には戦後も維持、継続し、大都市部を除いてはほぼ地域独占の状態にあったが、その新聞資本の後押しによって民間放送としての「ラジオ」が地方放送局として先行して開業していた。初期の地方民間テレビジョン放送局についても同様の傾向が存在していたことも周知の事実である。むろん、キー局、準キー局も同様の事情にあった。こうした新聞資本の状態と民放テレビ局の番組編成との関連についてはいくつもの論考があり、本書の中でも地方民放局の事情として部分的には当事者の方々によって語られている。

近代民主主義と言論の自由が不可分であることは今更言を俟たないが、言論の自由とその国家権力からの自由について無頓着な人間が、放送事業者の長であったり、国家権力の側や立法府の側の一員が言論の自由を否定するが如き発言をしている近年の日本社会の状況を見ると、ジャーナリストでなくとも危機感を覚えずにはいられないであろう。こうした事態を招来した一因として、言論の自由に関して国家権力から独立した行政委員会が存在しないことも無視できない。また、巻頭で述べたような民主主義に無頓着な権力者の存在もあるといえる。

同様に近代民主主義と言論の自由と地方社会の関係でいえば、地方自治を支えている一つの柱は地方新聞、地方ラジオ放送、地方テレビジョン放送、すなわち地方ジャーナリズム、地方マス・メディアである。それゆえ、「地方の情報主権」（金井宏一郎元中国放送社長）は、地方に根差した地方言論、輿論の構築と提示による中央集権的政治への問題提起、主張として、民主主義国家全体にとっても意義深いものである。こうした点を考えると、民主主義とジャーナリズムを論じる上で地方のジャーナリズムを考察するのは不可欠な作業であるが、実際には、テレビジョン放送に限ってみれば、論じられてきたものの多くが中央中心（キー局ないしは準キー局中心）であったことは、視聴者数に意を払わざるを得なかったとはいえ不十分なものであった。

周知のように日本における公式なテレビジョン放送は、第二次世界大戦後の1953年に日本放送協会（NHK）によるものが嚆矢であり、直後に商業放送、いわゆる民間放送局（民放）として日本テレビ放送網株式会社（日本テレビ）が放送を開始した。但し、沖縄県については米軍統治下であったので事情が異なり、この点については沖縄テレビ放送の山里孫存報道制作局次長が説明されている。その後56年までにも複数の民間放送局が開局したが、それらは今日キー局ないしは準キー局と呼ばれている東京、大阪、名古屋といった大都市の放送局である。57年には北海道放送（HBC）が札幌でテレビジョン放送を開始した。その後、58年から63年までの5年間にほぼ全国に地方民放テレビジョン放送局が開局し、全国各地方の住民が民間放送テレビジョン番組の視聴が可能となった。これらの放送局はNHKの地方放送局とは異なる、所謂その局の所在地の地方を中心とした番組編成による地方志向、地方基盤の放送を行ってきた。開局時期の詳細については各局のインタビューの扉ページを参照されたい。2013年には放送開始後60年を経過し、2003年にはテレビジョン放送50周年を記念した諸行事が放送事業者や学会、研究組織で催されたことは記憶に新しいところである。その間にも行政主導によって、放送電波がアナログからデジタルに転換するという、重大な技術的転換の強制が行われ、その結果として受像機の強制的新規購入がなされた。

ところで、日本のテレビジョン放送の流れを考える際に忘れてならないことがまだある。すなわち、テレビジョン放送の開始とその後の成長と軌を一にしているのが、経済における50年代後半からの「高度経済成長」と、政治における「55年体制」である。さらに、もう一つ民放テレビ局にとって大きな意味がある変化がある。それは、経済が復興から成長に転換し始めたこの時期と期を一にした「人口構造の変動」である。終戦直後の第一次ベビーブームが一段落したこの時期になると、世帯数は増加し子供の実数も増加するが、合計特殊出生率（一人の女性が生涯に産むと見込まれる子供の数）は安定化し始め2、3前後となった。総人口は70年代まで増加の一途を辿り、70年には1億人を超えその傾向は変わらずに2010年の1億3千万人弱をピークとしてその後微減を始めた。総人口の増減も重要ではあるが本稿との関連で考えると、50年代以降の人口の都市への移動、とりわけ東京（関東ブロック）、大阪（近畿ブロック）、名古屋（東海ブロック）への集中的移動に大きな意味がある。「戦後日本の人口移動と経済成長」（参議院、2005年）によると、具体的には全国を10の地域ブロックに分けた場合のブロック間の人口比の差が大きくなった。さらに、三大都市圏への人口移動と経済成長とには密接な相関が見られる。1950年には3大都市圏とそれ以外の人口比が35対65であったが、60年には40対60に変わり、その後も変化の傾向は変わらずに2010年には51対49となってしまった。また、この人口比は生産年齢人口においてもほぼ同じ比率である。1950年から2005年の55年間で日本の人口は約4,400万人増加したが、このうち8割に当たる約3,500万人が三大都市圏の人口増である。特に東京都を含む関東ブロックは増加を維持している。生産年齢人口について見ると、既に1990 年の時点で三大都市圏が全国の過半数を占めている。この集中傾向は今後も変化しないと予測されている。

以上の人口に関する議論を換言すれば、地方民放テレビ局は日本全体の半数に満たない視聴者を各々の地方ごとに分散した視聴者とせざるを得ないが、キー局および準キー局の場合には大都市にあるがゆえに、視聴者の確保という点だけを取り上げれば非常に有利だと言える。

他方、50年代に創設された地方民放テレビ局は、地方社会の課題を直視するという要請と対象視聴者の漸減傾向という、いわば二律背反的な状況に創設時から直面していたと言える。そして、既に様々な指摘がなされているが、少なくとも地方人口の減少と産業構造の変化に伴う就業年齢人口の減少という傾向は、結果として地方社会固有に見える多くの課題を生じさせてきた。この点は現在まで続く状況であり、それが地方民放局にとっては桎梏となっていると言えよう。すなわち、50年代から60年代に開局した地方民放テレビ局の多くは、放送事業者として当初から苦難に満ちた活動を余儀なくされていたと言える。もちろんこれは単に経営上の意味だけではなく、減少しつつある視聴者を対象として、それゆえに出現するともいえる個別地方社会の課題（その多くは他の地方社会にも、ひいては日本社会全体にとっても課題と言えるが）を如何なる視点で把握し映像化し伝達するのかというテレビメディアの在り方の問題という意味でもある。

前述したように、2011年3月11日とその翌日には日本のマス・メディアの在り様、とりわけ報道ジャーナリズムの在り様を根底から震撼させた東日本大震災と福島原発爆発が発生した。マス・メディア全体の報道の在り方および個別マス・メディアに関して、メディア自らも検証を通じた課題の発見とその結果に基づく今後の転換に向けての模索がなされている。また、研究者からも多様多岐にわたる議論が提示、提起されてきた。

IBC岩手放送の阿部正樹社長（当時）と福島テレビ放送の糠澤修一社長（当時）は、ともにこの事態の際に報道の当事者として現場での指揮を執られたが、今回のインタビューでもその経験を語っている。この重大災害時に、先輩たちから受け継いできたニュース報道に関する手法や技法および非常事態への対処訓練が全く無意味となった状況に直面したという。その状況中での取り敢えずの対処とその後の対処についての反省や今後の課題認識は、未曾有の事態において、既存の教訓や訓練がほとんど役に立たなかったという現実の中、それでも報道を行うことを自らの使命として課している放送ジャーナリストの貴重な発言として記録、記憶されるべき内容に富んでいる。

こうした地方社会という部分社会のみならず、日本の全体社会にとっても重大な出来事は、どのような形であれ、記録して残すというアーカイブ化の作業がなされないと、記録としてのみならず記憶としても風化してしまう危惧は言わずもがなであろう。言うまでもなく、記録の不在は、後世の人が出来事の存在さえも正確に把握できなくなることを意味している。こうした事態を避けるという点だけでも、我々は起きたことを記録し、それに関わった人々の生の声を後世に残しうる形で記録しておかねばなるまい。

本書で語られているのは、戦後日本の復興期から成長期の中であたかも当然のことと看做されてきた中央集権的国家再構築の動きである。そして他方で、その中で生まれた地方再考と再興への志向が交差する時代の社会的背景の中で誕生し成長してきた地方民放テレビ局が、地方の諸課題とそれへの対処、すなわち何を、なぜ、どのように行ってきたのかを、その時代に現場で活動してきた方々の生の声として語って頂いた記録でもある。地方民放局であればこそキー局とは異なる経営上の困難が存在した（している）ことは想像に難くない。また、地方住民との距離の近さゆえに、それぞれの地方特有の社会問題のみならず文化的諸伝統とも向き合わざるを得なかったと想像できる。

本書に登場頂いたほとんどの方が日々の出来事のニュース報道を行っていただけでなく、各々の地方社会の中で住民の日常生活から見いだされる社会的課題を「ドキュメンタリー」として制作している。そして、その多くの作品が数々の賞を獲得し高い評価を得ている。さらにその中には映画や書籍として新たな展開をしているものもある。このことは、そうした方々およびその薫陶を受けた人々がジャーナリストとしての高い見識、意欲、熱意を持っていたことを示している。むろん他方では、そうしたジャーナリストの在り様を一蹴する経営の論理が存在してきたことも事実である。地方民放局のトップに立った方々の、一方ではジャーナリストとしての自己規律や意識と、他方では経営要請との狭間での苦悩もまた本書の中で度々語られている。そこから窺えるのは、ジャーナリズム活動としてのドキュメンタリー映像の制作諸費用とそれには結びつかない視聴率（この点も日本のテレビジョン放送視聴者の劣化ともいえるが）との間で、それでもなおドキュメンタリーを制作して市民、地方住民に語りかけようという行動を生む意思の強さである。すなわち、地方の問題とその相対化による日本社会の問題への転換という想像力と創造力の必要性を映像化することで、中央（大都市）を相対化する地方の視点の重要性を顕在化させる姿勢が強くみられる。そこには自己顕示欲や名誉欲といった言葉では説明がつかない、当事者たちの放送ジャーナリストとしての存在意義を問う姿勢があるといえる。さらに、ローカルな映像素材をグローバルな課題に拡大する視点、ローカル文化の発信、動員能力の拡張等々の問題への対処についても積極的姿勢が提示されている。

テレビジョン放送創設期に現場に立ち会った方々の中には、既に物故されている方も多数となった。今、現在その時期の体験をお持ちの方およびそうした方々から直接指導を受けられた方々も、現場を離れられていることが多い。繰り返しになるが、創設期のテレビジョン放送、報道を原体験として保有している人が亡くなられることによって、その時代の知識、記憶が喪失、消滅していく状態にある。だからこそ、本書では地方民放テレビ局運営の経営基盤の強化・拡大と地方社会・文化の担い手という、大別2点について現在まで地方局の現場で活躍している（してきた）方々に、過去の事実については分かる限り事実に即し、自らの体験については、それに関しての個人的評価として語って頂いた。目を通して頂けば直ぐに分かるが、全ての方が熱く語られたのは地方放送局の放送人としての矜持である。中央からの視点ではなく、地方（地域）主権の流れに棹さし、その流れを一層推進しようとしている人々の熱き思いである。いわば、日本列島の北から南まで、50年代から60年代までに開設された各地方での最初の地方民間放送局の当事者の方々に、個人的体験の個人的感想、意見として地方民間テレビ局と地方社会・文化の問題を語って頂いた貴重な記録史資料である。インタビューさせて頂いた方々はいずれもご多忙中であるにもかかわらず、本企画の意図をご理解頂いて長時間にわたって貴重なお話をお聞かせ頂きました。篤く御礼申し上げます。

小川浩一

＊各インタビューの扉ページに記載されている放送局の情報は、2017年12月15日現在のものである。

＊インタビュー回答者のプロフィールは、インタビュー時のものである。

I　北海道・東北編

北海道放送

社　名　　　：北海道放送株式会社
略　称　　　：HBC（Hokkaido Broadcasting Co., Ltd.）
本社所在地　：北海道札幌市中央区北1条西5丁目2番地
資本金　　　：4億9500万円
社員数　　　：238人

コールサイン：JOHR（ラジオ）／JOHR-DTV（テレビ）
開局年月日　：1952年3月10日（ラジオ）／1957年4月1日（テレビ）
放送対象地域：北海道
ニュース系列：JNN
番組供給系列：JRN・NRN（ラジオ）／TBSネットワーク（テレビ）

溝口博史　（常務取締役）

聞き手：小川浩一

インタビュー日：2014年11月14日

▶創業以来の地方民放の気概──地域に根ざし世界にはばたく

──初めに、北海道放送の創業時からの特徴である「フロンティア・スピリット」が現れた具体的事例をお教え願えますか。

溝口　HBCは、1951年11月30日創立のラ・テ（ラジオ・テレビ）兼営局で、北海道の民間放送第1号です。「フロンティア・スピリット」は、HBCには当たり前のことで、開拓したうえでさらに進むべき方向として「地域に根ざし世界にはばたく」をモットーにしています。それが具体的に現れた例として、草創期の技術に関する話をしましょう。ひとつは、まだラジオしか放送していなかった昭和29（1954）年8月のことです。「北洋漁業再開記念北海道博覧会」ご視察のため青函連絡船で函館に上陸される天皇皇后両陛下をテレビで生中継しました。これが北海道で初めてのテレビ放送実験です。その後も札幌で実験放送を重ね、雪国でテレビ放送が可能かどうかを検証する日本初の「雪上電波伝搬実験」も行っています。ここからがすごいのですが、一連の実験で使った機器と技術力は昭和31（1956）年10月に海を渡り、北京で開かれた「北京日本商品見本展示会」に出品されました。派遣された技術マンはHBCから4人、ラジオ東京（現TBS）から2人。日本製のカメラを使って撮影した舞台劇などの映像が、北京市内50カ所に設置した受像機に映し出されました。これは中国で初めてのテレビ放送です。放送は3週間にわたって行われ、毛沢東主席も周恩来首相もカメラの前に立ったと伝えられています。ほとんど知られていませんが、中国初のテレビ放送はHBCが行ったのです。しかも、北海道で本放送をスタートさせる半年前。放送開始前から世界にはばたいていたという事例です。

もうひとつ挙げると、HBCはNHKの反対を押し切ってテレビ送信所を手稲山（ていねやま）の頂上に設置しました。NHKは大通公園のテレビ塔建設を主張しましたが、広い北海道で可能な限り遠くまで電波を飛ばすには山の上に送信所を置くことが合理的でした。頂上までの道路はHBCが単独で開発しました。山岳を切り拓いた難工事の記録がフィルムに残されています。放送開始はNHKより3カ月あまり遅れてしまいましたが、受信可能世帯はHBCが圧倒的に多く、手稲山のマウンテントップ方式として、その後に開局する全国の放送局に影響を与えました。今日ではNHKも含め北海道のすべてのテレビ局が送信所を手稲山に建てています。ついでに言うと、HBCテレビのチャンネルが1番である理由は、GHQが使用していたチャンネル1と2が開放されそうだという情報を秘かに入手し、チャンネル3を希望したNHKをよそ目に、チャンネル1獲得作戦を展開していたからです。全国ではNHK（総合放送）のチャンネル1が一般的ですが、HBCは地方民放で数少ないチャンネル1を誇っています。

初代社長の阿部謙夫は北海道新聞の社長だった人ですが、阿部は「放送はいわゆる文化事業であり、利潤追求の対象には適していない」と述べています。利潤追求のために放送するのではなく文化を創造するために放送する。しかも、チャンネル1番の誇りを持って先頭に立ってやっていこう。この精神は、放送人の覚悟、放送の矜持として、現在の世代まで脈々と受け継がれていると思います。HBCの体質とも言えます。近年の例で言えば、デジタル時代を迎えてワンセグ独立放送を全国で初めて実施したのは当社でした。HBCカップジャンプ（スキージャンプの大会）をより面白く見てもらうため国内唯一のノックアウト方式と優勝賞金を導入したり、ローカル放送している食育番組「森崎博之のあぐり王国北海道」を東南アジア各国でレギュラー放送化したのも、創業当時からの進取の精神の現れです。大阪のローカル情報ワイド番組「ちちんぷいぷい」を2014年秋からあえて北海道で放送しているのも、新しいことへの挑戦、実験好きなHBCらしさと言えます。東京の視点、大阪の視点、そして地元北海道の視点が、月曜から金曜までの午後帯で絡み合う新しい編成です。

——テレビ放送を開始した民放としては5番目（1957年開局）ですが、この根底にあるのは資本力でしょうか。立ち上げ時にはどんな状況だったのでしょうか。

溝口　HBCはラジオから始まりました。ラジオは全国7番目（1952年開局）でした。資本と言っても個人株主が多かったんです。最大で3681人の株主を数えました。札幌の狸小路や小樽の商店街を1軒1軒まわって少額の株主になってもらいました。民間放送ということがよくわからなかった時代です。民放ラジオを始めるといっても、街中のスピーカーから聞こえる街頭宣伝のような理解のされ方をしたようです。北海道新聞社という地元有力紙が核ではありましたが、いくつかの地元企業以外は大きな資本は入ってこず、地域に暮らす大勢の個人株主によって設立された放送局でした。その生い立ちを見る限り、地域住民に支えられ、期待され、応援されるメディアだったと言えます。
——日本のテレビの創生期を見ると、日本テレビ、TBS、それからABCにCBC、それでこれHBCとなってくる。やはり、資本力が強いからと言っても、あるいは株主がたくさんいたとしても、やろうという意欲があっただけでは充実した内容の放送はできませんね。そう考えると、今挙げた他の局はみんないちおう資本力がある。HBCだって基本的には資本力があるから、その裏づけの下に意欲があってできたのではないでしょうか。そして、その力が今でも続いているんじゃないかと思うのです。単に創業者の阿部謙夫社長のテレビ放送に対する想いだけではできないのではありませんか。
溝口　阿部社長は私が入社したときには亡くなっていて、直接の薫陶を受けることはなかったのですが、残された資料などを見る限り、やはり「放送で儲けよう」とは思っていなかったようです。しかも、出身母体である北海道新聞社とも距離を置きます。地域を代表する新聞の資本が放送をも傘下に置くのはジャーナリズム機関として好ましくない、新聞と放送は別個のマスメディアであり、競争しながら独自の視点を打ち出すべきだという考え方からでした。北海道新聞社は関連の民放テレビ局やラジオ局を別に立ち上げることになります。そんなことで、HBCは外部からの影響を受けにくい独立自尊の意識が高い放送局のようには思いますが、資本力が強いと言えるのかどうかはわかりません。デジタル化で苦労したここ十数年は非常に厳しい経営の会社です。
——その割にいろいろなことをなさっているじゃないですか。
溝口　新しいことに挑戦する面白さは何ものにも代えがたい。使っちゃうんですかね、お金を。そして、貧乏から抜け出せない（笑）。ついこの間まではデジタル化の巨額投資で赤字でしたし。社屋建替えの時期も迫っています。まあ、気持ちだけは強くあるというか、今の若い人たちにも、何か新しいことをやりたい、作りたい、その気持ちを伝えていきたいと思っています。例えば、テレビが輝き始めた60年代のことですが、安岡章太郎といった、それまでテレビドラマを書いたことのない小説家に、テレビって面白いと思わせて書下ろし脚本を書かせてしまうHBCのプロデューサーの力はすごいと思うんです。当時はテレビもニューメディアだったので、若き創作者にはテレビが魅力的存在だったのでしょうが、多くの作家がHBCと関わっているんです。ラジオやテレビの昔のドラマ脚本を調べてみると、安岡章太郎、安部公房、寺山修司、谷川俊太郎、山川方夫、この間亡くなった渡辺淳一など、後に大家と呼ばれる作家が脚本家として名を連ねています。小説家や詩人が自分でオリジナルの脚本を書いていたんです。谷川俊太郎が書いたのはアイヌ民族をテーマにした「ムックリを吹く女」(1961年「東芝日曜劇場」)。安部公房が書いたのは、昆虫好きな農家の女の子が畑の農薬散布に反対する「虫は死ね」(1963年「東芝日曜劇場」)。安岡章太郎が初めて書いたシナリオ(長谷部慶次と共作)は、売れない作家が北海道の秘境を訪ねる「わかれ」(1967年「東芝日曜劇場」)。「虫は死ね」と「わかれ」は芸術祭で受賞しています。作家もプロデューサーもディレクターも若くて、ここはこういう演出のほうがいいとか丁々発止でやっていたわけですよね。渡辺淳一は札幌医大の医学生だった頃からHBCに出入りしてラジオやテレビの脚本を書いています。ラジオの朝番組ではパーソナリティーまでやっているんですよ。そうやって番組を制作してきた草創期のエネルギーは、今、残念ながらちょっと失われているかもしれません。地方局だけでなく、キー局でも。

HBCがテレビドラマをレギュラーで制作しなくなった経緯については、『ジャーナリズム&メディア』第7号(2014年3月20日刊)の特集「テレビ60年地域と民放」に書いた「地域に根ざし世界にはばたく」を参照願いたいのですが、制作費が保証される全国ネットの枠がなくなったことが背景にあります。

やがて制作プロダクションが生まれると、キー局はプロダクションに番組をアウトソーシングします。視聴率やキャスティング力を考えると、地方局よりプロダクションのほうが安くて質の高い番組ができると踏んだのでしょう。地方局の全国放送の枠が減り、テレビ番組の東京一極集中化が進みます。

▶ニュースをとらえる眼――地域の声からはじまるジャーナリズム

溝口　だいぶ前の話になりますが、2004年にイラクで日本人3人が武装勢力に誘拐される事件がありました。3人のうち2人が北海道出身者でした。この2人についてHBCは誘拐事件が起きる前に取材をして話を聞いていました。2人とも事前取材していたのは全国のメディアでHBCだけだったと記憶しています。イラク復興支援特別措置法が成立した時に、北海道からの自衛隊派遣の問題もありましたので、自衛隊員やその家族の取材とか、特措法に賛成か反対かなどについて、いろんな特集企画をローカルニュースで放送しました。その中に、劣化ウラン弾について研究発表をした高校生と、イラクでボランティア活動している女性が登場していて、この2人が誘拐されたのです。事件が発生すると、北海道では新聞もテレビも2人の人となりを取材するため本人不在の実家に押しかけ、家族のインタビュー取材をめぐって大騒ぎになりました。その上、日本政府が誘拐は3人の自己責任だという冷たい発言をして、混乱に拍車がかかりました。

――その発言は非常に鮮明に記憶しています。

溝口　嫌な言葉でした。私たちのニュース系列であるJNNは、HBCのニュースライブラリーを使って、2人の考え方や人となりを伝えることができました。地方局の日常の取材がいかに重要かということを物語る事例です。その当時、TBSの金平茂紀記者がワシントン特派員でした。彼がパウエル国務長官にインタビューして、パウエル長官が「彼らのことを深く心配する義務を負っている。彼らは私たちの友人であり、隣人であり、米国の仲間の市民なのだ」と明確に発言したことから、日本では2人あるいは家族に対するバッシングがピタリと止みました。地方の記者も海外特派員も一体となってひとつのニュースを作り上げていることがおわかりいただけると思います。

――イラクに行った3人のうち2人が北海道出身ということですが、どういうきっかけで彼らの活動を事前にHBCの記者の方は気づいたのでしょうか。

溝口　イラク特措法が成立した時（2003年7月）に、ただ成立しましたという国会からの報道ではなくて、実際に活動に参加する自衛隊員はどういう気持ちなのか、その家族はどう感じ何を考えているのかといった点を掘り下げ、いろいろな角度から企画を立ててローカルニュースで放送しました。イラク特措法はHBCの放送エリアに関わる重要なニュースだったのです。東京キー局に任せておけません。誘拐された男性に関しては、彼がまだ高校生の時ですが、イラクに関連して劣化ウラン弾の研究発表を授業でやるということを聞きつけて取材に行きました。女性に関しては、一時帰国しているというのでイラクの現状やボランティアの内容を聞くためインタビューに行きました。たまたまと言えばたまたまですが。HBCの事前取材映像はキー局を通じて世界に発信されたので、もしかすると誘拐事件の犯人とかイラク側の人たちが見た可能性もあります。2人がスパイでもなんでもないという普段の人間像がイラク側に伝わって解放されたとすれば、命に関わる重要な取材をしていたことになります。

――それも、創立以来の会社の考え方、地域に根ざし世界にはばたく、つまり、地域で集めてきた情報を世界に発信したということですね。

溝口　だから、やれ火事だ、やれ交通事故だということだけでローカルニュースを制作しているのではなく、地域でどんな人が、どんなことに、どんな想いで取り組んでいるのか、どういう生き様の人が暮らしているのか、喜び、苦しみ、悲しみ、そういうものを日常的に取材することによって、それが、ある時は映画製作など文化創造につながることもあるし（『ジャーナリズム＆メディア』第7号に、ニュースからドキュメンタリー番組が生まれ、それが書籍になり、映画化され、CDやDVDにもなった「記憶障害の花嫁」について記述しました）、ある時は海外で人質にされた人の命に関わることもあるというわけです。

――確かに発生モノを追うだけという意味ではないという点でも、地域とのつながり意識の覚醒という点でも非常に有意義な活動だと思いますが、そうした要請は現場の記者の人に負担がかかりませんか。

溝口　そんなことはないと思います。火事や交通事故にも何が隠されているかわかりません。だから取材するんです。それが私たちの仕事ですから。私は遠近両用の眼鏡をかけていますが、このように地方の記者は、自分のエリアの近間のものを見る目と、東京とか大阪とかあるいはもっと遠い海外を見る目と、両方持つことができます。札幌の住宅街にクマが出たというニュースと、イラク特措法が成立したというニュースを、同じ記者が同じレベルで取材できるのが地方局のよいところです。地域に暮らす人々の生の声を聞きながらジャーナリズムの一端に関われることは、大きな喜びです。
——その点は、ジャーナリストのあり方の話に関わってきますね。
溝口　地方民放の記者だからこそ、常に大きな視野で世界を見ていなくちゃいけないんだと思います。地域住民のために。
——今おっしゃったような視点、あるいは取材のあり方、姿勢といったようなものは、常に自社内でのジャーナリスト教育のレッスンを通じて脈々と受け継がれているのでしょうか。それとも放置していても自然と受け継がれるものですか。
溝口　特にレッスンはしてないですけども、放置していて受け継がれる時代でもなくなってきましたね。普段、どういうふうにニュースを取材し、成果物をどう放送しているのかを先輩に教えてもらいながら身についてくるんだと思います。私は若い記者時代、夜中の事件発生や災害に備えて報道部で待機する泊まり勤務をひとりでやっていると、会社の責任というか報道部の責任をひとりで背負っている気持ちになって、ガクガク震えるような緊張感を覚えました。そして、泊まり勤務の間に世界のどこで何が起きても、それが北海道にどう関わってくるのか、そんな原稿が書ける記者になりたいと思っていました。

▶ドキュメンタリー制作——北海道から世界を俯瞰する

溝口　それはニュースだけでなく、ドキュメンタリー制作でも同じことが言えます。私も若い頃には多くのドキュメンタリーを作ってきました。広く世界を見ることの一例を挙げましょう。

1991年の湾岸戦争の時に、バグダッドの空爆の映像がテレビで繰り返し放送されました。闇の中にパーッと光るのを見ながら「アラビアンナイト」の世界はどうなってしまうのだろうと考えました。東京にいたらそうは思わなかったかもしれませんが、札幌で空爆映像を見ると何故か「アラビアンナイト」が重なりました。母が語る「船乗りシンドバッド」を聞きながら寝入ったバグダッドの子どもは、多国籍軍の空爆にどんな顔をして飛び起きるんだろうと思うと、バグダッドに行きたくてしようがなくなるわけです。特派員として行くにはJNNや社内の手続きも面倒で時間がかかります。それならドキュメンタリー番組を企画してディレクターとして取材に行こうと考えました。実現したのは、翌年の休戦状態に入った時でしたが、それでも日本大使館が引き揚げたままになっていて、バクダッドには私たちのクルー3人しか日本人がいませんでした。取材でも怖い思いを何度かしましたが、まさに自己責任です。

この企画は、戦争や民族紛争は相手の文化を知らないことから起きるのではないかとの仮説を世界の紛争地を巡って取材するものでした。多国籍軍はバグダッドに大量のミサイルを打ち込みましたが、彼らはバグダッドのことをどれだけ知っているのかと私は疑問を感じていました。隣の国にはどんな文化があるのか、砂漠の向こうではどんな歌が口ずさまれているのか、子どもの頃からバグダッドの歌を一曲でも知っていれば、いきなりミサイルを撃ち込むことはしないと思います。これは「夢見るころに教わりし歌〜世界の子供たちは何を歌っているか〜」(1992年、日本民間放送連盟賞最優秀)というドキュメンタリーになりました。欧米、ロシア、アフリカ、中東、東南アジア、中国……。世界の小学校をまわって音楽の教科書を徹底的に取材しました。日本は明治になって西洋音楽を一気に取り入れたので、外国曲が比較的多い教科書になっています。しかし、アメリカの子どもたちはロシア民謡を歌ったことがないし、ロシアの子どもたちは「峠のわが家」を知りません。取材当時、ちょうどチェコとスロバキアが分裂騒ぎを起こしていたんですが、双方の小学校を訪ねてみると、チェコとスロバキアでは別々の教科書を使っていました。それぞれの首都のプラハとブラチスラバで音楽の専門家に話を聞くと、お互いに批判するんです、相手の歌を。これなら分裂してしまうなと思いました。

こういう取材のなかでイラクに入っていったんですが、音楽の教科書は表紙をめくると戦闘服姿のフセイン大統領の写真。他国の歌など一曲もありません。それでも、ビルの瓦礫が無残なバグダッドの片隅に「アリババと40人の盗賊」のモニュメントが無傷で残っているのを発見した時は胸が熱くなりました。番組では、「子どもたちに他国や異民族の歌を積極的に教えよう。それが世界の平和につながる」と主張しました。

——このドキュメンタリーは全国放送ですか。

溝口　湾岸戦争のニュース映像を見ながら札幌で企画したドキュメンタリーが全国放送になりました。もしかしたら、札幌で見ていたからそういうイマジネーションが湧いてきたのかもしれません。東京で記者活動をやっていたら、湾岸戦争本体に飲み込まれた企画になると思います。札幌だとちょっと引いた目で見ているので「アラビアンナイトはどうなった？」という発想になる。つまり、対象との向き合い方が違うのでしょう。ましてや湾岸戦争の渦中にイラク周辺で取材していた記者は、そんなことに頭は回りません。でも、札幌で、たいへん申しわけない言い方ですが、爆弾が飛んでこないところで見ていると派生的な発想が生まれるのでしょう。そういうことであれば、地方記者や地方民放の存在は意義深いということですね。手前味噌すぎるかな（笑）。

——それは、中国放送元社長の金井宏一郎さんが『ジャーナリズム＆メディア』第７号でおっしゃっている「情報の地方分権」と、趣旨は少し違いますが共通するものがあるように思います。やはり地方の主権、情報主権、つまり地方の民放局が、地方にあるがゆえのジャーナリズム性というのは、むしろそこで発揮し得るものだということではないでしょうか。

溝口　地方にいることの有利さを積極的に見つけようということですかね。全国各地に放送局があり、東京と違う空気を吸っている記者やディレクターがいる。だったら、東京とは異なる視座のニュースや企画を出していこうということなんです。言論の多様性の観点から見ても、地方のジャーナリズムが重要な役割を担っていると思いますね。新入社員にはよく話すんですが、北海道で暮らしていると日本列島の動きがよく見える……、ような気がすると。足元に大きな日本地図のパネルを敷いて、北海道の上に立って南を眺めると、東京も大阪も、はるか沖縄までよく見えます。桜前線が北上してくるのも見えます。台風も北上してきます。毎年のことなのにどうして台風被害が起きるんだろうと考えたりします。さまざまな出来事や情報が北海道から俯瞰できます。北海道は世の中の動きを冷静に分析できる比類なきエリアではないかと魔法をかけて、新入社員に幅広い視野を持つよう話しています。

——地方紙、地方新聞のジャーナリズムとは異なるのでしょうか。

溝口　各地に歴史のある大きなブロック紙や地方紙がたくさんありますが、新聞は情報がそのエリア内で止まってしまっているというか、情報をエリア内で回して終わっているように思います。他方、地方民放の場合はエリアで取材したニュースをローカルニュースとして放送するだけでなく、時として全国発信しています。これが放送と新聞の大きな違いじゃないかなと思います。私たちJNNのニュース系列はTBSなど全国の民放テレビ28社で構成していますが、HBCは北海道からどのくらいの数の全国ニュースを発信しているかというと、定時ニュース番組に限っただけでも1カ月に平均50本を超えます。しかも50本というのは平時の数字で、長期にわたる大きなニュースが起きると、例えば先年の豊浜トンネル崩落事故とか有珠山（うすざん）の噴火などがあるとものすごい数になります。TBSを除く加盟27社で全国発信のニュースが一番多いのは大阪のMBS（毎日放送）ですが、その次に多いのがHBCなんです。北海道は全国発信されるニュースが多い稀有な地域と言えます。ヨーロッパで言えばデンマークと同じぐらいの面積、オーストリアと同じくらいの人口ということで、一国なみの人間生活と社会行動が展開されているので、それだけニュースも発生するということになります。また、季節感なども特異な地域なので、札幌で初雪が降りましたとなると、初雪の映像がニュース番組以外にも情報ワイド番組で使われたり、天気予報番組に使われたりと、各番組で1日中使われます。そういう数も含めてカウントすると情報の発信量は膨大になります。メディアを比較するとわかるんですが、これはテレビ特有の実態です。新聞の全国紙を東京で読んでいても北海道の話題が目につくことは滅多にありません。テレビニュースは大阪・北海道を先頭に地方からの情報発信量が極めて多いメディアなんです。ネットワークに加盟している地方のテレビ局がもっともっと多様な目線のニュースを発信していけば、日本はより豊かな情報社会を構築していけると思いますよ。

これは金井さんがおっしゃっていることとは違いでしょうが、情報の地方分権ということで言えば、私はそれほど悲観的には思っていません。確かに、全国ニュースの場合、ニュースの編集権はキー局にあります。JNNではTBSです。伝えるべきニュースの選択、放送分量、放送順などを決めていくのは

TBSのデスクです。しかし、地方局から全国発信するニュースの内容は当該局に任せられています。北海道から「上(のぼ)る」（全国発信する）ニュースはHBCが取材・構成し、あわせて全責任をHBCが負います。原稿、インタビュー、映像表現、すべて発局責任になっているのがJNNのよいところです。書いたことへの責任もありますし、書かなかったこと（特オチ／スクープの逆）への責任も問われます。そして、キー局から「こう書け」と言われたことは一度もありません。地域に根ざし、地域に這いつくばって取材活動している地方民放の意地と誇りがネットワークニュースの仕組みを維持してきたのだと思います。JNNの報道に関する限り、草創期から一貫して地方分権の意識が強く反映しているのではないでしょうか。

付け加えたいのは、地方民放が自社制作番組のなかで独自に全国ニュースを扱うケースが増えている事実です。ローカル番組でやる全国ニュースです。地方局が夕方6時以降に30分程度のローカルワイドニュース番組を編成し始めたのは1970年代から80年代にかけてでした。2000年代に入ると午後4時以降に放送するローカル情報ワイド番組が生まれてきます。長時間の情報ワイドの中にはニュース枠も置かれ、地方局のアナウンサーやキャスターが永田町から海外までの幅広いニュースを取り扱うようになります。地方ジャーナリズムの歴史を考えたとき、ローカルテレビ番組における全国ニュースの放送展開は過去になかった画期的な変化です。東京キー局と同じ映像素材を使って、東京とは違う地域独自の目線でニュースを論評することができるようになったのです。これはまさに情報の地方分権です。例えば、この間の安倍総理と習近平主席との笑顔のない握手、あの気持ちの悪い握手の映像素材は、TBSだけでなく、HBCにも静岡放送にも山陽放送にも熊本放送にも系列各社みんなのところに行くわけです。これまでだと全国ニュースの定時番組で放送したらおしまいだったニュースが、地方の情報ワイド番組で繰り返し放送されます。しかも、自社のアナウンサーや地元のコメンテーターが「この握手はああだよね、こうだよね」と語ります。地方民放局は地方のまな板の上で国際ニュースをも転がせる時代になったのです。そういう意味で情報の地方分権は確実に進んできているという印象を私は持っています。

――今おっしゃったのは、東京から下ってきた素材があったら、その素材を一度受け止めるけれども、その先になると、今度は自分たちの地平で処理するということですね。ところで、それをもう1回上げるということはないですか。

溝口　それはあります。例えば兵庫の野々村議員の号泣会見が全国ニュースで放送されると、系列の地方局にも号泣会見の映像素材が渡ります。そうすると、HBCでいえば道議会の政務活動費ってどうなんだろう、札幌市議会はどうなんだろうという切り口で調査取材が始まります。兵庫の号泣会見をきっかけに各地の放送局が政務活動費に関わる企画をたてます。隠れていた事実が取材で炙り出されれば、それは逆流して全国放送になることも当然あります。政務活動費より号泣をテーマにした企画の方が面白いかもしれませんが。

――地方分権が進むと同時に、場合によっては、共通素材をそれぞれの地方局で処理し、もう一度共有するという事態が起きてくるということですね。

溝口　そうですね。ちょっと面白い試みをHBCはこの秋の改編で始めたばかりです。月～金の午後帯なんですが、正午から2時間はTBSの情報番組「ひるおび！」を放送しています。続く2時間を、これは本当に画期的なことなんですけど、大阪のMBSがローカル放送している情報番組「ちちんぷいぷい」を生で受けて北海道で放送しているんです。「ちちんぷいぷい」は本来もっと長い4時間の番組なんですけれど、北海道では夕方までの2時間分、全体の半分を放送しています。それが終わると、午後4時頃からの3時間はHBCの自社制作ローカル情報番組「今日ドキッ！」を放送しています。これでHBCの午後帯は3番組あわせて7時間の生放送です。この間にニュース枠が何度かありますが、東京目線、関西目線、地元北海道目線と7時間の視座が3つに分かれているので、同じニュース素材を使っても伝え方や切り口が違ってきます。言論の多様性や多元性を意識しつつ、東京・大阪に対峙する北海道の個性や文化を育むことにもなり、極めて意味のある新しい時代のテレビ編成ではないかと、私は大いに期待しています。

「ちちんぷいぷい」を放送している枠は、それまでドラマの再放送枠でした。2時間の生放送にしたほうが突発事件が起きたときにすぐ報道できるということも編成改革の理由でした。

——それは非常に面白い試みですが、地元は大変じゃないですか。

溝口　MBSに頑張ってもらって、おおきにありがとさん、です。まだ、始めたばかりですが、あえて北海道ネタを企画してもらうより、コテコテの関西文化を展開してもらったほうが北海道の視聴者の受けはよいようです。つまり、視聴者は視座の違うものを求めているのだと思います。北前船が運んだ文化の復活でしょうか。

▶ドキュメンタリーの全国放送——北海道を描く、北海道から描く

——先ほど、バグダッドの空爆から生まれたドキュメンタリーのお話がありましたが、ここからは溝口さんが作られた作品を例にドキュメンタリーについて話していただけますか。

溝口　ドキュメンタリーは、カネもヒトもジカンもバショも大掛かりになるドラマと違って、地方民放局が自社制作しやすいコンテンツです。かつまたニュースと同じように、放送局にとって存在意義を問われるほど重要なコンテンツであり、視聴者からも地域からも制作を期待されているテレビ番組です。私は現場の記者・ディレクターを26年やりましたが、同僚のなかではドキュメンタリーをたくさん制作したほうだと思います。いろいろなテーマのドキュメンタリーを作りましたが、基本は誰が見ても理解できる普遍性のある作品です。地方局だからといって、エリアの中だけでやっても広がりがないので、テーマによっては取材の足を海外まで伸ばしました。取材で訪ねた国は30カ国くらいになるでしょうか。ただ、北海道が出てこないドキュメンタリーは1本もありません。「地域に根ざし世界にはばたく」です。「過ぎし日のブラームス～没後100年に聴く幻のピアノ録音～」（1997年、日本民間放送連盟賞優秀）なんて、タイトルを見ても北海道の「ほ」の字も想像できませんが、晩年のブラームスとその作品に新しい解釈を提供したドキュメンタリーでして、その鍵となるエジソン発明の蓄音機に録音されたブラームス自身のピアノ演奏を新たに再生するのに、北海道大学電子科学研究所の光学技術を活用したのです。

——地方制作のドラマの放送枠がなくなった話がありましたが、ドキュメンタリーは全国放送されるんですか。

溝口　自分がディレクターとして作ったドキュメンタリーで全国ネットされたものは17本あります。ローカル放送のドキュメンタリーも同じくらい制作していますが、そのなかには番組コンクールで受賞したため番販（番組販売）で全国をまわった作品もあります。プロデュース作品を含めるとさらに増えます。いずれにしても、北海道の放送局が生み出す放送文化を、地元はもちろん全国の人々に見てもらいたくて取り組んできました。地方民放のディレクターとしては全国ネット17本は多いほうだと思いますが、その形態というか仕組みはさまざまなので、そこから話したいと思います。

例えば、ゲーテの詩「野ばら」に154曲の異なるメロディーがあるという音楽史を掘り起こす「童は見たり～世界最大のヒット曲「野ばら」の謎を追う～」（1987年、金の羊賞ソ連国際テレビ映像祭優秀賞）や、先ほど話した「夢見るころに教わりし歌～世界の子供たちは何を歌っているか～」などは、日曜午後2時頃の放送枠をTBSから全国ネット用にもらってオンエアしたケースです。そのかわり、その放送枠のセールスはHBCの営業部が責任を持ちます。こういう放送では企画が勝負です。TBSの編成局を唸らせる。広告代理店を納得させる。スポンサーを探すHBC営業部を安心させる。そんな企画書が必要になります。3作品を並べて振り返ってみると、すべて北海道の「ほ」の字も出てきませんね。特に意識したわけではないですが、必ずしも北海道を売り物にした企画ではないということです。ただ、「過ぎし日のブラームス」では日本民間放送連盟賞の某審査員が「北海道放送がなぜブラームスを作るのか納得できない。最大の減点理由だ」と発言されショックでした。地域に根ざし世界にはばたくの否定です。地方民放はエリア内でおとなしくしていろと言うのでしょうか。一方で、「童は見たり」は放送文化基金賞本賞の受賞を理由にNHK総合テレビで放送され、TBS系とNHKと、全国放送の機会を2回も得ることになりました。

もちろん北海道らしい番組もあるんですよ。「サラダ記念日」で話題になった俵万智さんが高校教師を辞めて歌人として生きていくという時に、雑音のない大雪山に来ませんかと手紙を書いて大雪山縦走5泊6日のドキュメンタリーを制作しました。「風吹くままに～俵万智の大雪山歌紀行～」（1989年）です。

日曜午後の枠がすぐ取れました。時の人、俵万智さんが大雪山のお花畑を見ながら歌を詠んで登山します。誰よりも私が俵さんと仕事がしてみたかったのです。あの斬新な短歌が生まれる瞬間を見てみたいというのが本音です。ディレクターにそういう思いがあると、企画書がどうのこうのと言う前にワーッとやれるのがテレビの不思議さです。歌える短歌にしようと思いつき、林光さんに素晴らしいメロディーもつけてもらいました。テレビ草創期に多くの小説家や詩人が番組制作に関わったという話を先ほどしましたが、先輩ディレクターたちにも「安部公房とドラマを作ってみたい」という強い気持ちがあったんだと思うんですよね。自分もそうだし、後輩たちにも、好きな人、気になる人、優れた人と仕事をするように言っています。時代は移り変わってもテレビの番組制作ってそういうものだと思っています。

——その気持ちはどこから出ていらっしゃるんですか。地方にいるということと、つまり札幌なり北海道と関わるのでしょうか。それともそうではなくて、番組制作者あるいは少なくともテレビの人間としてこういうものをつくりたいという意欲は、どこにいても同じだというふうに考えますか。

溝口　やっぱり自分の興味ですね。この人と話をしてみたい、この人と仕事をしてみたいという気持ちは、東京で暮らしていようが北海道の田舎にいようが、ニューヨークで特派員をやっていようが変わらないんじゃないですか。そういう気持ちがない人はテレビで生きていくのは無理です。もうひとつは、自分と違う目線でこの北海道と関わってもらいたいということでしょうか。

——この人と仕事をというときに、北海道がどこかで結びついてくるのですね。

溝口　それは地方民放局を根城とするディレクターである以上、当然のことではないでしょうか。東京大学の広大な演習林が富良野にあって、なかなかユニークな森づくりをしています。どろ亀さんという愛称で知られる高橋延清名誉教授、この方は本郷の教壇に一度も立ったことのない現場主義の研究者だったのですが、どろ亀さんの森づくりを、これまた日曜午後の全国ネット「日本で一番美しい森～富良野から地球を救おう～」（2001年、科学技術映像祭文部科学大臣賞）というドキュメンタリーにまとめました。このときは、森の小説をたくさん書いているノーベル賞作家の大江健三郎さんに富良野まで来てもらいました。また、毎日のように将棋盤の木目を見つめ木の駒に触れている羽生善治さんにもその原木を見に森の中に入ってもらいました。千住真理子さんにはバイオリンの素材と同じ樹木の前で演奏してもらいました。やっぱり北海道に来てもらいたい、北海道を見てもらいたいんですね。自分が地元の人間として見ている見方とは違う北海道を私にぶつけてもらいたいという気持ちもあるし、こっちはこっちの思いを伝えたいとも思います。それが、新しい小説に結びついたり、棋戦に反映されたり、バイオリンの音色に表れたりするといいなという思いがあるんですね。その微かな成果がドキュメンタリーを視聴してくれる全国の人々に伝わると嬉しいです。

こうして話していると、北海道に人を連れて来るだけでドキュメンタリーを作っているように思われるかもしれませんが（笑）、それは違います。

——根底には北海道の目線があり、北海道を描いているんですね。

溝口　そうですね。誰に北海道を見てもらうのか、誰が道民の気づかないことを指摘してくれるのか、ということは重要なことです。北海道では時々、魚が沿岸に大量に打ち上げられる事件があります。温暖化による海水温の変化が原因じゃないかといわれていますが、私が現場にいた頃にも、知床（しれとこ）でサンマが大量に打ち上げられてニュースになったことがあります。HBCの記者はもちろん取材するんですが、なぜかこういうニュースになると興味を持って東京からも記者が来るんですよ。浜辺の住人のなかにはサンマを焼いて試食する人もいて、格好の取材対象になります。東京の記者は、全国ニュース番組のなかでリポートして、焼いたサンマを「うまい、うまい」って食うわけです。その全国ニュースに引き続いてローカルニュースが始まり、HBCの記者が同じように食べて「脂が抜けていてまずい」と（笑）。住民にインタビューすると「犬の餌です」（笑）。全国ニュースからローカルニュースまで通して見てくれた視聴者は、うまいのかまずいのかわからなくなります。

——どっちが正しいのか、やっぱり地元の記者だろうな（笑）。

溝口　東京の記者は「うまい」と食ったほうがいいと思ったのか、東京の目線でいけばこういうものは「うまい」に決まっているのか、東京の記者は本当に「うまい」と感じたのか、よくわかりませんけども。北海道を誰に見てもらうかで大きな違いが生まれます。
——確かに目線ですね。その目線を支えている感性の違いみたいなものということでしょうか。
溝口 放送が終わってから、けっこう議論しました、キー局の編集長やデスクと。一体どうすべきなのかと、こういう場合。
——でも流しちゃったんでしょう、もう（笑）。たぶん、食べてレポートした東京の記者は随分へこんだんじゃないですか。
溝口 現場では打ち合わせも何もしていないんです。知床といっても広いので、記者どうしは現地で会っていない。だから同じニュース番組のなかでサンマを「うまい」とも「まずい」とも言う。発局責任で成立しているJNNニュースの醍醐味と言えば醍醐味なんですが。

▶地元へのこだわりと普遍性

溝口 HBCのドキュメンタリーについては、『ジャーナリズム＆メディア』第7号の「テレビ60年 地域と民放」に少し書きましたので、是非、目を通してください。私だけがディレクターではありませんので。多種多様な目線のドキュメンタリーが60年にわたって制作されてきました。
——今、私の頭に浮かんだシリーズは「NNNドキュメント」です。どんどん突拍子もない放送時間に追い込まれていっていますが、それでも系列局がみんな頑張って作っていますよね。ああいうのは、JNNにはないんですか。
溝口 うらやましいですね。これも地方局制作のドキュメンタリーを全国放送する仕組みのひとつです。昔はあったんです、TBS系列にも。タイトルは「カメラルポルタージュ」。30分番組でした。それから番組名が変わって、私が入社した1975年頃は「テレビルポルタージュ」でした。その頃、有珠山が噴火しまして、その時に先輩たちと一緒に「本当に有珠は怒ったのか～噴火2週間の洞爺湖畔～」（1977年）を「テレビルポルタージュ」で放送しました。私にとって入社して初めて担当したドキュメンタリーでした。
　そのうち、映像に音声が同時録音できる簡易なハンディカメラが普及し、現場を舐めるようにしてフィルムにおさめる貪欲な撮影に重きを置いたドキュメンタリーが流行しました。カメラをシュートしたひとコマ目も捨てないという精神から、編集のつなぎ目からカメラのシュート音やフィルムが回る音がビューン、ビューンと聞こえるようなドキュメンタリーでした。プロデューサーは「報道のお春」と呼ばれたTBSの吉永春子さん。HBCからも「テレビルポルタージュ」でいくつものドキュメンタリーが全国放送されました。そのなかに1973年放送の「新幹線の通りみち」があります。北海道内の新幹線ルート決定フィーバーを取材したドキュメンタリーですが、放送から40年以上が過ぎてようやく北海道新幹線が現実味を帯びてきたことに感慨深いものがあります。

「テレビルポルタージュ」は、映像がENG（小型ビデオカメラとVTRによるニュース取材方式）のビデオになってきた1978年に「土曜どきゅめんと」に変わります。フィルムと違ってカメラから発せられる雑音はなくなり、映像も鮮明で、ENG取材はドキュメンタリーにテレビドラマのような映像質感を持ち込みました。番組コンセプトとして「ナレーションなし」が打ち出され、映像と音だけでリアルな取材現場を表現することが求められました。ここで私は、「知床・通院300キロ～北の家族の一週間～」（1980年）というドキュメンタリーを作りました。知床に小さなレコード屋さんがあって、そこのお母さんは人工透析が必要な人でした。当時、人工透析ができる病院は150キロ離れた釧路にしかなかったので、彼女は週3回、路線バスを乗り継いで釧路まで通っていました。1往復300キロです。冬の猛吹雪の日は道路が通行止めになりバスが運休します。バスが止まると命に関わるので、天気予報を注意深く見ていて、前日に出かけることもあります。帰宅できない日もあります。そのため釧路に小さなアパートを借りています。自宅にはお母さんを温かく見守る小学生の姉弟がいて、お父さんと一緒に健気に家事を手伝います。そんな家族の一週間をノーナレーションで描き、医療過疎の現実を浮き彫りにしました。

この「土曜どきゅめんと」が1時間番組に拡大して、今の「報道特集」になっていきます。「報道特集」だとキャスターニュースのような感じになって、ドキュメンタリー番組という印象はなくなりました。それでも、30分の半枠とか60分全枠を使ってのドキュメンタリーを放送することができました。私が制作に直接関係したのは、料治直矢さんとか堀宏さん、田畑光永さんがキャスターの時代です。「報道特集」では、中川一郎代議士が自殺した時に「中川一郎後継問題・骨肉の争い・長男と秘書の出馬表明」(1983年) と、日本一といわれる農協の巨大組織を取材した「畑の中のコンビナート・北海道士幌農協」(1983年)、北海道特有の寄生虫病に迫った「キタキツネが媒介・奇病エキノコックス」(1984年)、この3本のドキュメンタリーを「報道特集」から全国放送しました。

現在の金平茂紀さんと日下部正樹さんの「報道特集」は放送時間が1時間20分に拡大しましたが、当日のニュースやスポーツニュースが入るようになって、ますますドキュメンタリー番組の色彩が薄れてしまったのが現状だと思います。もちろん、何がドキュメンタリーなのかという議論も必要になりますが。

先ほどおっしゃった日テレ系の「NNNドキュメント」のような番組を持ちたいという意見は系列内の心ある人のなかからは出ていまして、深夜ですが「報道の魂」という番組を細々とやっています。深夜が悪いとは言いません。いまやテレビは録画視聴が当たり前ですから、見ていただきたい番組は24時間のどこかで放送できればいいんです。視聴者にとってテレビを見られる時間がその人にとってのゴールデンタイムです。私は深夜でも早朝でもよいと思っています。

話が逸れましたが、「細々」と言ったのは、「報道の魂」が系列のネット番組ではないからです。番販による購入番組なので、地方局にとって番組への関わり方が希薄になりますね。「NNNドキュメント」もテレ朝系の「テレメンタリー」もそうだと思うのですが、「テレビルポルタージュ」や「土曜どきゅめんと」には、地方局に対して年間1本はやってくださいとか、HBCなら年間3本はできるでしょうというドキュメンタリー制作のノルマがありました。番組制作にノルマという言葉は使いたくありませんが、地方局の記者やディレクターはネタ探しに一生懸命でした。ある程度のノルマがあることによって、取材対象を見つける努力も必要になるし、ニュースを掘り下げる力を鍛えることにもなるし、ライバル心から他社の表現力や構成力を学ぶことにもなって、地方民放局の制作力アップにつながると思います。私たちの系列がそのようなドキュメンタリー枠を持っていないことに忸怩(じくじ)たる思いがあります。

——ニュース番組がバラエティー番組化してきたから、ああいう作り方にしたんでしょうか。

溝口　「報道特集」は少なくともバラエティー化はしていないと思います。アメリカの報道番組CBSの「60MINUTES（シックスティーミニッツ）」を範にしたものです。「報道特集」には「報道特集」のよさがあります。でも「土曜どきゅめんと」も残してもらいたかったですね。

——やろうという意欲があり、人がいても、枠が取れない、カネがない。それは本当に欲求不満になるでしょうね。

溝口　今日は、カネの話はほとんどしていませんね（笑）。カネはないけれど地方局制作のドキュメンタリーを全国の人に見てもらいたい、制作費をどうやって工面しようかということになるのですが、私の場合はキー局制作の番組に潜り込ませてもらうことをやってきました。全国放送の機会を得るもうひとつの手段です。かつて、TBSにドキュメンタリー的な色合いのある「そこが知りたい」と「日立テレビシティ」というふたつの番組がありました。それぞれ週1回放送のプライムタイム（19～23時までの時間帯）の1時間番組です。1回1回の中身は、TBSが自ら局制作するか、プロダクションが作るかなのですが、そこへHBCにも作らせて欲しいと手を挙げるのです。制作費は制作プロダクションがTBSからもらう金額と同額です。つまり、HBCは独立した放送局ではありますが、ここでは制作プロダクションの位置づけでドキュメンタリーを制作するのです。「そこが知りたい」では2本やらせてもらいました。ひとつは、アイヌ民族の儀式を丹念に独占記録した「カムイ・イオマンテ」（1985年）。伝統儀式を正しく継承するため実際にヒグマを神送り（殺害）する場面もあり、アイヌの人たちと議論しながら制作したドキュメンタリーです。もうひとつは「厳寒！　北の動物園」（1991年）。北海道には、動物園が、札幌の円山（まるやま）動物園、旭川の旭山動物園、おびひろ動物園、釧路市動物園と4園ありますが、ライオンとかゾウとか、南方に暮らす動物たちは北海道の雪のなかでどうしているのかというドキュメンタリーです。近年、旭山動物園が人気で話題になっていますが、当時は冬期間になると休園したりお客さんが1日数人だったりという動物園がほとんどでした。ライオンは小屋の掃除のため1日1回外に出されるんですが、寒いのが辛いのかドアを両手でガンガン叩いて、中に入れろ、早く入れろとやるんです。ゾウも雪の上では足が冷たいらしく足踏みを繰り返します。

「日立テレビシティ」では3本のドキュメンタリーを全国放送しました。網走の能取岬（のとろみさき）に暮らす親子のキタキツネを2年にわたって追いかけた「キタキツネ・母と娘の物語」（1982年）。映画「キタキツネ物語」とは違う本当の生態を描こうというプロデューサーの強い意欲でローカル放送した番組「岬のキタキツネ」（日本民間放送連盟賞優秀）を再構成しました。プライムタイムの放送なので、地方局制作のドキュメンタリーを全国の大勢の視聴者に見てもらえます。視聴率は東京で12.2%、札幌で19.6%でした。「大草原の少女みゆきちゃん」（1985年）という知床の牧場でおおらかに育つ少女とその家族を取材したドキュメンタリーも最初は「日立テレビシティ」でした。ヒグマが出没することもある森のけもの道を往復3時間かけて学校に通う小学一年生のみゆきちゃんを、入学式から一学期が終わるまで取材して7月下旬に放送しました。このときに私が学んだのはドキュメンタリーの普遍性です。

取材が終わって編集室に籠ることが多くなる頃、HBC東京支社の編成担当者から決まって電話が入ります。「溝口さん、今度の作品はどんな内容なの」。TBSの番組ではあっても中身はHBCの制作ですから、視聴率や番組宣伝にHBCも大きく責任を持ちます。担当の彼女は効果的な番組宣伝を企画するために制作者へ電話してくるのです。「往復3時間かけて通学する小学生の話です」と答えると「そんな子、東京にはたくさんいるわよ」と意外な返事でした。「遠い有名私立に無理して通っている子がいるのよ」、「森を歩くので父親が入学前に道を教えてくれるんです」、「東京だって地下鉄で事故があったら山手線で帰ってくるとか、バスに乗り換えるとか、覚えることがいっぱいよ」。ちょっと変、アレアレ？ という感じでした。「クマも出るようなところなんです」、「都会で一番怖いのは人間よ」。電話でやりとりしながら、私は北海道の辺鄙な地域で不便な暮らしをしている家族を特殊なものを見るような目で取材していたのではないかと気づき、深く反省しました。そして、家族や親子のありようは北海道でも東京でも同じではないかと考え、「普遍性」という言葉が思い浮かんできました。東京や全国の視聴者が北海道の特殊な家族を覗き見するのではなく、自分や毎日の暮らしと重ねあわせるように見てもらおう。そうすることで生きることへの共感や生活のヒントが生まれるのではないかと思い、予定していた構成原稿を根底から書き直しました。完成したドキュメンタリーでは両親の名前も年齢も経歴も出てきません。「お父ちゃん」「お母ちゃん」と表現するだけです。住所も知床山麓というだけ。牧場の面積や牛の飼育数は、「広い」「たくさん」。視聴者の誰もが「みゆきちゃん」や「お父ちゃん」になれるような表現を工夫しました。突き詰めれば、舞台が北海道でなくても成り立つ家族の物語です。放送後には全国から反響が寄せられました。普遍性の大切さを教えてくれた東京支社の編成担当者に感謝するばかりです。TBSからも「すぐに続編の取材を始めてください」という電話が入りまして、二学期三学期を取材した続編の「厳冬編」を翌年に放送しました。流氷の海に落ちたエゾシカの群れを「お父ちゃん」が救助するエピソードもあって、「厳冬編」も好評でした。みゆきちゃんシリーズは、「日立テレビシティ」が終了したので、その後は、「総集編」(1986年、文化庁芸術作品賞)やさらなる続編「大草原の少女みゆきちゃん～ロッキー山脈を行く～」(1988年)、そして「知床 '90編」(1990年、放送文化基金賞奨励賞)を日曜午後帯の放送枠などをもらって全国放送しました。「総集編」は日本賞審査委員会特別推奨を受賞したことからNHK教育テレビでも全国放送されました。自然とともに生きるみゆきちゃん一家の暮らしは多くの視聴者から共感をもたれ、大晦日に全民放テレビ局が共同制作していた「往く年来る年」でも牛舎で年越しをするみゆきちゃん家族を生中継したんですよ。中継ディレクターは私でした。北海道の視座にこだわりながら、舞台は北海道でなくてもよいなんて、大いなる矛盾ですね(笑)。

こういう全国ネットのスタイルはその後も引き継がれています。TBSの「世界遺産」、今は「THE世界遺産」というタイトルですが、この番組で「知床」が何度か放送されていますが、すべてHBCの制作です。厳しい自然が海と山岳に広がり、ヒグマなど危険な野生動物も生息する知床の映像は、東京の取材クルーがスケジュール通りに撮影できるものではありません。知床を庭のようにしている地元の放送局でなければいい映像は撮れないということになり、HBCが担当しました。それこそ知床が庭で、会社にいるより庭に出ているほうが多いというような後輩ディレクターが、これぞ世界遺産と言うべき美しい知床を全国放送しました。

また、別の後輩は、高校中退者や不登校者を全国から受け入れている北海道の私立高校を継続取材していましたが、このドキュメンタリーがTBSの期首特番として午後9時から2時間枠で全国ネットされました（2003年4月）。タイトルは、メモを見ないと言えないくらい長いんですが、「春の大感動スペシャル　ヤンキー母校に帰る…超不良が母校の熱血教師に！　日本一泣ける卒業式まで…北の大地激動14年と327日完全密着」です。地方局制作のドキュメンタリーが期首特番としてプライムタイムで全国ネットされるのは稀有なことだと思います。視聴率は東京で13.4％、札幌で26.9％と大成功でした。

▶地方民放の大転換期——ネットワークの変貌と地方民放の生き残り

溝口　大阪のローカル情報番組「ちちんぷいぷい」を北海道で放送する試みは、少し大袈裟に言うと、テレビのネットワークが変化してきたということです。東京キー局と地方民放を結ぶネットワークはもちろん基本ですが、地方民放と地方民放を結ぶネットワークとしても有効に活用する、その試みが始まったと言えます。地方民放が生き残っていくための模索のひとつです。というのも、多種多様なメディアやテクノロジーの登場で放送ネットワークをめぐる環境が大きく変わり、地方民放局の存在を脅かす時代を迎えているからです。そのひとつが、テレビをインターネットで同時送信する問題です。テレビは日本列島を電波でつなぐ放送ネットワークがあって初めて全国にあまねく届いていました。放送局どうしを結ぶ基幹ネットワークが電波から光ケーブルに変わっても、或いは末端の受信機がケーブルテレビになっても、地上波テレビの構造は電波を基本とする意味では同じでした。しかし、インターネットを使えば、電波を一度も介さずにテレビを見ることが技術的には可能になります。

——溝口さんがおっしゃっているのは、放送のネットワークが壊れていくような状況が出現しつつあるのでないかということですね。

溝口　技術的には、ということです。テレビはインターネットで見ればよいという時代が来れば電波のネットワークが必要なくなり、送信所などハード面に限れば、地方民放局の存在意義が失われるおそれがあります。東京で制作されるテレビドラマを北海道民がHBCを介さずにインターネットで見るという構図です。こうなってくると、全国放送仲介の見返りとしてキー局が地方局に支払う「広告料の配分」が必要なくなります。BSと同じように地方局は不要になり、地上波のネットワークの仕組みが崩れていく可能性が出てきます。もしそんなことが現実になれば、地方民放局は困窮し、放送事業の根本的な見直しを迫られることになります。もうひとつ、その時にニュースのネットワークがどうなっていくのかという懸念もあります。地上波テレビの構造を支えている放送ネットワークが万が一にも崩れていくようなことになれば、その次にニュースのネットワークも危機に陥り、日本のジャーナリズムにとって大きな不幸が生じます。ニュースのネットワークは、HBCが加盟するJNNが設立第1号ですが、全国各地の民放テレビが協力しあうことで、NHKに負けない全国ニュースを編集して放送できるようになりました。しかし、ニュース報道にはカネがかかります。ニュースで利益を生むことは無理です。カメラ、マイク、録音機、編集機、CG、取材車、中継車、衛星中継車、ヘリコプターと、ニュース1本を放送するのに多くの機材とスタッフが必要です。広大な北海道のニュースを取材するため、HBCは札幌本社と東京支社以外にも北海道内17地域に記者兼カメラマンを配置しています。コストは膨大ですが、これだけの取材網を敷かなければ視聴者の信頼を得る報道ができません。ですから、地方民放局は放送ネットワークによる「広告料の配分」をニュース取材やドキュメンタリー制作、地域の文化活動に充ててきたのです。まさに、初代社長の阿部の精神です。しかし、放送ネットワークがインターネットに取って代わられると、そうしたニュースや放送文化への運用が維持できなくなります。

――維持できなくなるだけではなく、それを維持したことによって集められてきた地方のニュースも消えていくんじゃないですか。

溝口　既存のネットワークの扱いを間違えると、地上波からニュースが消えるおそれもあるという懸念です。BSのようにニュースのない放送になってしまう。BSは地方局を持たないので一本一本のニュースを集められません。コメンテーターや専門家をスタジオに集めて議論するニュース解説番組はできても、速報性のある本格的なニュース番組は制作できません。地上波テレビだけが可能な現在の民間放送ニュースを是が非でも守らなければなりません。そういった課題を抱えないNHKはインターネットの活用に迷いがありません。最近はNHKは自らを「公共メディア」と言い始めました。「公共放送」ではなく「公共メディア」です。電波を使った放送はどこへ行ってしまうのでしょう。

――その中で、地方民放局はどうやって生き延びていくんですか。

溝口　そこが大変なのです。大きな問題です。ただ、全国ニュース番組を制作できる仕組みというのは、申し上げた通り、地上波にしかないですから、ここは何としても守りきらねばなりません。地方から全国・世界に情報を発信する機能を失ってはなりません。そして、エリア内にあっては、地元局の目線でなければ制作できない、住民の生活に寄り添った地域密着番組を放送して、共感と信頼を得ることが大切だと思います。そうすることによって、北海道拓殖銀行の経営破綻をスクープするなど、自前で取材した重要なニュースを報じることができているのです。ただ、地方の民放を支えてくれる広告スポンサーというかCMが充分なのかどうかの課題はあります。地方の経済力が停滞・疲弊していますので厳しい覚悟も必要です。ですから、そうならないよう、地上波テレビのネットワークを何としても維持する。そのためには、インターネットをどう活用していくか、そのバランスをどう取るのか、熟慮が必要です。VODサービス（ビデオ・オン・デマンド／見たい時にさまざまな映像コンテンツをウェブ上で視聴できるサービス）は放送本体の視聴率に影響を及ぼさないのかどうか、見逃しサービス（テレビで放送後の番組をウェブ上で再配信するサービス）はどこまで手を広げるのか。今後さまざまな力学も働くと思いますが、地方民放局として注視せざるを得ない状況が続いています。

　一方で、地方民放局が今から自社でやるべきことがあります。それは、自社編成力の強化です。放送にはキー局が編成権を持つネットゾーンと、地方局に編成権があるローカルゾーンがあります。かつて、地方民放は全国ネット番組と全国ネット番組に挟まれた隙間にローカル番組を放送する「隙間産業」と揶揄されたことがありました。最近は全国ネットの番組が少し減ってきて、いわゆるゴールデンタイムにも堂々とローカルゾーンが設定されるようになりました。そこで何を放送するか、それが自社編成力にかかっています。北海道では、札幌に本拠地を置く日本ハムファイターズのプロ野球中継が有力なコンテンツです。HBCは昨年、全部で26試合をローカル放送しましたが、土日のデーゲーム中継、ゴールデンタイムのナイター中継、どちらも平均視聴率は15%を越えました。東京では考えられない高視聴率です。地方には、東京と同じ机上で論じられないコンテンツが存在するわけです。高視聴率だと全国区のスポンサーも関心を示してくれます。そうしたコンテンツをどう見つけるか、どう育てるか、地方局の編成部門は仕事が面白い時代を迎えると思いますよ。

MBSのローカル番組「ちちんぷいぷい」を北海道で放送していることに関連させれば、地方局どうしでコンテンツを交換したり番販したりするケースが今よりずっと増えると思います。その中から全国的に支持される人気番組も生まれてくることでしょう。地方局どうしが連帯し、制作費を分担し、共同で番組を作るケースも増えてくるように思います。東京キー局から放射線上に伸びている地上波のネットワークが、地方と地方を結ぶネットワークとして縦横無尽に活用される時代の到来、これまでもそうした活用例がなかったわけではありませんが、夕張メロンのネットのようにボコボコと生まれて自在に発展していくのではないかと推測しています。あくまでもネットワーク環境の変化に備えるためですが、何より自社編成力が試されています。

少し話が飛びますが、ラジコ（radiko）はご存知ですか。ラジオをインターネットで聴く仕組みです。課金はされますが全国のラジオが聴けます。今までは考えられなかったことですが、HBCラジオを東京の人も九州の人も聴いてくれるんです。HBCラジオはファイターズのほぼ全試合を放送していますから、九州のファイターズファンはラジコを通してHBCラジオの野球中継を楽しんでくれます。これは、地方局のエリアが全国に広がったことを意味します。その昔、深夜に辛うじて聞こえてくるHBCラジオを抱きながら葉書にリクエスト曲を書いた東京の学生時代を思い出します。ラジオはローカル局が全国に情報発信できるメディアに変わったわけで、これはHBCにとっていいことですね。ところが同じことをテレビでやるわけにはいかないのです。ラジオとテレビでは土壌がまったく違います。テレビの場合は、インターネットに放送本体そのものを飲みこまれるようなおそれがあります。
——そうですよね。しかし、その問題はHBCだけではなくて、しかも各地の地方民放だけでもない。キー局だって同じ状態なわけでしょう。
溝口　ドラマ、エンターテインメント、スポーツと、番組制作の経験と実績が豊富なキー局は、その制作力がある限り大丈夫でしょう。ただ、繰り返しになりますが、ニュースを作れなくなる危機感はあると思います。
——そうなるとニュースは誰が作るんですか。地方ニュースは誰が集めてくるのですか。
溝口　NHK以外は誰も作れません。誰も集められません。共同通信や時事通信も無理だと思います。電話取材でも原稿が書ける活字ニュースと、現場に行かなければ映像が撮れないテレビニュースでは、組織も体制も異なります。テレビニュースがNHKだけになっていいですか。そんな恐ろしいことは何としても避けねばなりません。だからこそ、現在の地上波民放テレビのネットワークを維持させることに全力をあげなければならないのです。
——地域と強く関わり合ってきた民放のニュース制作ができなくなる。ということは、極端ないい方をすると、地方の民放そのものが不要になる、このような言い方は失礼かもしれませんが……。ニュースが作れなくなると、存立できなくなるということですか。
溝口　地方民放が存立できなくなると日本のニュースは死ぬということです。地上波のネットワークは60年も前の先人がよくぞ考え出したという最強で最良の映像をともなった言論システムです。HBCの昭和30年代のニュース映像を再構成したDVD「懐かしい昭和のワンパク時代」は私が編集しましたが、華やかな石炭産業、伸びゆく国鉄ローカル線、夢を運ぶ青函連絡船、フラフープ、だっこちゃん、メンコ遊び……、今や消えてしまった産業や暮らし・風俗が貴重な映像でよみがえります。地域とそこに生きる人々の姿を映像で記録し続けているのは、その地に根を下ろしている放送局以外にありません。地方民放局を不要にしてはいけません。
——それは、中国放送元社長の金井さんが主張している情報の地方主権という観点から言えば、ジャーナリズムの危機じゃないですか。地方ジャーナリズム、あるいは地域発のニュース、つまりは言論がなくなる。

溝口　そうですね。特に、ジャーナリズムの目を地方へ行き届かせるには、地方民放の存在は不可欠です。地方民放の生き残りは日本のジャーナリズムを守ることなんです。

――最後に、『ジャーナリズム＆メディア』第7号で転換期のひとつの象徴として、ニュースの作り方が変化したという指摘がありましたが、この点について改めてお聞きします。田(でん)英夫、古谷綱正たちの「ニュースコープ」からNHKの磯村尚徳が現れて、ニュースの作り方が大きく変わったという意味を教えて下さい。

溝口　「ニュースコープ」が先鞭をつけたわけですが、田さんや古谷さん、入江徳郎さんのニュースは、キャスターニュースと言いまして、アナウンサーでなく報道現場での経験が深いジャーナリストがニュースを伝えるという点で、画期的な変化でした。磯村さんの場合も、キャスターニュースという意味では同じなんですけども、磯村さんがキャスターを担当したNHKの「NC9」からニュースの表現方法が変わってきました。ニュースの伝え方が変わってきたのです。他局のことなので、磯村さん個人の力がそこにどれだけ働いたかは知りません。しかし、ニュースは確実に変わりました。

それまでのテレビニュースは、フィルムで撮った映像があって、それにコメントをつけて伝えるというスタイルに決まっていました。ところが「NC9」では、映像だけでコメントがまったくないニュースがあったり、映像がなくて文字だけのニュースがあったり、現場映像の代わりにイラストの紙芝居で伝えたり、何も動きがないということを生中継でわざわざ見せたり、とにかく、ニュースの表現方法が大きく変貌しました。斬新でした。しかし、言いたかったのは、変貌させたのは確かに「NC9」ですが、そうしたニュース表現の多様化をより多くの視聴者に認識してもらい、より新しい表現に発展させていったのは地方民放局だったということです。『ジャーナリズム＆メディア』第7号で書いたのはそのことです。「NC9」の頃、地方の民放各局で夕方のローカルワイドニュース番組が次々とスタートしました。HBCが「テレポート6」（平日午後6時～6時30分）を始めたのは1975年2月。私が入社する2カ月前、「NC9」

開始から10カ月後のことです。東京キー局に東京ローカルの発想はないので、ローカルワイドニュースは地方民放局が自ら生み出した画期的な編成革命でした。飛躍的に発展した地方ジャーナリズムを支えた放送記者やディレクターたちが「NC9」に負けない表現改革に挑戦していったのです。「NC9」に反してNHKのローカルニュースは旧態依然でした。ところが民放の地方記者は、それまでの50秒ニュースから抜け出して、記者リポートを増やすとともに、映像と音声による表現世界へ踏み込んでいきました。ニュースが多様な視点を持ち始める契機にもなったと思います。これまであまり指摘されてきませんでしたが、地方民放局が放送ジャーナリズムの発展に寄与した歴史はもっと評価されてよいのではないでしょうか。芸術祭や放送文化基金賞などに地方局制作の優れたドキュメンタリーが出てくるのもその頃のことで、背景にはローカルワイドニュースの深化があったのだと思います。
——思い込みと言ったら語弊がありますが、伝統的にこうするものだというニュースの作り方、表現の仕方、つまり、絵がなくて動画がないとダメだというのは固定観念ですよね。それを打ち破ってしまったということですね。
溝口　そうしたテレビニュースの変化と発達を放送史のなかにひもとくときは、「NC9」や「ニュースステーション」「筑紫哲也NEWS23」など東京のニュース番組だけでなく、全国各地の地方民放局が自由な発想で制作しているおびただしい数のニュース番組にも目を向けてもらいたいんです。地方民放局こそ、テレビニュースを人々の生活のなかに根づかせてきた立役者だと思います。

溝口博史（みぞぐち・ひろし）

常務取締役
1952年北海道生まれ。1975年入社。主にニュース畑を歩み、地方の視座で制作したテレビドキュメンタリーを次々と全国放送。芸術作品賞、芸術祭放送個人賞など数多くの受賞作品で知られる。

IBC岩手放送

社　名　　：株式会社アイビーシー岩手放送
略　称　　：IBC（Iwate Broadcasting Co., Ltd.）
本社所在地　：岩手県盛岡市志家町6番1号
資本金　　：2億6000万円
社員数　　：120人

コールサイン：JODF（ラジオ）／JODF-DTV（テレビ）
テレビ開局　：1953年12月25日（ラジオ）／1959年9月1日（テレビ）
放送対象地域：岩手県
ニュース系列：JNN
番組供給系列：JRN・NRN（ラジオ）／TBSネットワーク（テレビ）

阿部正樹（相談役）

柴田継家（特別職）

聞き手：小川浩一

インタビュー日：2014年11月19日

▶開局に至る経緯——根っこは岩手の大地にある

——今回お伺いしたいことは大別して3点です。

1点目は、地域民放としての問題、つまり、岩手県のローカル民放としてどのように地域社会と関わり合いを持ってきたかです。「地方の再生」などと言いますが、それよりむしろ、地方でどう生きていくか、地方とどう関わっていくかという話になるでしょうか。

2点目は3･11についてです。他の地方民放局からも記者が派遣されていますが、当然、現場をお持ちになっている岩手放送であれば多様な問題に対処せざるをえなかったと思います。現在まで引き継いでいる課題もあるだろうと思いますので、その点もお話しいただきたいと考えています。

3点目は、岩手放送が行なってきたさまざまな企画・イベントについてです。マスメディアが主催するとある種のオーソライズがなされると思います。それによって、地域の人たちが安心して参加できるということもあると思いますので、そのあたりについてもお話いただければありがたいです。

阿部　当社の開局は昭和28（1953）年です。私が入社したのは昭和40（1965）年で、昭和34（1959）年に当社がテレビ放送を開始した6年後のことでした。当然のことながら創業時の社員の皆さんも大勢いて放送局開局時のことをいろいろ伺っておりました。面白いなあと思ったのは、「そもそも民間放送ってなんだ」と随分聞かれたということでした。当時NHKラジオはあったわけですが、「今度できるラジオ岩手は広告で食ってくんだそうだが、どんな会社だ」、そんなことでとにかく県民の皆さんに理解してもらうことからやらなきゃならなかったそうです。

そもそもの設立のきっかけは熱海の温泉だったということです。東北の新聞社の東京駐在記者たちの忘年会の宴席に、青森の東奥日報の記者が背広姿で参加していて隣の岩手日報の記者がそのわけを聞くと、今わが社でラジオ局を作る準備をしているから、すぐ戻らなくちゃならないとのことで、なんだそれはとなって盛岡の本社に一報を入れたそうです。それで、わが社も遅れてはならじとなって、ラジオ岩手開局につながったという話です。

実は当時、名古屋や大阪などで広域のラジオ局が先行開局していたこともあって、東北一円をエリアにしている仙台の河北新報社もすでに東北放送を設立していたんですね。エリアも新聞と同じで東北一円です。でも、仙台からの電波は青森までは届かない。ならば青森に中継所を作りブランチも置けばいい。そんな構想だったわけで、それを察知した青森地元紙の東奥日報が自分たちの手で放送局を作ろうという動きになったんだそうです。岩手が動いたのはそうした状況の後のことです。ですから岩手の開局は最後の方でした。山形放送のアドバイスなども受けたようです。

どうも岩手というのはそういうところがある。風土というか、気質というか、幕末の奥羽越列藩同盟軍と薩長新政府軍との戦争の時もそうですけども、南部盛岡藩は機に敏ではなくて、鈍いのですよ（笑）。薩長の動静を京都に取材して藩論を決するにあたっても、新しい風に馴染めない、やっぱ徳川様は裏切れない。保守というか、実直なんです。同盟を抜けて官軍についた秋田をけしからんと攻めに行って帰ってきたら藩論が変わっていて降参となった。

鷹揚な面もあるんですね。結局日本で最後に「降参」となったのが南部藩なんですよ。端っこの文化というものがあるんでしょう。薩長土肥、いわばみんな日本の端っこ、それが日本を動かした。こちらでいえば津軽。独特な文化が育つ。端っこは後ろがない、開き直るしかない。南部盛岡は比べれば鷹揚。だからというわけではありませんが、南部藩での百姓一揆は多い。日本一の数ですよ。二位の秋田、三位の広島を大きく引き離す百姓一揆が発生している。しかも日本で一番大きな百姓一揆、三陸沿岸部の三閉伊（さんへい）一揆（1847年と1853年）は黒船の時代ですよ。日本が開国かどうかの時代に、筵旗（むしろばた）を掲げて一揆ですよ。仙台藩に越訴して南部藩の過酷さを訴えている。冷害もあって貧しいとは思いますが、時流からは遠い。まあ、日本の田舎は総じてそうだったのかもしれませんが。

戊辰戦争で賊軍となってその後は随分いじめられました。その反省から、その後いろいろと良い政治家や人材を輩出するのですが、やっぱりそういう文化的背景は続いていたと思います。要するに進取の精神が少し足りなかった。

ラジオ局開局の遅れから長々と歴史的な話になって恐縮ですが、開局時に民間放送を理解して、協力してもらうにはずいぶん苦労したってことです。

それは最初の株集めに現れたそうです。5000万円の資本金で放送局を作ろうと企画した時に、当初は資金が集まらなかったそうです。毎日自転車に乗り、手弁当で走り回り、金のありそうな家だなと思うとずかずか入り込み説得したそうで、ずいぶん苦労したようです。そんな中、県議会がラジオ岩手への出資を議決、その流れが各市町村の出資へとつながり、資金調達ができ、開局へとこぎつけたもののようです。ですからほとんどの市町村が今でも株主として連なっております。そういうことから、私は岩手放送という会社は民族資本で作ってもらった会社である、根っこはこの岩手の大地にある、そういい続けております。

——個人株主はどうでしょうか。

阿部　個人もけっこうおりますよ。私が昔、小さな村に取材に行った折に「お前の会社の株持っているぞ」とかいう土地の素封家が出てきたりしました。だから、先輩たちがここまで株を売りに来たのだなと知りました。

——その話で面白いのは、先日HBC（北海道放送）の溝口常務に伺ったところ、HBCでは当初、3600人以上の小口の個人株主だったそうです。だから統合する時に、えらく大変だったとおっしゃっていました。当時の株主が亡くなっていると、相続された人を探すのが大変だったと。私が、「個人株主をそんなに集められたのはすごいですね」といったら、今阿部さんがおっしゃったのと同じことをおっしゃっていました。HBCでも株主を獲得するために1軒1軒民家を回ったのだそうです。

阿部　やっぱり同じなんですね。実は株主が増えていったのは、遺産相続からです。遺産相続が続けば、100株がやがて端株を持つ数人の株主へと散っていきます。HBCの溝口さんのところも有価証券報告書を出さなければならないのですが、この手間が大変で、株主が300人以下ぐらいになれば報告書を出す必要がなくなるので、株を買い取り整理したと聞いております。

ラジオ岩手の開局にあたっては、なんとか最終的に5000万～7000万円ぐらいまで確保できたそうです。でも、初年度はやっぱり赤字で、全然ダメだった。それでも先輩たちは、民間放送って面白いなと言ったそうです。新聞と違って放送はすぐに反応があるだけに新しいメディアに夢中になったという先輩もおられました。創業時の社員の主だった人たちは岩手日報社から来た人たちで、社長は新聞、放送の兼務でありました。ただ、口さがない県民からは、「新聞社あがりが何をやれるというのだ」みたいな反発もずいぶんあったそうです。各地に設立された地方民放局というのは資本のバックが土地の新聞社です。これは良かったのか悪かったのかよくわからないところですが、いずれにせよその後の民放の性質を作り上げることにはつながったのだと思います。

――それは、バックが新聞資本だったことが、最終的に地方民放のニュースの在り方、特性に影響したということでしょうか。

阿部　当然ニュースにしろ、ものの考え方にしろ、新聞社がつくっていったものですからね。お手本はNHKには間違いありませんが、全部新聞社の意向で動いたでしょうから、その流れがずっと残っていったわけでしょう。放送ジャーナリズムなんか、ずっと後で生まれたものだと思いますよ。幼かった放送マンがだんだん育ち、独立してきて、反発したりいろいろぶつかったりして放送というメディアの特性に目覚め、やっと新聞から独立したメディアとして立ったのだと思います。やがて、新聞と決別した放送局なども生まれましたが、当社は今もブラザーカンパニーという位置付けで、岩手日報社と連携して活動しております。現在もお互いが筆頭株主です。

――株の持ち合いをしていると。

阿部　お互いの安心安全のためですね。新聞は新聞、放送は放送、お互い拠って立つところを尊重してですね。事業関係なんかは、共催物件が多く、けっこうお互いにうまく使いあっている部分はあります。とはいえニュースでいえば、開局からしばらくは「岩手日報ニュース」になっておりました。紆余曲折を経て、テレビは現在の「IBCニュース」となりました。岩手日報は「協力」のクレジットがついておりますが。

柴田　補足しますと、最初は全面的に「岩手日報ニュース」だったのですが、その後に「協力」というパターンと、「岩手日報・IBC」という連名で流すパターンとになりました。

阿部　「協力」となったのは夕方のニュースワイドになってからですね。

柴田　時間が長い夕方のローカルワイドニュースは「IBCニュース」ですが、そこに「協力 岩手日報」と入れています。それ以外にお昼のニュース、夕方のニュース、夜のニュースなどでは「岩手日報・IBCニュース」と入れています。最初は「岩手日報」だけのクレジットのついたニュースでした。

阿部　タイトルを外されるのは、新聞社からすると大抵抗になります。端的に言えば、放送局はうちの子会社としてできたのだという認識がベースにあるということです。開局時、新聞社ではラジオ課というのを作ってラジオのニュースを専門にやる人たちを置いて、記者が上げてきた記事を50秒ぐらいにリライトして、アナウンサーがそこに行って、これとこれだと渡されて、それを下読みした後で、「岩手日報ニュースです」と読み上げて放送するというやり方をずっとやってきました。

柴田　編集権が向こうにあったのです。

阿部　編集権という認識が放送局側に生まれるのは後のことだと思いますよ。

柴田　ラジオでもテレビでも、ニュースの仕切りは、最初は基本的に「岩手日報ニュース」ですね。新聞社は電波よりも歴史が長いので、岩手日報にも記者がいっぱいおられるわけです。つまり、岩手日報の記者が取材した原稿や新聞記事を、岩手日報の中にラジオ課というセクションがあって、そこで放送局用にリライトする。それを読ませてもらう、あるいは伝えるというようになっていました。

阿部　その後、放送記者が育ってきて独自に取材するようになってからは、「おまえたちでやれ」というので、編集権も全部こっちへきました。ただ、ニュースの肩書、タイトルだけは「岩手日報ニュース」にするということになっています。これは社と社の協定でやっているのです。

――著作権はどうなっているのですか。

阿部　著作権はこっちですが、タイトル部分はそのままです。実質的には、新聞は内容や編成に関わっていません。ただ、共同通信の配信に関しては便宜を図ってもらっています。やっぱり報道機関としての根幹部分は、新聞社としてはしっかり握っておきたい、それが本音でしょうね。ですからクレジットは手放さない。

柴田　複雑ですよね、そこの関わり合いは。

阿部　その精神がまだ残っていまして、ラジオでは1日10回ぐらいニュースがありますが、それは「IBC・岩手日報ニュース」となっています。しかし内容には岩手日報社は関知しません。ただ、特別番組などでニュースが飛んでしまうことがあるんです。そうすると、ニュース協定みたいなものがあって、事後に、「日報さん、ごめんね、これ飛ばしたから」というような報告だけは、今だにやっています。

柴田　「岩手日報ニュース」に並列で「IBCニュース」というクレジットが付く背景には、IBCの放送記者たちが力をつけてきたということがあります。過去には、ほとんど岩手日報の新聞記者が取材した原稿をいただいていましたが、そのうちだんだんIBCの記者たちも力をつけてきたので、クレジットの入れ方が変わったということです。ただ、全部は消えなかったのですけれども。

――今では、記者の能力ではなくて、別な要素ですよね。大体いつぐらいから力がついてきたのですか。

阿部　多分、テレビが開局した昭和30年代半ば頃ですよ。私が入った時には、報道の記者たちがいて、報道部があって、ちゃんとデスクもいて、カメラもあって、すでに独自の取材をやっていました。たぶん30年代後半はそうだったと思います。ただ、地元のラジオニュースなんかは、各地に支局を持っている岩手日報からくるファックス原稿を使っていました。それ以外は共同通信のニュース原稿が多かったと思います。

――地元ニュースの場合は、今でも岩手日報をお使いになるのですか。

柴田　現在は、頻度が減っています。多くは自社取材したものを使っています。ラジオの場合は、ニュースが1日10回ぐらいあるものですから、1時間に1回ぐらいの放送です。そうすると、朝から夕方まで同じ原稿を読んでいるわけにもいかないので、共同通信からの世界や国内の動きや、岩手日報からの県内ニュース含めた放送をしています。

当初は、岩手日報からの原稿の出稿もありましたが、ものによっては岩手日報の記者がラジオに出演しての記者解説があったと聞いています。

阿部　最初は「放送記者です」って言ってもバカにされたようです。「放送記者だってよ、なんだそれ」なんて子ども扱いされたそうですよ。
――もう既に、1960年代には当たり前のように放送記者がいたじゃないですか。
阿部　NHKは別にして、岩手県ではわが社から2人の放送記者が初めて生まれました。ブン屋（新聞記者）さんは放送を1ランクも2ランクも下に見ていたので、放送記者が記者クラブに入ったりすると、ずいぶんバカにされたという話を聞きました。
柴田　私はそういう経験がなかったわけではないけれど、それほど強く感じたことはありません。開局からテレビが始まるまでの6年間ぐらいは随分そうしたことがあったようです。
阿部　昭和34（1959）年にテレビが開局して、やっとカメラを持って自分たちで地元のニュースを取材して放送するようになりました。ただ、新聞の場合には原稿をたくさん書くのに、「お前のところはペラ2枚ぐらい書けばいいのだろ」という言い方はされました。逆にいえば、民放の放送記者も、新聞記者が書いたものを見せてもらって、それをもとに放送原稿を作ったりしたこともあるようです。

NHKはどうかわからないですが、民間放送における報道の初期というのは、「揺りかご」だったのだろうと思いますよ。だから、そういう意味で新聞社が放送局を作ったのはニュースがお手の物なだけにラッキーな面はあったと思いますし、先輩方は助かったろうとは思いますね。

でも、同じ箱の中での棲み分けみたいな部分があるという点を考えると、もしかすると、新聞の息がかかっていない別の人々で最初から地域放送局を作ったら、もっと地方民放は別な育ち方をした可能性もあるかもしれないとは思います。現実には地方民放というのは、新聞社からの分派で棲み分けの世界になりました。私たちIBC岩手放送は地元新聞と地元資本で作られた局です。後発の局は中央資本の新聞系列でできているところが多いですね。そういう意味で、別な組織の人たちが、新聞なんかと関係なく放送というものを扱ったら、もしかすると放送ジャーナリズム論というのは変わっていた可能性があるのではないかとも考えます。でもちょっと想像もできませんね、やっぱり結果は同じだったかもしれませんが。

柴田　別なジャーナリズムの流れが生まれていたかもしれませんね。私たちの先輩たちの場合には、最初は教えてくれる人がいないので、放送記者といいながらも、新聞記者を手本にして学んでいたのだと思います。私はもっと後の世代ですが、推測するとそうだったと思います。バカにされながらも、取材の仕方とか原稿の書き方とかを身に付けていったのだと思います。

▶テレビと地方文化——文化の標準化と標準の文化化

阿部　昭和20年代の、昔の映像を見ていると、母親学級みたいなのがあって「皆さん、標準語を話しましょう」というわけですね。標準語の勉強をするような母親学級があったのです。「子どもさんたちに「あっぱ」なんていわせないでください、「お母さん」といわせてください」って（笑）。要するに、今、方言は面白いなんていわれているけれども、当時は、どうやって方言をなくすかの努力を、村々、学校単位でやったものですよ。だから放送が、日本全国の平準化というか標準言葉の普及に果たした役割は大きいんでしょうね。地方風俗をイコール東京にした部分はありますよね。一見、差がないものね。
——放送が文化を平準化するということは、プラスの部分もありますが、今日の話題の関連でいうとマイナスの部分も大いにありますね。地域の文化というのは地域のマスメディアが担うはずだと思いますが、その時、方言は地域の文化を言葉で担ってはいけないのでしょうか。
阿部　いやいや、そうでもないと思いますね。平準化しても、たぶん地域の文化はあるはずなのだけれども、併用、両立できるかどうかが課題でしょう。
——日本では未だに各地方の方言を、学校教育の中で正課としては教えていませんね。例えば岩手の言葉を岩手の学校でというような。
阿部　教えないですよ。
——学校の中で使えない言葉ですね。
阿部　昔は授業以外の日常会話はほとんど方言でしたが、今はどんな地方でも標準語が普通ですよね。
　井上ひさしの『國語元年』などは、明治時代に、言葉が地方でまるっきり違うのをどうやって平準化したらいいかという騒動で、面白いことは面白いんですが……。

柴田　こちらの場合は、訛りを隠そう隠そうとしていましたね。だからさっき言ったような、お母さんのための教室が標準語を使おうとして、あれがみんなを一層無口にさせたのですよね。集団就職で都会にいってもバカにされるから喋らない。口が重い東北人の中でも岩手は特に寡黙ともいわれます。ところがそこの地域、エリア、文化を含めたところに言葉があるので、その言葉を見直す時代にもなってきたと思うから、今はまた少し変わってきましたが。前は隠そう、隠そうでしたね。方言を喋らないようにしろ、できるだけ標準語でいこうというような。

柴田　いわゆる岩手の方言で言う、恥かしいという意味の「しょす」というやつですね。「東京へ行って訛っていると恥ずかしいって」みたいなのはありましたね、確かに。

——それはどこかで打ち破らないといけないでしょう。他方で、この頃、芸能人を源流にしたあまり品のよくない大阪弁が日本中を制覇していますね、北海道から沖縄まで。

阿部　かもしれませんね。お笑い芸人たちがどんどん広げていったのだろうな。

柴田　逆に取り入れたのでしょうね、抑えていたものを、面白おかしく。

——たぶん、みんなと違う言葉を使うと目立つからでしょうね。目立ちたがる人たちにとっては……。

柴田　電波が両方をやっちゃったのですね。まず抑える方向をやって、今度はまた訛らせる時代がきている。ある意味では罪でした。

阿部　それに関連するのですが、今、IBCで、これまでのライブラリーをまとめなければならないということで取り組んでいます。まだ完全ではないかな？

柴田　いや、ほとんどまとまっています。

阿部　ライブラリーは地域の特性を雄弁に語ってくれるんですよ、標準語運動もそうですが。退職した先輩でしたが、この仕事の担当者に、やっていて何か感じることありますかと聞いたのですよ。その人は、「それじゃこれ見てみるか」と一本のVTRを取り出したんです。年度ごとに社会的な出来事を適当に抜き、それを繋げたものでした。当然昔のフィルム中心ですから、原稿も何もなしの無音のものでしたが、時折県が作ったPRニュースが混じっていて、そこは音声が入ったりしています。見てみて、私は岩手とは何かが非常によくわかったなと思ったのです。既に「戦後」とはいえない時代ですが、私たちが放送に携わってカメラを持ち出した頃は、一言でいえば、岩手の貧困からの脱却が大きなテーマになっておりました。要するに、岩手日報もIBCも、何と闘ったかというと、戦前からの冷害も含めての貧困の問題、それとあわせて教育です。教育を隅々まで行き渡らせようとする人たちの記録がたくさんライブラリーの中にありました。初期の映像にはそういう、生活基盤そのものの貧しさとか、僻地教育も含めて教育の平準化、それをなんとかしなきゃならないという人たちの活動や葛藤が否応なく映像に写り込んでいます。そうこうしているうちに、映像記録の内容が少し変わってくるのは、「開発」が入ってくるようになったからですね。高度経済成長の中で、全国各地で開発競争が始まる。「岩手も遅れるな」です。

——それはいつぐらいだったのですか。

阿部　昭和40年代の前半から半ば頃でした。

——ということは日本全体でいえば、高度経済成長の真っ盛りの頃ですね。

阿部　だから、その時に既に岩手は遅れているわけです。その時に何とかしなきゃならないというので、じゃあ岩手を食糧供給県にしようと。米は産米50万トンを達成しよう、それから寒さに強いベコ（牛）を連れて来くる、ヘレフォード種です。

柴田　そうでしたね、茶色い牛でした。

阿部　この広い山野を使って、畜産をやろう。これからは肉だというので、みんなそっちへガーッといくわけですよ。一方、山林は今まで広葉樹だったのがどんどん伐られていく。金になるそうだというのでみんな杉を植林しだす、山はみるみる針葉樹の山に変わる。いけいけドンドンで産米50万トンを進めていったら、ある時、減反政策に変更するといわれた。あちこち開田をやっていたのが、減反しなければ国策違反いうことになった。開田は急遽中止、しょうがないから転作作物に変更、「あれがいい、これがいい」と踊らされて、みんなが飛びつくと値段が下がって、全部失敗する。それから畜産でいえば、頼みのヘレフォードはいつの間にかいなくなった。失敗していた。
――でも、前沢牛がいませんか。
阿部　それはね、レアケースですよ。ライブラリーを無作為につないでいって、連続して見ていくと、国の場当たり的な農業政策と貧しさゆえにそれに振り回されていく岩手の農業の歴史がしっかり見えてきました。北上山地を国家プロジェクトで大牧草地にして、千万円単位のサイロ（牧草などを発酵させて貯蔵する倉庫）をあちこちに作って、牧場も作って、牛の放牧地にしようと、国家プロジェクトがスタートしたのです。でも机上のプラン通りにはいかなくて、いつの間にか国家プロジェクトは消えて、夢を抱いて山に入った人たちはものすごい借金を抱えて、全部失敗して、山を降りてくる。しかし誰も責任をとらない。そういうふうに、要するに豊かになるために試行錯誤し、それに振り回されて挫折する歴史が繰り返されていったのが、非常によくわかった。ライブラリーというのはやはり歴史だなと思ったのです。私たちは意識しないうちに歴史を記録していたんですね。
柴田　今の話は、テレビ50年の時ですね。スタッフが集まってその話をしたのです。50年で何かやろうという時に、そういう話になりました。
阿部　そう、印象に強く残ってる。
柴田　今と同じ話を聞いて、それを受けた形で、各関係者、IBCのスタッフたちがそれに伴った番組を放送しました[*1]。開発の後には自然破壊もありましたし、いろいろ広がっていくのです。山が裸になったりするわけですから。
阿部　一次産業では、農業もそうですが、国のいうことを聞いて、お金になったというのはあまりないのだよね、本当に……。
――明治以降の日本の農業でいえば、南よりも北のほうが、国家の策略に騙されるというか、いつでも足蹴にされてきたという印象を持ちます。例えば、秋田の八郎潟（はちろうがた）はでき上がった途端に減反ですから。
阿部　岩手だけじゃなく、東北は足蹴にされてきた感じはありますね。核の捨て場なんかもそうですね。
――国家のプロジェクトに乗っかったということであえて失礼を申し上げれば、幕末の南部藩のとき以来国に騙されてきたのに、また騙されることはないでしょうと思いますが。

阿部　いやあ、今度こそは大丈夫だろうと思ってやったのですよ。南部藩は純真ですから、今度こそいい話だと。何度かだまされると、昔でいえば百姓一揆が起こるのでしょうね。筵旗立てて国会などに。かつては「嫁来いデモ」とか「米価、乳価上げろ」とか、TPPもそうですよね。怒った農民たちが銀座をトラクターでデモ行進するなどありましたものね。

柴田　ありましたね。

阿部　東北、とりわけ岩手はそこに在るというだけで、いわれなき差別をずっと受けてきている。だからこそ、それを払拭して、自信を持って次の時代を築いていく先立ちを放送局がやらなければならないのだというのが、わが社の初代の社長、太田俊穂の精神でした。具体的にいうと、例えば、この岩手は日本中から「日本のチベット」といわれていたろう、腹が立つだろう、だからその腹立ちをエネルギーにしなければダメだということです。「日本のチベット」といわれてニコニコ笑っているようじゃダメだと。中央のキー局が、岩手で熊が出たというと「すぐニュースだ」という発想を変えさせようということです。だから、「なに、日本でいちばん最後の電灯が岩手で点灯した？ あっ、ニュースだな」というような、そういう中央の価値観に慣らされてはいけない。「田舎の人たちはこうだ」という画一的な東京の目線でニュースを送っちゃいかんということを、私たちは言われ続けてきました。もっと夢のあるニュースを全国に送らなければダメだという精神が、初代社長の太田さんにはありました。この人は新聞記者あがりの人で、岩手日報社から来た人ですが、なかなかの文人でもありました。そのイズムを私たちは大なり小なり引きずっています。そうした先人の思いから、岩手の人たちに夢と希望とやる気を起こさせるための放送をやらなければならないのだということをずっと感じてきました。それが開局を支えてくれた岩手県民への恩返しであるという認識でした。非常に素晴らしい人だったと思います。

それが、建学の精神じゃなくて、会社を立てた創設の精神で、それが育まれているのだろうと私は思っています。そういう意味では、ジャーナリストが創業者だったのはよかったなと思いますね。弱者の目線に立たなければならない、よくそう言われましたね。だから我々が作ってきたドキュメンタリーというのは、弱者の立場になっているものが多かったですね。

柴田　その目線でたくさん作って問題提起をしてきましたね。

阿部　結局、自然とそういう問題意識が培われるようになっていったんだね。

柴田　太田社長の精神というのは、ある意味では、電波を通した一揆ですね。

阿部　戦前は国の移民政策でブラジルなどに送られ、満蒙開拓団に移植の夢をうえつけられ、兵隊にとられ、戦後には大勢の帰還者を引き受けて山間部に入植地を切り開き、高度経済成長となると子どもたちが金の卵ともてはやされて都会に持っていかれる。工事現場には出稼者たちがかり出され、現金稼いできて、こっちへ帰ってきて、みんな病気になったりして。そういう積年の恨みがないわけではない。

お上に従ってきていいことはなかった。為政者による一時しのぎ的な農業政策が失敗しても、誰も責任を取るわけじゃない。次の官僚が次の農業政策を立てるだけ。うまくいかなかったら、その時その時で、文句を言いだす百姓にカネをやっていればいいのだという思い上がりもあったと思う。カネで解決しろという農政が続くわけです。例えば生産調整金なんかもそうでしょうし、所得補償もそうでしょうし、要するに減収になる部分は金で補填する。畜産で赤字になったら補填するというような刹那的な対処をやってきている。だから抜本的に農業を考えた時に、これが王道だというのが何ひとつなくなってしまった。米を作っていればいいというわけでもなくなり、蔬菜（そさい）（野菜、青物）もそう。花がいいといえばどどっと花に、しかも同じ品種に群がる。政策と対処の基本は、今だに変わらないできているのかもしれませんよ。

そこにTPPでしょう。この先本当に何がよかったとなるのか、私にもわかりません。ただ、少なくとも今の農家の皆さん方が、TPPで譲歩してしまったら、「俺たち、成り立たない。今度こそ本当に捨てられたな」と思うでしょうね。これまでもずっと捨てられてきているからね。

▶激動のデジタル化――「いのち。伝えたい！」キャンペーン

――経営的には、デジタル化はやはりきついですか。

阿部　正直申し上げて、デジタルは我々にとっては非常に困難でした。私が5年間社長をやっているうちの4年間は、デジタルの減価償却費で赤字決算ですから。それは最初からわかっていたのですけれども、やはりローカル局で40億、50億が出ていくというのはきついです。今までの機器・資材を全部捨てて新しいものを作りなさいということで、開局と同じですからね。第二の開局みたいなものです。局が潰れるかどうかまではならないだろうけれど、かなりガタがくるなとは思いましたよ。何でこんなに急がなければならないのだという思いはあったのですが、今考えれば、チンタラ、チンタラやられるよりも一気にやったほうが、後は楽だったことは間違いないですね。だから6年間の減価償却期を経て、これから機械も更新しなければならないし、いろいろ大変ですけれども、短期間のうちに集中させたのでよかったかなとも思っています。本当に激動のデジタルでしたね。

――要するに不幸中の幸いですか。

阿部　とはいっても、少なくとも体力がかなりなくなったことは事実じゃないですか。経営状況と自社番組の制作比率はリンクするんですよね。経営的に順調で広告収入がうまく回っていて、ちゃんと利益が出ている時は、きちんとした良い番組を制作できる環境にあるんですよ。スポンサーがつかなくてもやるべきものはやれ、自社でつくるワイド番組なども含めて、お金がかかってもどんどんやれよといえるのです。ところが営業が苦しくなって、先々デジタルもあるしお金がなくなるなと思えば、何とか少ない予算で効率的な番組にできないかと考えてしまいます。全く制作しないのも拙いから作って欲しいけど、カネはないんだよと。だから例えば今まで1万円かかったものを3000円で同じような番組を作れと、経営者は勝手で都合のよいことをいうのですよ。私がそうでした。自分たちのせいで番組を作れない放送局にはしたくない、良い番組を作って欲しいし、そうでないと現場の士気も下がってしまいます。そう思いながらも、カネがないとやっぱり貧すれば鈍するで、無理な注文をしているのを自分でもわかっていました。

柴田　阿部相談役は、昔現場にいて自分で番組を作っていましたからね。

阿部　それで何を考えたかというと、あまりカネを使わなくてすむのは社会的キャンペーンだと。だから震災前でしたけれども、「いのち」をテーマにしようと考えました。何より日常の報道や番組で取り組めるわけです。「いのち。伝えたい！」というキャンペーンにしました。カネを出して新たなものを作らなくても、日常業務の中でIBCは社会的キャンペーンをやっていると訴えられます。社会的な意味も大きい。

柴田　55周年の時に始めました。

阿部　なぜ、「いのち」だったかといえば、その時、今もそうですが、地域医療がどんどん崩壊していっているわけです。全国でもそうですが、岩手の中でも都市部と農山漁村部などとの間に格差が生じていました。いわば地域格差です。医者も来ない、病院も建たない、緊急医療体制も整わない、ドクターヘリすらない。今はあるのですが、当時はないない尽くしです。そういうように、地方の医療がもう滅びる寸前だと騒いでいた時代に、命は大事だと訴えたかったんです。命を守るための環境整備も含めて。たとえば道路の改良は救急車の時間短縮につながりますし、マクロな目線で命を守らねばならない。

それからもうひとつは、岩手県は自殺者が多かったということです。残念ながら、毎年、秋田や青森とともに自殺率の上位を競っています。

柴田　岩手は全国で見て上位のほうでしたね。

阿部　自殺が多いというのは恥ずかしいことだと思います。貧困や不健康が自殺の大きな原因のひとつなので、自殺者を減らすことは、みんなで命を支え合って大切にするということです。

よく、私たちは故郷のすばらしさを口にもしますし、筆でも書きます。でも「ふるさと賛歌」はこうした自殺者が多いというような負の部分をなくしたうえで口にしたいとも思いました。命を大切にしたうえでの「ふるさと賛歌」でありたいと思ったんです。だから自殺キャンペーンもずいぶんやりました*2。

柴田　そうですね。今でも続いています。

阿部　経営者っていうのは、経営状態がよければ何を言ってもいいのですが、景気が悪くてカネがない時にどうするかというのが、本当の意味での経営なのです。これがしんどいところですが。

――アイデア勝負ができるから、そこで戦えるでしょう。

阿部　いやあ、だけどね、アイデアだけでは……。まあ、苦肉の策なのですよ、どうしたらいいだろうなあと。要するに地域に対して、IBC岩手放送がどうやって拠って立つのかと。各局ともデジタルで苦しんでいるわけですが、そういう時に「さすが岩手放送は違うよな」といわれるためにはどうしたらいいんだというのを、やっぱり社員もみんな考えるし、トップも必死で考えるのですよね。その時に、アイデア勝負というわけじゃないですが、地域に貢献していかなきゃならないと、カネがないにもかかわらず、がんばることが求められているのです。

▶ドキュメンタリー制作――電波を通した一揆

――それに関して、先程おっしゃっていた創設以来のキーワード、「弱者」「貧困」に特化した番組、岩手の民放として具体的にこういうドキュメンタリー番組をおつくりになったというのはありませんか。それらは地域との関わりをどのように表現しているのでしょうか。

阿部　弱者でいえば、IBCドキュメンタリーは、体の不自由な人を扱ったものが多かったねという表現をされることがあります。

例えば、最初に全国一になった番組というのが、喉頭癌を患った寿司屋の大将の、声が出るまでの経過を追った「私だって話せる」というドキュメンタリーでした。それが昭和43（1968）年、民放祭の金賞、つまり最優秀をいただきました。それで、「おーい、やったな」と騒ぎをしたのが最初で、その後に血友病についてのドキュメンタリーを作りました。隠されていた血友病の皆さん方のドキュメンタリーとして、「血友病と闘うシリーズ」という形で展開もしましたし、難病指定にもつながりました。それから「翔べ！　白鳥よ」という筋ジストロフィーを扱った番組や、聾唖の親子を描いた「お父さん喜美恵と呼んで」、そして角膜移植というように、ハンディキャップを持った人たちを対象にしたドキュメンタリーとして結実しました*3。

柴田　ハンディキャップに注目し、医療に特化してドキュメンタリーを作っていったのです。

阿部　貧しさをちゃんと描こうという目的意識もあって、医療に手の届かないような人たち、出稼ぎの人たちの生活もドキュメンタリーにまとめました。

さらに東京の一極集中はけしからんよという気持ちで「東京を撃つシリーズ」というのをやったのです*4。これは、要するに東京への一極集中で、地方がどんなに疲弊しているかを知らせなければならないという問題意識でした。報道の記者やディレクターたちが集まり、テーマごとに取り組んで数本のドキュメンタリーを制作しました。「東京を撃つ」はフランス映画の「ピアニストを撃て」をもじったタイトルでした。取り上げたテーマはなかなか多様でした。例えば農業問題も扱うし、新日鉄釜石の閉鎖の取材、それから北上山系開発の失敗を暴こうとか、要するに東京目線で、東京の官僚が机上でプランニングしてやった事業が、現場で失敗している現実を突きつけるというドキュメンタリーでした。

柴田　これは岩手で現実に失敗しているものばかりです。

阿部　「ガリバーの足跡」とか「砂漠のアリ」というタイトルにして制作しました。俺たちはアリだ、砂漠で稼がせられたアリだという主張ですね。そういうひがみシリーズをやりました。東京一極集中に腹が立ったのですね。制作者たちの誰にもそうした思いがあったんです。

それから農政の失敗については、早いものでは「ああ、ビート」というドキュメンタリー、砂糖原料についての失敗の事例です。減反対策として提起されたものですが、転作物としてビートを奨励するというので、岩手の農民たちは一斉にビートに飛びついた。そして作ったら砂糖の過剰生産で、みんな借金を作っちゃった顚末のドキュメンタリーです。農政の指導に従った畜産もそうですよ。ある町会議員が畜産もやっていて、経営に失敗したら町会議員の給料が差し押さえられたりするような……（笑)。そういう状況があるのですよ。だから、前沢牛はレアケースなのです。

ついでに言えば、その差し押さえを行ったのは農協でした。だから農協けしからんという番組を制作しました。とにかく弱者の味方になろうぜということで、組織と戦っている人たちばかり扱ってきました。でも営業サイドからクレームが入ったりして軟化してしまった番組もなくはなかったです。でも根っこには、国の行政に真っ向から立ち向かって、「俺たちはなあ！」という主張をしている人たちを大事にしようとしてきた創業の精神がありました。あえて意識しなくても、自然にそうなったのではないかと思います。

柴田　ズーッとつながっているのですよね、全てが。

——意識的に、いわゆる社員教育をしなくても、具体的な制作物を見ながら、後継者というか若い方たちには伝承されていくものですね。

阿部　ものづくりの人たちは、前の人たちはどんな仕事をして認められたのだろうというのは気になりますし。だからそういうのは無言のうちに学ぶことじゃないですかね。僕らも先輩ディレクターの教えを受けたわけじゃなくて、酒飲みながら、どういう番組で、どういう考えだったかを聞いてきた中で、無意識のうちに伝わり、それが後輩へと伝わっていく。それが伝統になるともいえるのでしょうね。

柴田　刺激を受けるんですよね。そしてみんな伝わっていったのですね。その一例として、「IBC特集」*5というものがありました。

阿部　「IBC特集」は、ゴールデン（19～22時の時間帯）の放送をあえて編成したのですが、ひところは視聴率35％も取ってすごい番組でした。すでに他の地方民放局では、ゴールデンで1時間やったりしている局もあった。鹿児島のMBC南日本放送や長野の信越放送がそうでした。それならば俺たちもやろうぜということになりましたが、編成上では30分しか取れないというので、それでもいいからやりたいと言って始めました。いや、正直に言えば「やれよ」って業務命令を下されたんですよ。やりたい気持ちはあったんですが、現状の仕事にあっぷあっぷの状態でしたから少しは抵抗がありました。

その制作に入った頃は経営的に大変いい時代ではありました。でも、週一回のドキュメンタリーは、少人数で大変でした。

柴田　でも、あれでみんな力をつけましたね。

——「上り（のぼり）」（ローカル局制作の番組をキー局が放送すること）はまったくなしで？

阿部　ありませんでしたね。もともとローカル局が全国放送できる枠などありませんし、キー局も積極的に取り上げはしません。かろうじて受賞作品なんかが番販（番組販売）で他局で放送されるぐらいでした。ですから私などは他局で放送してもらえるんだからコンクールで入賞しろと檄を飛ばしたものでした。番組の審査員などは「地方局は本当に頑張っていい番組を作っていて頭が下がる」などと講評してくれますが、それどまりです。全国的に評価されなければ、地方局がどんな番組を作っているかも知られないんです。見る機会などめったにない。そんな中で全国放送できるたったひとつの枠というのが、民間放送教育協会の「親の目子の目」という30分の番組でした。今は企画内容が変わっていますが、その文部省の枠が唯一の全国枠でした。この民教協というのは結構古い組織で、テレビ朝日がキー局となっていますが、系列を超えたネットワークを作っております。当社はTBS系ですが、制作力を買われて参加したと聞いています。そんな関係で古い局が多く、TBS系の局がかなり参加してるんです。その30分枠に各局が順繰りに制作して発信できました。全国に発信できるというのが大変ありがたいことで、地方民放が無条件で全国に発信できるレギュラーの枠としたらこれぐらいのものでした。

あとは、ローカルが上(のぼ)れるというのは、「TBSさん、何十周年だから1時間の枠をくれ」とか、「こういうものがあるからやらせてくれないか」とか、せいぜいそういう枠しかありません。昔はありましたが、現在のTBSはドキュメンタリー枠がないし。

——ドキュメンタリーとしてきちんとやっているのは、深夜にはなってしまいましたが、NNNだけですね。

阿部　その後、フジが年間1回ずつぐらい、FNNドキュメンタリー大賞みたいなものをやっていますね。ローカルは、枠として、全国に見てちょうだいということができないのですよ。特にTBS系は昔からなかった。地方局がドキュメンタリーを発信しようとしたら、「報道特集」などと組んでやるしかない。そういう意味では、ローカルが「全国に問う」なんていうのはないのです。

——それは経営的な理由ですか。

阿部　何でしょうね。キー局に聞いてもらうしかないですね。商品価値がないということなんでしょうか。確かに視聴率は取れないでしょうからね。我々は報道機関に身を置いているという意識なんですが、お笑いの方がいいんでしょうね。残念ですね。

柴田　TBS系列の「Jブランド」という番組名のドキュメンタリー枠ができたことがありました。TBS系列は28局ありますけれども、元気な局が、つくる場、発表する場がほしいと言い出してスタートしたのですが、今はもうなくなってしまいました。その後、JNNのドキュメンタリー番組として「報道の魂」が立ち上がり、各局の記者たちがルポルタージュしています。

――全国に向けて地方の貧困や医療の問題を問いかけているわけですが、実はローカルはケース事例であって、日本全体の医療問題を問うているわけですね。

阿部　そのとおりです。でもこういう番組は、市場原理主義じゃないけれども、スポンサーがつかないわけです。視聴率という市場原理に基づいた経済的な裏打ちが求められるんですよ。もともとドキュメンタリーなんかで七面倒なことを放送したって一文にもならない、売れないのならやめようよと。こうした論理でメディアが自制してしまっている部分があります。自粛、自制になっちゃうわけですよ。第一、お客はそんなの求めちゃいないよってなことで。お笑いをのっけたほうがずっとカネにもなるし。活字メディアと電波メディアの違いはここにあります。新聞の場合は広告収入もありますが、販売という世界があるから別のところでも稼げます。ところが民間放送の場合は、全部、番組＝スポンサーという形になって、即カネと直結しているから、どうしてもそういう高邁なのは売れないから要らないという結果になります。そのような流れの中でもテレビ番組が健全に育っていけばいいのですが、そうはなってないと思うのです。うがった見方をすれば、東京のキー局も地方のいろいろな声を吸い上げる必要性は感じていても、なかなかできない状況にあるのかもしれません。だからそういうことにカネを出すスポンサーがいれば、地方の番組をみんなで見ようじゃないか、考えようじゃないかということになって枠が確保できると思うんですが、残念ながらいないのでしょうね。トヨタとかサントリーとかが地方文化のメセナとなって、テレビメディアと一体となって放送枠を押えてくれれば、新しい道も拓けるんでしょうけれど。まあ、メディアの人間が、同じメディアでこういう悩みを言うということ自体、おかしいのだけれども（笑）。

――他方では、NHKがどんどん民放化していますね。番組予告の形をとりながら、コマーシャルを流していますよね。

柴田　それにはいつも怒っています。民放であれば、番組と番組の間のステーションブレーク枠が1分ぐらいあるのですが、NHKは1分以上使っていますからね、番宣（番組宣伝）に。CMばっかりやっていますよ。広告ですよ。
――我々はそのためにカネを払っているわけじゃないのですけどね。

▶ 3・11への対応と課題――キー局や系列局でなく、地元の人に向かって

――次に3・11についてお聞かせいただけますか。
柴田　先ほどのお話ししたキャンペーンをやっている最中、まさにその時に3・11が起きたのです。
――「いのち。伝えたい！」という社会的キャンペーンで、地域民放として地域との共生を訴えている最中に3・11が起きたのですね。今もそのキャンペーンは継続されていますか。
阿部　継続しています。しかし、3・11が起こったときは震災報道に追われました。わが社には、デジタルの波による衝撃と3・11の波による衝撃が同時に来たことになります。
柴田　初代社長がメッセージを送りましたよね。それがずっと続いているのです。先ほどの「貧困」や「開発」などのテーマに続いて出てくるキーワードに「弱者」があって、「いのち」もやはり弱者の流れ中でずっと続いてきています。「いのち」キャンペーンを展開したのは阿部社長の時代ですが、それを経験していたからこそ、3・11がさまざまな意味で私たちに地域放送の意義を再確認させていると、私は思います。会社の創業精神に流れる弱者応援の姿勢、あるいは世の中のおかしいことに提言するという気概が、報道の番組などでさまざまな展開を呼んだのではないでしょうか*6。
――キャンペーン番組をやって、キーワードが生きて、3・11につながってくるわけですね。
柴田　創業精神ということでいえば、まずテレビで「おはよういわて」（1971年4月スタート、1980年9月終了）というのをやっています。朝の8時台の1時間。全国にも先駆ける番組です。これは本当にいい報道情報番組でした。手紙などで、県民からこういう市町村でこういう問題が起きているといった情報がどん

どんくるのですが、それに局としてすぐ反応しました。県民と一緒になって作っていった番組といえます。おかしいことは正していきました。そうした番組作りで私たちも力をつけていったのですね。ドキュメンタリーも含めて番組作りというものを学んだと思います。そうこうしているうちに今度は、夕方に「ニュースエコー」というローカルワイドニュースが1977年4月に始まります。「おはようございわて」で県民と一体となった番組作りをしていく中で、その経験が生きて、夕方のニュース番組につながっていっているのですね。

その全てにつながっているのは、初代の社長の精神ですね。中国残留孤児問題もいち早く取り上げましたね。全国であんなに騒ぐ前から対応しました。

――残留孤児がメディアで積極的に取り上げられたのは、80年代後半から90年代だと思います。

柴田　厚生省が残留孤児問題の対策を実施する9年も前に、岩手放送が取り上げたということが記録でわかります。

――ということは70年代から80年代初頭ですか。

阿部　そうですね。

――10年ぐらい早いですね。

柴田　「おはよういわて」が始まったのは昭和46（1971）年ですから、その流れですね。国が動き出す9年前から取り上げました。

阿部　岩手のケースは黒龍江省でしょう。

柴田　「おはよういわて」の中で、対象となると思われる人を実際にスタジオに呼んだと聞いています。

阿部　県北の人たちじゃなかったかな。うろ覚えなのだけれど、冬のことだったと思います。その中国の人たちが階段の外に座っているから「どうしたんですか」と訊ねたら、「中はストーブで暑い」と言うんです。「部屋が全部暑い」って。「エッ！」って思ったことを覚えているな。外はたいへん寒かったんですけどね。ふと、この岩手から満州や南米に移住せざるを得なかった人たちも、なかなか土地に馴染めずこのようだったんだろうかって。この国は、棄民じゃないですが、地方をないがしろにしてきたなって思うんです。そんな思いがあるから、原敬が「一山百文」といわれたこの賊軍の地から大臣になった時は提灯行列ですよ。「おらほの国」から初の大臣誕生でしたから。そして総理大臣にまで。反骨の精神、それは流れているんでしょうね。「おはようういわて」という番組が多くの支持をいただいたのは、徹底して弱者の味方をする、そして不正を許さない、というスタンスが多くの共鳴をもらったからだと思いますよ。

——ここまでにいたる話でも「貧困」や「弱者」といったキーワードが生きてきて、3・11でもやはりキーワードは生きていますね。

柴田　また偶然に、3・11の総指揮を取ったのは阿部社長です。

阿部　総指揮といえばかっこいいですけれど、その時にたまたま社長だったからですよ。

柴田　緊急放送体制というのがありまして、ABCDEまであるのですけれども、3・11はそのAランクでした。Aというのは社長指揮のもとでラジオ、テレビをともに放送する体制です。その時が阿部社長ということで、めぐり合わせでしたね。

阿部　全市町村に被害が及びました。

——被害といえば、福島はもちろんそうでしょうし、宮城県もひどかったわけですが、リアス式といったら三陸海岸で、田野畑（たのはた）をはじめ岩手県では……。

阿部　岩手は地形が複雑な海岸ばかりですから。リアスだから津波はどんどん寄せ集まって、高くなって湾の奥に押し寄せるわけですよ。

柴田　宮城とは違いますよね。

阿部　違うんだよね、長い海岸にくるのと、複雑な海岸にきて集まって高く盛り上がってくるのとでは。

——IBCにとって、3・11の際に一番の問題というのは何だったのですか。

阿部　発災した時は、社員は連絡が取れないから、生きているかどうかがまずは当然気になりました。とにかく連絡手段が全部だめでした。情報が取れないんです。手足をもがれた放送局でした。

　それから、津波って、私たちも実際には見たことがなかったんですよ。歴史として知ってはいましたが。例えば、明治29（1896）年、昭和8（1933）年の三陸大津波、昭和35（1960）年のチリ地震などがありますが、津波の襲来そのものは見たことないわけですね。だから地震のたびに、津波がくるかもしれないというので、岸壁や海岸に行って、「今、水面が高まりました」などと語るのですが、津波の怖さを知らないわけです。だから記者は岸壁に行くんですよ。ただ、中には、記者でも「浜から離れましょう」と自分で言いながら取材した人間がいることはいるのだけれども、消防だって警戒を目的に浜に行くし、恒例のように水門を閉めに行くんです。今回大勢がそうして亡くなってます。

お天気カメラ、情報カメラで、津波の襲来の映像を見て、初めて、「これが津波か、すげえなあ」という感じ。その瞬間がモニターに映し出された時、悲鳴がスタッフから漏れましたからね。それでもうパニックになるわけです。

柴田　宮古でしたね、あれは。

――定点カメラとして置いてあるのですね。

柴田　ええ。そこから生でこっちに映像が入ってきた。

阿部　生で情報が入ってきましたが、たぶん、あれは日本で最初の津波の映像でしょう。

――あれはすぐ上（のぼ）りましたからね、生のまま。

阿部　中継したから。

柴田　我々も本社で見てびっくりしたわけですよ。車が流れてきたのですから。

阿部　今、中継のカメラは、光回線でやっていたりするでしょう。なぜこれが放送できたかというと、実はこの津波を送った回線は違っているのですよ。空と空、FPUというマイクロウェーブでつながったカメラで、しかもバッテリー内蔵だったのですね。地震や停電でほかのカメラはダメになった時に、これは生きていました。バッテリーでしばらくは映るわけですよ。津波を映した後にバタッと切れちゃうんですが。凄い映像でした。それを見て、その時に、俺たちはとんでもない歴史的出来事の真っただ中にいるんだと初めて気がつくわけですよね。でも、県内全域停電、通信ダメ、道路ズタズタ、社員の安否も確かめられない。どうなっていくんだろう、って。

柴田　営業マンもいましたからね、現場に。

阿部　実は、津波がくる2日前（3月9日）に訓練をやっていました。

柴田　その時にも実際に津波がきたのですよ。その時は20センチぐらいの小さな津波でした。最大60センチでしたか。3・11の2日前です。その時も警報が出たのです。20センチぐらいでも津波は津波なのです。だから2日後の3・11の時も、あの沿岸の人たちはたいしたことないと思ったのでしょうね。警報が出て、いつもより揺れは大きく、「大津波警報」と「大」がついた。それでも3メートルぐらいといっていましたものね、最初は。実際には3メートルどころじゃなかった。

阿部　いちばん最初、第一報でラジオは20センチと。報道機関は気象庁の発表などを鵜呑みにして出します、出さざるを得ないのですけれども、私共にも罪があるなと思うのです。3メートル、6メートル、それから10メートル超。10メートルの発表を伝えた時には津波はすでに来ていました。それからマグニチュードも徐々に上がるという発表をそのまま流した。むちゃくちゃでしたよ。

柴田　最初は7だったのが、最後は9までになりましたからね。

阿部　最初の発表は大事です。それで人々を安心させてしまったことについて、「この野郎！」という思いはずっとあります。「俺たちも罪なことをしたな」という意識があるのです。

実はこの大震災では、それまでの訓練なんか何の役にも立たなかった。万一に備えて訓練はやってきていたのです。その訓練内容は、たとえば記者は中継車に乗って現場に行って取材して、それから連絡は携帯や無線やらいろいろ使ってやってとか、映像はこうやって送ってとか、誰それは電話で市町村や警察消防の情報を取る、ラジオはこうする、などなどです。しかしそれが3・11では全部、役に立たなかった。ほんとうに役に立たなかったんです。

――まったく同じことを、河北新報の人がおっしゃっていました。全く役に立たない事態だったということを。

柴田　本社と連絡がつかないのですから。

――どこに誰がいるかもわからない。携帯そのものが使えなくなっている。

柴田　それに停電でしたから。

阿部　停電ですね。だから、そういうスクープ映像、普段だったら大変な映像ですよ、これを被災地で誰が見ているのだろうと思った時に愕然としました。津波が来ているすぐそばを車が走ってるんですよ。ラジオで呼びかけたりしても、走っている方は状況が把握できないでしょう。我々のサービスエリアの地元の人たちが、この恐ろしい現実を誰一人見ていないことに気づいて、ぞっとしました。停電は致命的でした。

——そうでしょうね。当事者の、その時に浜にいる人は見られない。

阿部　東京など遠くにいる人が、「すげえな」と思って見ているのだけれども、浜の人たちは見ていない。要するに全部遮断されてしまったのです。これはショックだったね。何のために俺たちはいるんだ、みたいな思いでしたね。もし、停電もなくテレビで情報が取れていたら、津波襲来を見て自宅から飛び出して避難した人たちが多くいたんじゃないかと思いますね。でも現実には、その瞬間、地元のテレビは地元の役には立たなかった。一部、カーテレビやワンセグで見られた人がいたかもしれませんが。悔しいですね。

私が最も頭にきたのは、東京などからどっとメディアが押し掛けてきて、その目線の違いを思い知らされたときです。誰のために放送、報道をしているか、どこを見ているかってことです。私たちは、うちのラジオがやっていることは正しいと思っていたのです。ラジオの場合は、岩手の放送だから、地元のリスナーに向けて一生懸命放送しているわけですよ。ところがテレビは、全国ネットに向けて、要するに全国の国民に向かって放送しているわけですね。全国の視聴者に向かって、ということは被災地に背を向けてリポートするわけですよ。キー局はそれを我々に求める。それもわからんじゃない。でも、我々は被災地に背中を向けて、「被災地はこうですよ」って、全国の視聴者を主役にはできないんですよ。IBCラジオが正しいというのは、被災地の放送局として、被災者のために放送していたからです。向く方向は被災者・被災地です。でも全国情報も必要とのことで、東京のラジオ番組をネット受けしました。そうしたら、何をやっていたと思いますか。帰宅難民の話題ばかりなのです。要するに、場所場所で必要情報が違うということ、ラジオというメディアは身近な情報を得るには恰好なものだということです。ですから再びネットに乗ることはせずに、ひたすら被災者向けの放送を100時間以上続けました。そういうことから、キー局と地元局のスタンスの違いをすごく感じました。

確かに、他方では、ネットワークが世界に開かれているからこそ、ここで起きたことが世界中に伝わるのです。マクロな視線も必要ですし、我々もJNNという系列の一員なのです。ですから、系列局の多くの応援をいただきながら、全国ネット用、ローカル用と一部棲み分けしながら共存しましたけれど、とにかくいろいろと考えさせられました。我々は、平生、地元の放送局だ、地域密着だと言っている。にもかかわらず、今回のような地元の人たちが非常に苦しんでいる時に、地元の問題に応えずにキー局からの要請に応えるようなあり方は、どうなのだろうかと非常に強く感じました。やっぱり私たち地方局は、キー局のぶら下がりだったのかなという感じでね。

確かにネットを通じて地元の状況を伝えていくという仕事は、大事なことなのです。それも大事だから無視できないのだけれど、それだけじゃないだろうと考えて、苦肉の策としてラジオが放送をやっているところにカメラを持ち込んで、柴田プロデューサーのもとで、地元向けのラジオ放送とテレビ放送とをサイマル（同時放送）にして放送しました。

柴田　サイマルで。1カメ（カメラ1台）ですけどね。

阿部　ミルクがなくて赤ちゃんが危ないとか、水がないとか、人工透析のピンチですとか、いろいろ情報が入ってくるわけです。そこでラジオからどこの被災地では何が足りない、何が求められてるといった情報が流れる。そうすると、ミルクが届けられ、どこへ行くと人工透析ができますよと連絡が入る。また、どこそこの地区の誰々さんはここにいます、元気ですよというような情報を一生懸命流すわけですよ。安否情報ですね。

柴田　それで名簿を読み上げたりしたのですよね。生きている人の名簿を読んでいるわけです。みなさん、「自分の身内は？ 親戚は？」というように探しているのです。それでみんなラジオを聴いていた。

阿部　そういう放送をラジオはやっているわけです。100時間以上、ずっとやっているわけですよ。私はこれこそが本当のローカル放送、地域放送だと思います。地方の放送局としては、これをテレビで視聴者に向かってやりたかった。それが我々の基本です。

ただ現実は、停電なので無駄なのだけれども。そのあと復電になって、いくらそういうことをやりたいと思っても、現地ではテレビを見られないし、そんな悠長にテレビを見ているような状況でもなかった。ただ、地方に生きてきた地方局としては、ああいう大災害の時に何がいちばん正しい伝え方なのだろうかということを考えざるをえなかった。私たちが奉仕する相手は、キー局や系列局じゃなくて、地元の人たちです。その人たちに返さなきゃならないであろうという気持ちは、ずっとあるわけですよね。

あるフォーラムに私が出た時に、地方局として、またメディアとして、誰々さんがここに生きていましたとか、赤ちゃんのミルクが足りませんといったことを伝えたいといったら、キー局の人は、「それ、ニュースじゃありませんよね」というわけです。キー局の人は、これは報道だ、これは情報に過ぎない、これは何なにだと、そういう区分けをやっぱりするのだなと感じました。確かにこれはニュースではないかもしれない。しかし、我々が伝えるツールを持っているのであれば、これはニュースだ、これは情報だとかそんな区分は取っ払ってしまえばよい、私はそう思ったのです。ただ、キー局の人はキー局として、ニュースとして何を選択し、どう整理して出さなければならないのかということを考えるのですね。要するに、キー局のスタンスとローカルのスタンスは、イコールではないのです。ローカルはごった煮で結構なんです。だから、あの時に私たちは被災地の被災局なのに、何をやっているのだという思いがあった。ラジオとテレビのメディアの違い、ローカル局とキー局とのスタンスの違い、これらはやっぱり実感せざるを得なかった。ただ、キー局や系列局から人と機材が来るし、スタッフの食料は毎日のようにキー局が東京から送ってくれる。また生命線の放送用の自家発電の油も手配してくれ、今でも感謝しています。

もうひとつ、大変気になったことがあります。災害時、各局のモニターテレビを一番見比べていたのは私だと思いますが、これでいいんだろうかと思ったことがあるのです。NHKを含めて、どの局も同じスタイルで同じ内容の放送をしておりました。当然取材競争ですから、新しい話題を探すわけです。しかし、取材場所が違っても、津波被災地の状況、避難所の様子、対応する行政の姿などほとんどが同じ内容といってもいい状況でした。それをなんともやりきれない気持ちで見ておりました。各局の選挙開票速報番組に似ております。今後、この震災ほどの大きな出来事があった時、NHKも含め、例えば横並びに災害を報道するのではなく、安否情報専門局とか、生活関連情報専門局といったように、取材情報を棲み分け、被災者と視聴者とのキャッチボールができるような、ニーズにこたえるテレビメディアであればどんなに役立つことかと感じております。

ラジオも同じだと思います。あの災害時に、NHKとIBC岩手放送、それにFMいわての中で、ほとんどの聴取者が聴いているのは、調査結果ではIBC岩手放送でした。というのも、NHKは時たま全国放送を入れるので地元の要請に応えきれていない。FMは日頃の聴取習慣もあったかもしれませんし、スタッフが少ないこともあったと思います。その中でIBCが聴取者のニーズにある程度応えていたのでしょう。また後のアンケートで、「いつもの耳慣れたアナウンサーの落ち着いた話に、随分と安心をもらいました」という声も多く聞かれました。ただラジオもテレビと同様で、今後の非常時には棲み分けを考える必要がある。例えばFM局が安否、安全情報に徹するとか、IBCは災害情報と生活関連情報に特化するとか、NHKを含めて検討する課題にできればと思いました。あの最中でも、もしもそうした提案を柴田プロデューサーの下で、各局と話し合えたら……、でも、それどころじゃなかったしね。

柴田　あれぐらいの大災害になると、そういう対処が必要ですよね。現状では、台風などの災害でも、基本的には全局同じことをやっているわけですね。棲み分けするとすれば、例えばライフラインなどの情報を伝えるチャンネル、安否情報だけのチャンネル、生活情報のチャンネルなどになるでしょうか。あるいは、災害の様子を伝えるチャンネルもあってもいいかもしれません。

阿部　後のアンケートで、被災者が何を求めたかについて調べると、あの人はどうなったという安否情報がいちばん多数の要望として表れています。全体的な情報もさることながら、安否情報のニーズが高かったのですね。その要求に対して、テレビ局はローカルでも応えきれていません。応えたのは唯一ラジオでした。今回の震災でラジオが見直されたというのは、やっぱり被災者にとって有益な情報が、ラジオにはいっぱいあったからです。テレビは客観報道みたいなもので、津波はかくかくしかじかというような説明解説ばかりになってしまい、隔靴搔痒、ほしい情報がなかなか入ってこない。当事者意識、地元意識の低さが要望に対する感度の鈍さになったのだから、今後、各地で災害が起こった場合、また同じ繰り返しになってはなりません。そのような危惧から、ひとつの警鐘にしたいなと思うのだけれども、なかなかね。

――調査のデータというのはどこかで開示されていますか。

柴田　民放連で開示されています。大震災とメディアに関しての調査が一冊の本（『東日本大震災時のメディアの役割に関する総合調査報告書』日本民間放送連盟研究所）となって、そうしたデータがかなり細かく出ていますよ。

阿部　何がいちばん有用なメディアでしたか、一番ほしい情報は何だったですか、あなたはどうやってこの災害を知りましたか、などの調査結果がまとめられています。

――3・11の際に、ラジオとテレビの違い、それからキー局とローカルの違いについて、認識をはっきり持たれたということですが、地域の民間放送、地域メディアとしてのテレビの機能や役割は、今後どのような変化が必要とお考えでしょうか。

阿部　災害のあるなしに関わらず、逆発想すればわかるのではないでしょうか。例えば、テレビがNHKだけだったら、おそらく地元の人たちは、地域の情報が少なくても、そうしたものだとわかっておりますから、不満はあっても受けとめてくれると思います。第一、地域枠も少ないですし、地方にとって大きな出来事でも全国からするとそれほどのことではないんだろうなと。それにNHKの体質として、転勤者が多いわけで、地域に対する本当の愛着がやっぱり低いと感じています。しかし現実には今、岩手ではNHKに加えて民放4系列が存在しています。地元の情報源として定着していて、より細かに地域情報が手に入ります。そして各局とも地域との共生、地域密着を標榜しています。もうテレビメディアはすぐ隣にある日常になってる。そうしたテレビ局がなくなったとしたら大騒ぎになるでしょう。ですから私たち地域メディアは、地域と喜怒哀楽を共にする運命共同体だと思うんです。それは地域にべったりとおもねるということではなく、私たちの役目を十分自覚したうえでですが。

　それからもうひとつは、IBC岩手放送は、地域情報を外に発信することを求められていると思います。何でもいいのですが、例えばグルメなら、「テレビでやってくれて、あっちからも客来たよ」「こういう珍しいものがあるって紹介してくれたよな」と。地方テレビ局というのはそういう部分でも役に立ちたいし、県民からはありがたい媒体だと言われる存在でいたいのです。

要するに、報道とかニュースを通して高飛車に啓蒙してやろうという意識ではなく、「ここに面白いおじさんがいるよ」というようなことまで、テレビでやってくれたといわれるような、身近な存在ですね。ですから、3・11を契機に我々地方局の役割が大きく変化するということはないわけです。変化があるとすれば、徹底して地域に奉仕するという決意を、より強くすることですかね。当たり前のことですよね。

我々の存在は、地元で吹いている風みたいなもので、常にこの辺りに吹いていて、特に有り難みを感じないけれども、なくなったら、「いやあ、すげえ大切な嫁さんを亡くしたな」という感じの存在。地元テレビ局というのはそれでいいと思っています。

▶地元企画――地域を応援する

――最後にもう１点だけ教えてください。地元と一緒に行なう企画はどれくらいありますか。IBCが中心になる場合、また協賛、共催する場合もあると思いますが。

阿部　各県の民放さん、みんなやっていると思います。事業関係は日常業務ですからね。特別といえば年事業の時ですかね、大きくやりました。開局何周年とか[*7]。

開局の時には、ほかでやっていないことをやろうというので、例えば宇宙博覧会とか、岩手には動物園がないというので、動物園を連れてこいといった企画があったようです。昔の話ですが。

それから、当時、千昌夫や高橋圭三などがいたので、ステージショーをやったりしました。文化的な事業としては、開局30周年記念に『遠野物語』という映画を作りました。森敦の『月山（がっさん）』をつくった鐵プロ（村野鐵太郎監督）や俳優座と組んで、仲代達矢主演で作りましたが、たまたまこの映画が、イタリアのサレルノ国際映画祭でグランプリをもらいました。それをきっかけに、遠野市とサレルノ市の姉妹提携の関係を取り持ったりしました。大変感謝されたのは『岩手百科事典』の出版でしたね。今でも役に立っている事業です。同じ頃、子どもたちをサイパン・グアムへ送る「IBC少年少女友情の船」も周年事業としてスタートさせていますね。

それから、新渡戸稲造のドキュメンタリーを作って全国放送をしました。そういう周年の時でしか、TBSは編成を空けてくれないのですよ。ですから周年記念は全国ネットの番組、例えば「北上川とかっぱたち」などの番組を発信することがメインになっていきました。吉村貫一郎を主人公にした『壬生義士伝』の映画も、周年の際に資本を出したりしました。なんといっても南部藩の話ですので。

その他にもいろいろなイベントをやりましたが、今でも続いているものが、「IBCカップ」というアマチュアゴルフトーナメントです。当時、ゴルフというのは一部の人たちの楽しみだったのですが、アマチュアゴルフ選手権をうちが主催してやろうということになりました。それが40年以上続いている。

柴田　今年（2014年）が41回です。「IBC祭り」は31回ですね。

阿部　もうひとつは、「IBC杯招待ラグビー」というイベントを毎年行っています。現在47回です。長年、ラグビーでは岩手の新日鉄釜石が強かったのです。高校では秋田も強かった。そこに、田沢湖線という秋田と岩手をつなぐ鉄道が開通したので、それを記念して、お互いラグビー県だからラグビーをやろうということになりました。ラグビー親善試合を秋田の高校代表と岩手の高校代表でやったのが始まりです。もうひとつは、招待として、新日鉄ラグビーと前年度の大学チャンピオンとの試合を同時開催でやりました。今は新日鉄が弱くなって、釜石シーウェイブスというクラブチームになってしまったので、大学のチャンピオンも断ってきます。前は「是非、新日鉄さんとやりたい」という状態だったのですが……。今でも毎年どこかの大学を招待しております。早稲田とか慶應とか単独チームがきて、釜石シーウェイブスと試合をしています。それも40年以上続いています。

それからもうひとつは、ニッポン放送もやっていますが、「ラジオチャリティミュージックソン」です。これも周年番組としてスタートしたもので、クリスマスに24時間の放送をやっています。体の不自由な人のためのチャリティーコンサートをやりながら、街角に立って全県で募金をしています。1000万円以上集まった募金を、いろいろな施設に配分しています。ラジオとマラソンをかけて「ラジソン」なんて呼んでいますが、今年で37回です。このように周年事業として始めたものが、ずっと残ってきているわけです。

あとは、文化イベントとか、スポーツイベントとか、「IBC杯」という名前をつけたスポーツ冠ものの実施も、地域を応援する意味でいろいろやっていますが、これはどこの地方局も同じだと思います。こうした事業は岩手日報社との共催が多いですね。

注――――

＊1 テレビ開局50周年スペシャル番組として、「病院」「交通」「自然保護」「戦争と平和」「文化」「スポーツ」をキーワードに番組を制作した。

＊2 開局55周年キャンペーンとして、「命を守ること」に向き合い、命が粗末にされている現状を伝え続けている。

＊3 主な関連番組は「私だって話せる」「血友病と闘う」「角膜移植238号」「シリーズ岩手に生きる」「翔べ！ 白鳥よ」「お父さん喜美恵と呼んで」「神様からの贈り物」など。

＊4 主な関連番組は「風の爪痕～検証、北上山系開発～」「山の声届かず」など。

＊5 「IBC特集」は、90年代に向けて岩手の再構築への取り組みとして誕生し、「岩手の再発見＆岩手に刺激を！」をキャッチフレーズに、ゴールデン枠で発信した。

＊6 東日本大震災でのIBCの合言葉は「ふるさとは負けない！」。未曾有の大災害に立ち向かい、ラジオ・テレビの放送記録を編纂。震災・復旧・復興を記録したDVDは、後世に残し防災に活かす教訓とした。発生から108時間放送を続けたラジオは、人々に勇気を伝え続け、「その時、ラジオだけが聴こえていた」として、またリスナーから寄せられた体験手記「未来へ伝える」は、語り継ぐ震災の声の記録として共にCDブック化された。IBC復興支援室を立ち上げ、被災地に寄り添いながら、復旧復興への情報収集、番組発信を続けている。ラジオでは、震災チャリティー番組の放送とIBC震災募金への協力を呼びかけている。

＊7 開局周年企画は以下の通り。
20周年　祭り・いわて開催、ラジオ緑いっぱい運動展開

25周年　『岩手百科事典』刊行、ラジオチャリティミュージックソン開始
30周年　映画『遠野物語』製作、NASA宇宙科学博開催、テレビ「太平洋の橋・新渡戸稲造」制作
35周年　少年少女友情の船実施
40周年　世界アルペン開催、ふれあいの翼実施
45周年　デジタル化委員会発足、『岩手地名呼び方辞典』刊行
50周年　映画『壬生義士伝』製作
55周年　「いのち。伝えたい！」キャンペーン展開
60周年　映像集DVD「いわてアーカイヴの旅」制作

阿部正樹（あべ・まさき）

相談役

1942年岩手県生まれ。1965年入社。主に番組制作部門を経て、八戸、東京支社勤務。報道制作局長や総合企画局長などを経て、社長、会長を歴任して現任。

柴田継家（しばた・つぐいえ）

特別職

1950年岩手県生まれ。1973年入社。大半を放送記者として過ごす。県南支社、秋田支局長を経て、編集長、報道部長、報道局長などを歴任する。

山形放送

社　名　　：山形放送株式会社
略　称　　：YBC（Yamagata Broadcasting Co., Ltd.）
本社所在地　：山形県山形市旅篭町二丁目5番12号
資本金　　：3億9800万円
社員数　　：133人

コールサイン：JOEF（ラジオ）／JOEF-DTV（テレビ）
開局年月日　：1953年10月15日（ラジオ）／1960年4月1日（テレビ）
放送対象地域：山形県
ニュース系列：NNN
番組供給系列：JRN・NRN（ラジオ）／NNS（テレビ）

本間和夫（代表取締役社長）

板垣正義（取締役・報道制作局長兼CG部統括部長）

伊藤清隆（報道制作局局次長兼制作部統括部長）

聞き手：小林義寛

インタビュー日：2014年11月7日

▶開局から現在の課題まで——いくつかの転換点

——本日はまず、山形放送でテレビが始まってから50年ほどの概略をお聞かせいただけますでしょうか。ラジオや新聞とも関わって、いろいろと難しい問題もあるかと思います。クロスネット（複数のキー局から番組を選択して編成する形態）の状況も、試行錯誤をへて現在に至っておりますね。東北で初めての自営のマイクロ回線など、独特なことを山形放送はなさっています。また、山形では、貴局の後に、3局の放送局が開局されました。他の放送局ができてきてからの、山形放送のスタンスについてもお教えください。

次にお聞きしたいのは、山形放送と地域の関わり合いについてです。災害にどう対応するかという問題もありますし、あるいはイベントやキャラクターもあります。よろしくお願いします。

本間　まず、私から概括的なところでお話申し上げます。山形放送は、昭和28（1953）年10月15日にラジオ局として開局し、テレビの放送開始が昭和35（1960）年3月16日です。テレビだけを考えれば、平成27（2015）年で55周年です。ラジオ開局からは62年目です。平成25（2013）年が開局60周年だったので、ささやかながら、いろいろなイベントもやらせていただきました。開局はもう62年前のことですので、リアルタイムで体験した人は社内にはいません。私は昭和47（1972）年入社ですからいちばん社歴が古く、先輩からいろいろ聞いてはきましたが、それでも開局時の話はほとんど聞いていません。では、このような質問を受けたときに何を頼りに答えるかというと、『山形放送の50年』というものがあります。開局50周年の時に、当時のOBの方も含めてさまざまな聞き取りを行ない、また『山形放送三十三年誌』の記事なども参考にしてまとめました。もうこれを読んで知るしかないというようなこともたくさんあります。

山形放送は、服部敬雄（よしお）という山形新聞社のオーナーが起業した会社で、山形新聞社が兄で山形放送が弟のような形でできました。新聞社を母体にしているので、かなりジャーナリズムの色が濃い会社として育ってきていると思います。

社是がありますが、「報道・評論活動を通しての社会正義の実現」というのが1つ目で、2つ目が「主張したことは自ら実現に向けて努力する。言論即実践」。3つ目が「利益は県民のために」ということで「地域社会への還元」と、この3つが社是です。いかにも新聞社を母体にした会社の社是ですが、服部敬雄社長が平成3年に亡くなるまでは、強烈にリーダーシップを取って会社を経営していたので、もうこの社是のまま、いろいろな薫陶も受けて仕事をしてきました。

60年の間、いろいろなことがあったわけですが、転換点はどこかというと、まずは山形放送でテレビが始まった昭和35(1960)年です。それから山形県内でも、2番目の局(山形テレビ)、3番目の局(テレビユー山形)、平成9(1997)年の4番目の局(さくらんぼテレビ)まで、次々と開局をしてきました。もちろん、全国的にそういう傾向があったわけです。会社の売上のピークは、平成8(1996)年度です。その1年後に4番目の局ができて、4局で争うということで、シェア争いが起きました。そのシェア争いに勝ち抜くためにどんなことをやるかというのが、経営上の大きな問題でした。その間にネットチェンジ(キー局の変更)などいろいろありましたが、それはそのつど乗り越えてきたわけです。

さらに最近の大きな転換点は、地デジの準備でした。平成17(2005)年から地デジ放送を開始していますが、地デジ化のためにいろいろ投資をする必要があり、平成17年度から5年間、単年度赤字を強いられました。わが社の規模で50億円の設備投資が必要でした。ご存じのように放送局は国の免許を受けて放送しています。デジタル化をしないと免許が交付されないということだったものですから、選択肢のない道だったわけです。それで国策にそって50億円の設備投資をやって、そのために5年間、事実上、単年度の赤字。そこをいかに乗り切るかで苦労しました。

そして、今抱えている問題はふたつあります。ひとつは、先程もいいましたが、売上が最盛期から半分近くに落ちている時に、地域内でのシェアをいかに高めて、売上の額を減らさないようにするかということです。これは地域の問題とも関わってきますが、人口が減ってくると、地域に投下されるパイは自ずと縮小しますから、その中で売上を維持するためには、シェアを確保していくというのが、まず必要最低限の努力となります。YBCは一番の先発局で、30

％を超えるシェアを持っていますが、それでもこれからもっと高くしないと生きていけないという、非常にきつい課題があります。

もうひとつ、大きな課題は、4K・8K（現在のデジタル放送よりさらに高画質な映像）の問題です。現在、地上デジタル波は、技術的な問題で4Kの超高精細度の映像などを電波で送れるだけの帯域をいただいておりません。ただ、技術は進歩しますから、あと5年後、10年後にはもしかしたら、圧縮技術でそういうことが可能になるかもしれない。けれども、今のところはできないです。それにもかかわらず、2020年に東京でのオリンピック、パラリンピック開催が決まって、4K・8K推進の国のロードマップは前倒しできていまして、どんどん早く進めようと国は力を入れています。BSやCSでは技術的な面がクリアできますので、どんどん進んでいくと思うのです。アナログからデジタルにかわる時に、アナログで十分きれいだよと思っていたのが、デジタルになったらデジタルでないと満足できなくなってしまった。それと同じようなことが、4Kと今の地上デジタル放送の間に出てくると、今の地デジの媒体価値が下がっていく可能性があります。

そうすると、当然収入も下がってくるという心配がつきまといますので、技術的に今できないといわれている4Kではありますが、技術的な動向をしっかり見守ってなんとかくらいついていきたいという思いがあります。しかし、先程申し上げたようなデジタル化で体力がかなり消耗している時に、またそれを上回る設備投資を強いられたらどうしようというジレンマがあります。なかなか先が見えないので今はまだ判断できませんが、何とかクリアしていかなければならないというのが、ふたつ目の大きな課題だと思っています。

▶地域社会への還元——花笠まつりと3冠王

番組づくりについては、山形放送は、地域に密着した社是を掲げてやっていますので、開局以来脈々と、先輩方から始まり、ずっと力を入れてきています。ローカルワイド番組の歴史を振り返ってみても、YBCはいち早く取り入れました。地デジ化で苦しく赤字の時は、全国のローカル局ではやめた局も結構ありますが、YBCはやめないということで続けてきましたし、今も地域のローカルワイド番組として認知されていると思います。

それに、番組の質といいますか、コンクールでの受賞も、県内では山形放送は実績があると思います。民間放送連盟の番組コンクールがありますが、全国で1本しかない全国最優秀を過去2回いただいています。また、平成になってから優秀賞以上の賞を何本取ったか調べてもらいましたら、民間放送連盟の番組コンクールだけで23本ありました*1。

このほかNHKさんも含めたいろいろなコンクールがあり、そういったところでも賞はいただいています。開局以来、制作畑の先輩たちが目指してきた文科省中心にやっている文化庁芸術祭で、2、3年前にラジオ部門の芸術祭大賞をいただきました。地域に密着した放送局であり続けるためには、地域に密着した情報を発信し続けるための資質というか力量というか、そういうものが必要です。先輩方の代からから脈々と努力してきた結果は、ある程度県民の皆さんに認められているのかなと思っています。

一方、社会問題と災害への現在までの取り組みという点では、BCP（事業継続計画）は当然、一生懸命にやっていますが、山形は意外と災害が少ないところですので、これまでは幸いにも活かす機会があまりありませんでした。ただ、いつ蔵王が噴火するかわかりませんし、手は抜かないでやっていくつもりです。

あと、NNNという日本テレビのニュースネットワークがあります。協力体制はどの系列も一生懸命取り組んでいらっしゃいますが、NNNも負けないくらいの結果を出しているなと思っています。何かあったらYBCがその協力を仰がなければなりませんが、ギブ&テイクという意味だけでなく、協力体制はしっかりつくっていかなければならないと思って、かなり前向きに取り組んでいます。

――「花笠まつり」は新聞社、テレビ局ともにずっと関わっておられますね。テレビ局として、イベントの取り仕切りやプログラムづくりなど、主体的にさまざまなことをやっていらっしゃると思うのですが。

本間　花笠まつりは、山形新聞・山形放送の服部敬雄社長が提言してスタートした祭りですから、事務局も山形新聞・山形放送の中にあって、最初は全て人も出してやっていました。しかし、山形新聞・山形放送というメディアグループだけのお祭りでは広がりに欠けるということで、山形商工会議所に事務局を移しました。当然、山形放送もその事務局の中に入って祭りを支えており、経費的な負担もしています。商工会議所に事務局を移してからもう20年ぐらいになると思います。

——今や「花笠音頭」は全国で知られていますね。どういう経緯で始めようということになったのでしょうか。

本間　東北には、「ねぶた（ねぷた）」「竿燈（かんとう）」「七夕（たなばた）」と大きな祭りが3つあって、賑やかでいいよねと。地域の活性化のために、山形にも全国に自慢できる夏祭りを県民の力でつくりあげられないかということだと思います。三大祭りはもうありましたので、これを東北四大祭りにしようということで、県の舞踊振興会など錚々たる踊りのお師匠さんたちに協力していただき、踊りも新たに創作してもらいました。もともとは尾花沢（おばなざわ）地方にあった労働の時に歌った民謡がもとになっているそうです。最初はそれを踊っていたのですが、だんだんとストリートダンス系が入ってきて、今はかなり自由にやっています。

地域の活性化をいかにするかということをグループとして考えて、会社のCSR（企業の社会的責任）として始めたということですね。地域社会への還元です。

——花笠まつりは1963年から始まっているので、50年以上ですね。花笠音頭は民謡風の踊りなので、ずっと昔からあると思っていたんです。とすると、新しい伝統とも言えますね。メディアが主体となってやっているというのは、非常に面白いなと思います。

本間　メディアとして祭りをどうやって支えたかというと、もちろん祭り自体の継続もそうですが、たとえばカンヌのフェスティバルに花笠舞踊団を派遣して、その際に新聞、放送が取材陣を同行させ、全国ネットでも流すような努力をしました。「花笠まつりがカンヌで脚光を浴びた」というような話題づくりですね。このようなこともまめにやりました。ぼくの少し上の先輩が、音響さんも兼ねて取材に行ったり、カメラを回したりしています。

——当時は、カメラは録音と一体ではないですよね。録音はデンスケ（ソニーの可搬型テープレコーダー）でしょうか。

本間　一体ではないと思います。デンスケよりはもうちょっと小さかったかもしれませんが。ラッパ型の拡声器まで持っていったらしいですよ（笑）。

——私は横浜に住んでいますが、盆踊り大会があると、必ず花笠音頭はかかります。50年以上前に山形で作られたものが、全国にまで広まっているわけですね。特異な例だと思います。近年だと「よさこい」（北海道の「YOSAKOIソーラン祭り」、高知の「よさこい祭り」）などもありますが、その先鞭です。どこもやっていないことを始めたというのが興味深いところです。

伊藤　もう一度ルーツを振り返りますと、YBCの前身、ラジオ山形の開局当時は、民謡大会の中継がキラーコンテンツだったようで、山形県民謡振興会の会長は、代々うちの報道制作局長が務めさせていただいている。「花笠」の踊りもそうしたつながりの中から生まれたと言ってよいと思います。1970年の大阪万博の「日本のまつり」に参加して、その優雅さ、華やかさが広く全国に知られるようになりました。最初の頃の花笠まつりは、企業中心というか、それぞれ電飾の車のあとに従業員の踊り手集団が続く形でした。高度経済成長期を迎えて、地域経済のパワー、企業の活力が大きくアピールされていった時代です。それが大阪万博やカンヌなどに行くうちに、「花笠」が山形の代名詞になっていった。その流れの中で、いつの間にか大きな祭りに育っていったという感じでしょうか。

本間　我々が入った頃は、もう花笠まつりはある程度定着していて、「3日間、夜の8時55分のニュースに入れるんだ」といわれて、それこそDR（ぜんまい仕掛けで駆動する3本レンズの16ミリフィルムカメラ）に毛が生えたようなカメラを持って、毎晩取材していたね（笑）。

——最近ではハロウィーンが日本中に広がって、よくニュースでも取り上げられますが、50、60年前にその下地ができているような気がしました。「よさこい」でも、ここ10年、20年ですよね。それほど古くない。横浜にいる私でも、夏に盆踊りというと、必ず「花笠」も踊らされるわけです。山形と関係ない地域でも生活に根づいているというのは、すごいなと思ったんです。

本間　確かに原型かもしれませんね。岩手の「さんさ踊り」のお祭りも、夏祭りとして盛大にやっていますが、それだって、やり方としては花笠まつりと同じパターンのように思えます。もちろん、踊りの中身は違いますが。仙台の七夕まつりで踊る「すずめ踊り」もパターンは同じですね。地域おこし、まちおこしの原型みたいなものが、50年以上前からあるわけですね。

——服部社長のひらめきなんでしょうか。

本間　地域おこしをしたいという、初代服部社長の思いでしょう。ものすごい強いリーダーシップをお持ちの方でした。

——やはり地域に強い愛着を持たれていたのでしょうか。

本間　山形を何とかしたいという思いが強かったんじゃないでしょうか。うちのグループには関連会社が多くありまして、もちろん放送会社だから制作プロダクションや広告会社もありますが、そのほかにIT関係もあれば、それこそ製造業もあり、現在11企業ぐらいでしょうか。すべて服部社長の時代に起業しているのです。山形に活力を呼ぶためにはどんなことをやったらいいのかを、本当に心から考えていたと思います。山形には県立美術館がないということで、自分で声がけをして、協力者を募って美術館をつくった。音楽では、山形交響楽団も作っています。とにかく精力的で、山形のために何かやりたいという思いが強かったんじゃないかと思います。

——資金の提供は現在も続いているのでしょうか。

本間　もちろん、寄付で支えています。でもそれは、山形のためだという気持ちもありますが、やはり地域社会への還元です。実は山形放送は、山形地区の年間視聴率で、21年連続年度3冠王（「全日」「ゴールデン」「プライム」の3つの時間帯すべての平均視聴率が1位になること）達成を継続中です。機械式の調査が山形で始まって以来1回も落としたことなく、3冠王を取っているんです。これは民間放送最長です。キー局の浮沈にかかわらず3冠王を取っているというのは、やはりこういった地域還元、山形のためにいろいろなことを一生懸命やっているというのがベースにあってのことだと思います。

——21年というのは、ちょっと想像できない長さですね。新しい局ができても、勝てなかったということですね。

本間　しかも3冠ですからね。1冠も落としていないわけですから。その期間の半分くらいは、関東ではフジテレビが全盛を誇っていました。接戦の時もありましたが、それでもとにかく年度3冠を取っているというのは、やはりこういった地域関連の事業を、もちろん人もかけ、カネもかけて一生懸命やってきたことを、県民が見てくれている結果だと思います。

「山新放送愛の事業団」という事業も昭和54（1979）年からやっています。民間で福祉にお役に立ちしましょうということで、財団法人をつくって、県民の方からの善意をいつでも受け付けています。例えば授産施設でエアコンが壊れたので助成してほしいといった申請があれば審査をして、県民の善意を100％還元して喜んでいただいています。

県民のためにできることは何でもやりましょうという思いは、オーナー社長の時代から受け継いでいます。いちばん古い放送局として、新聞社ともちろん協力して、そういう活動をしていたからこそ、キー局がつらい時でも、なんとか3冠を取ってこられたのだと思います。

▶競合他局との関係――複雑なネットの移り変わり

――ほかの放送局が開局する際も、YBCはいろいろと手助けしていますよね。

本間　山形で民放2局目ができたのがYTS（山形テレビ）で昭和45（1970）年。だからYBCがテレビを始めて10年後です。ぼくらが入社した頃には、1期生、2期生がスタートしている頃です。その時は、うちで採用した社員の方に放送のノウハウをおぼえていただいて、先輩方も含めて、ドーッと移籍していきました。だからYBCの社員からYTSの開業時の社員になっている方もいまして、YBCのOB会にも来るような方もたくさんいらっしゃいます。

でも、平成元（1989）年にできた第3局（テレビユー山形／TUY）の時は、マスコミの集中排除で、うちはもう、お手伝いしたくてもできませんでしたね。コンプライアンスにふれちゃったりするとまずいよねという感じでした。FM山形さんができた時には、株では若干お手伝いしたのかな。

――クロスネットの解消、つまり現在の状況へ一本化していくプロセスなどをご説明いただけますか。

本間　最初はYBC1局しかないので、オールネットでいいところだけやっていたのですが、そこに2局目のYTSができた。YTSは最初、フジ系でスタートしています。フジ系の局ができたので、YBCではフジ系の番組を全部お返ししました。その後は残りの3局のクロスネットでやっていましたが、平成元(1989)年にTBS系列のTUYができたので、『水戸黄門』はじめTBSの番組はみんなお返ししたんです。うちは日本テレビとテレ朝、2局のクロスネットとなりました。

その後、平成5(1993)年にYTSがフジ系からテレ朝系にネットチェンジしました。その際に、うちはマストバイ(キー局の全国ネット指定の番組をすべてネットする)になって日本テレビ系列になったのです。その結果、山形ではフジ系がなくなってしまった。そして、4局目のさくらんぼテレビ(SAY)が、平成9(1997)年にフジ系のテレビ局として開局したというわけです。

——山形のクロスネットの状況を調整するために、服部社長がいろいろ苦労されたと聞きました。フジ系が全面的になくなった時には、フジ系の番組もいくつかお買いになっていますよね。

本間　最後のクロスネットの時は、当時の編成担当の役員たちは大変な苦労をしたと思いますね。最終的には、当時の社長が決断するしかないというような状況になったと聞いています。さくらんぼテレビは、民間放送の放送免許が取れたいちばん最後の局です。さくらんぼテレビと高知のさんさんテレビの2局に免許がおりて、その後は地上波の免許はおりていません。人口が約115万人とパイが少ないわりに、山形では4局あるわけで、このような県は山形しかなく、それが先ほど申し上げた熾烈な競争をしている原因になっています。

——今後の見通しはどうなっているのでしょうか。

本間　まったくわかりませんが、南東北放送ができるかもしれないし、国の法律が変わって山形の2局が手を組んで、もう少し効率よく県民に放送を流す方法が許されるかもしれません。ただ、法律にがんじがらめになっていますから、その中でどうしたら生き残っていけるのかを考えるしかないのです。

▶キー局との関係——山形を知ってもらう

本間　去年(2013年)、60周年の記念事業として、山形市内のラジオの送信所の敷地に0.5メガワットの太陽光発電をつくりました。再生可能エネルギーをつくろうというのが国をあげてのスローガンでしたから、何か協力できる方法はないかと模索しました。売上が45億円ぐらいの会社が3億円近い設備投資をするのは、決断が要りました。ビジネスモデル的にはリスクが大きかったんですが、これも利益の社会還元だということで決断し、60周年の年に稼働しています。

——今のところペイはできているんですか。

本間　今のままの売電が約束されれば、13年かければキャッシュフローは戻ってきます。普通、ビジネスモデルだったら5、6年です。13年というのは、CSRというか、そういう大義名分にそった事業でなければできなかったと思います。今のところは順調に稼働しています。

——東京から広告を取ったりなどもされているのですか。

本間　ネット局からの配分金というのがあります。キー局がローカル局分も含めて一括セールスして配分されます。それが東京からくるお金のひとつで、加えて独自に東京のスポンサー、代理店にあたって、ローカルのスポットに東京の企業の広告費を取り込むということはやっています。

——PT（パーティシペーション／番組提供の広告主以外の広告）で地方は勝手にやれということもありますよね。キー局がセールスしないCM枠がある場合は、自分で探すという感じですか。

本間　そうですね。

——そうすると、それは東京ではなく、やはり山形で探すということになりますか。

本間　いえいえ、東京でも入れます。今のシェアというと……。

板垣　テレビの売上の3分の1が、いわゆるキー局から配分であるネット料金です。3分の2は、独自の売上ですが、そのうちの全体の3分の1が東京支社の売上というところです。

ネット料金が3分の1、東京支社が3分の1、残りの3分の1を県内の支社と大阪、仙台支社で売上げています。東京の比重がきわめて高い。ナショナルスポンサーの本社がほとんど東京にあるというのが要因です。一方、ラジオは、東京や大阪の売上はきわめて少なくて、県内の売上の比重が高く、6、7割は県内スポンサーです。それに、ラジオの場合はネットの比率がきわめて低いという特徴があります。
本間　昔はけっこうネット番組でナイターなどがありましたが、今はもうほとんどありません。ラジオのキー局も、東京のローカル放送局の色彩を強めているんですよね。東京は市場が大きいから田舎のローカル放送局よりはいいですが。ただ、ラジオも一生懸命やっています。
――配分しているからということで、東京のキー局からの圧力はあるのですか。
本間　それはないです。すべて契約に基づいています。NNS協定という契約があって。この番組は東京のキー局が全部仕切りますよという約束をする。番組の編成や売上もそうです。また、NNNのニュースの契約もあります。NNNの契約の中には、例えば「NNN」の冠がついたニュース番組を、ローカル局は同時間に一括して放送するといった決まりがあります。
――だとすると、何かあった場合に、そこに独自に挿入するというのも難しいわけですね。
本間　そうです。だから、「NNN特別番組」が編成されると、うちがそこで高校サッカーを予定していたとしてもやれないのです。やらないという約束のもとでやっているので。加盟社の社長がみんなサインして協定書を結んでいるから、当然そうしなければならないんです。
――キー局から流れるニュース番組の場合、ローカルの場面だけは山形でという形になるのですか。
本間　それは差し替えといって、協定の中で認められています。ただ、例えば今4時台にやっている「news every.」は、NNNの冠がついていません。だから、そこで通販番組をやっても構いません。
板垣　東京では4時台から「news every.」を放送していますが、ふたつに分かれていまして、前半のほうはNNNの冠がついてなくて、後半の5時53分からがNNNの冠番組です。
――NNNの冠がない前半部分は、そこだけ自由に差し替えもできるわけですね。
板垣　別の番組をやってもいっこうに差し支えありません。

——ただし、後半からはそのまま流すと。キャスターから何から全部一緒でしょうから、なかなか難しいのではないですか。

板垣　でも、5時53分00秒からがNNNの全国ニュースですということで、そこから番組に乗っても大丈夫なように、キー局で演出しています。キャスターはかわらないですが、そこでもう一度、キャスターが、「改めまして、今晩は」などと仕切り直しでやっています。

——6時から6時半ぐらいまでの間は、グルメコーナーなどもありますよね、ほとんどが東京の店を紹介する……。

本間　その時は、山形のローカルのニュースを放送しているわけです。

板垣　6時15分までは全国のニュースで、6時15分以降はローカルで放送していいですよということになっています。そのまま乗っても構いませんが。

本間　ローカルだって放送しないとね。

——山形の他局との競争ということもあると思いますが、特に力を入れるとするとどこになりますか。

本間　ローカルで競争できる部分は限られますよね。夕方のワイド番組や差し替えるべきニュースなどが力の入れどころです。それに、山形県の面白い話題を全国に放送してもらうといった努力ですよね。あとは、編成的にしっかりPRをするなどですね。だから、意外とやれるところはたくさんありますが、キー局にお願いしなければならない場面もあるわけです。例えば、つまらないドラマをやっていれば、山形でも見てもらえないわけですから。

——山形からドラマを発信することはできませんか。

本間　ドラマはまだできないですね。ただ、例えば「秘密のケンミンSHOW」にドラマ仕立てのコーナーがありますが、山形放送も協力するから山形に来て山形の話を出して欲しいなどというお願いは大いにやります。また「はじめてのおつかい」で、うちも協力するから山形バージョンを放送して欲しいと要望するなど、いろいろな番組で努力しています。山形の話が出てくると視聴率が上がります。「所さんの目がテン！」に地域の話が出たとか、「ZIP！」の中に誰か出たとか。何か面白い話はないかと、キー局の番組から地方に振ってくる時もあります。その時はいち早く手をあげて送ってやるとか、そういう努力はしているつもりです。

板垣　キー局がつくっている番組にこちらから情報をあげて、取材してもらうわけですね。あとは、ローカル局が全国放送できる枠というのがあり、それが日本テレビ系列ですと、「NNNドキュメント」です。山形放送として企画書を出して番組を作り、全国に発信していこうというのがもうひとつです。

　このほか、テレビ朝日がキー局となる民間放送教育協会という組織があり、そこへ山形放送も入っていて、今、「日本！ 食紀行」という番組を放送しています。これも企画書を出して、なるべく山形放送制作の番組を放送してもらおうということでやっております。

　このほか、日本テレビの朝の「ZIP！」という番組がありますが、この中にもローカル局から夏企画などを募集してやるケースがあるので、募集があったら企画を出して通す努力をしています。県内の情報を全国向けに発信することで、全国の方から山形を知ってもらって、こちらにおいでいただくとか、山形はそういうところかと認識してもらうことが大切だと考えています。それが地域の活性化にもつながるだろうということで、全国にもどんどん情報発信していこうというスタンスでやっています。

――「NNNドキュメント」は、今は夜中の放送ですよね。

本間　この間、久しぶりに送り出した番組は、夜中で関東の視聴率が4.3％、占拠率が31.4％でした。今期で3番目の高視聴率、占拠率は2010年以来のトップだそうです。大学生が119番したが、救急車に来てもらえなくて亡くなった。今、救急体制のあり方が問われているという内容の55分番組です。去年はそのテーマのラジオ番組で、日本放送文化大賞の準グランプリをいただいて喜んでいたところでした。

▶地方局としての番組づくり――「戦争」の過ちを伝えていく

――県内だけでというような番組の場合、特にこんなところ気をつけてつくっている、ここに焦点を当てているなどはありますか。

伊藤　ローカル番組は、ニュースから情報系からさまざまありますが、その中で「やまがたZIP！」という月1、15分のヒューマンドキュメンタリーの枠を去年の秋から設けています。県民は意外にドキュメンタリーを見たことがない人が多いようで、ドキュメンタリーといえばNHKスペシャル的な日本全体を俯瞰するような番組しかイメージがないようです。自分の身の回りにいる人たちがこういう努力をしている、こんなことを達成したり、壁を乗り越えているというテーマで描いていますが、けっこうリアクションがあります。番組のFacebookを始めましたが、多いときは8000ぐらいのリーチがあったりして、まだまだかもしれませんが、反応にちょっと驚いています。このように、地域で壁を乗り越えようとしている人たちを前向きに描くことを、一生懸命やろうとしています。

本間　ラジオでも同じような発想ですね。ラジオだともう少し枠があるから、同じ頑張っている人でも、若い経済人などなかなか目の届かない人を取り上げてみようとか、いろいろな発想を企画の段階で出して、1シーズンでやってみたりしています。

伊藤　戦争というテーマへのこだわりもあります。開局以来だと思いますが、そういう伝統はずっとつながっています。「8月ジャーナリズム」とよくいわれますが、ニュースの企画で戦争をテーマにした6、7分ぐらいの構成ものを、多い時だと8本、9本並べて、そこから番組につなげていったり、あるいはラジオでいろいろな展開をしたりということがあります。

　全国で放送されるような番組は、例えば原爆や放射能の問題、沖縄戦と沖縄の現在など、大きなテーマにいきがちです。では、山形だと大きな空襲もなかったし、何がテーマになるだろうかと。正史で語られることはあまりないですが、山形は兵隊と食糧をどんどん送り出し、長野県に次いで満蒙開拓で満州にわたった人が多いのです、青少年義勇軍も含めて。そういう風に見れば、戦争による悲しみは無数にある。

本間　「戦争の語り部たち」というタイトルをつけて、もう何十年になりますが、とにかくニュースでやろうというので、続けています。5本の時もあれば8本の時もあります。その中で、大きくふくらんできたものは、NNNドキュメントや民教協スペシャルなどの企画コンペに参加して、採用されて1時間の番組になったりしています。先ほど申し上げた民間放送連盟の番組コンクールの全国優秀賞に入った作品もたくさんあります。だから戦争に対するこだわりというのは、山形放送のDNAみたいなものです。今、ここにいるのは報道や制作をやってきた人間ですが、そうでない人たちも含めて、戦争に対するこだわりは会社としてずっともってきたという認識があります。民教協スペシャルになった時もあれば、それこそギャラクシー賞の大賞をもらった時もあります。ラッキーだったねという賞は、結果的にそういったところから出てきている番組が多いですね。

——山形と戦争というのは、確かに一般にはあまり強く結びつきません。工場の爆撃という話もあまり聞かないですね。満蒙開拓団では長野が有名ですが、山形が2位だったという話は初めて聞きました。

伊藤　1万7000人くらいですね。国全体に占める山形の満蒙入植者の割合は6%だそうです。山形は大体、国全体の1%弱というのがポジションですが、そこから考えると6%は異常に高い数字です。やはり食えなかったという事情もあるんでしょう、農家の次男・三男が。だから満州に行くしかなかった。

——引き揚げてきた人たちの問題も、やはり出てくるわけですよね。

伊藤　そうです。それから今は霞城（かじょう）公園になっている山形城址に連隊が置かれていて、その連隊は沖縄戦で玉砕しています。昭和40（1965）年に沖縄南部に「山形の塔」という慰霊碑ができて、そこにたくさんの遺族が集まり、その話を聞くところから「戦争の語り部たち」シリーズが始まったと聞いています。

——長いですね。1965年からだと50年です。

伊藤　終戦から20年目、YBCテレビの開局から5年目にスタートしています。先ほどの民間放送連盟賞の受賞について付け加えますと、昭和50（1975）年に「証言山形昭和50年史」というタイトルで、ラジオで証言を集めたものを3カ月間シリーズで放送しています。

本間　アナウンサーが読んで、我々ディレクターが解説みたいなことを喋るという10分ぐらいの帯番組を、昼にラジオで放送していました。3カ月やって本にもまとめました。

板垣　これは連盟賞のラジオ活動部門で優秀賞をいただきました。次に、昭和56（1981）年に「山形戦没兵士の手紙」というラジオ番組を3カ月間やり、出版もして、連盟賞のラジオ活動部門の優秀賞をもらっています。

本間　戦争未亡人たちが、そろそろ話したくなった時期だろうということで、苦労話を聞いた。そうすると、戦地の夫から手記、手紙がきているんですよ。ありきたりの手紙がほとんどですが、その中には、人に預けたとか子どもが衣類に縫い付けて持ち帰ったとかで検閲を逃れたため、本音の入っている手紙もあって、そういうものをピックアップして、百何十人くらい紹介しました。それもやはりアナウンサーに朗読はしてもらって、我々記者が解説というか、ナレーターみたいなことをへたくそながらやりました。

伊藤　「戦争の語り部たち」シリーズをベースにして、昭和61（1986）年に張作霖爆殺事件の写真が山形県内に埋もれていたというスクープを発掘しました。そこから「セピア色の証言」という番組を作り、テレビ教養部門最優秀賞をいただきました。さらに、その同じ年に「戦争の語り部」シリーズが、連盟賞のテレビ活動部門で優秀賞を受けました。それ以降も、地方の時代映像コンクールだとか、文化庁芸術祭などの受賞に結びつくような戦争をテーマにしたドキュメンタリーがずっと続いています。去年もラジオで「戦場から届いた童謡」という番組が連盟賞をいただきました。戦争未亡人たちの手記を綴る活動が今も続いているというところに焦点を当てた番組「「あなたまた戦争ですよ」～残された妻たちの手記～」を民教協スペシャルで平成17（2005）年に放送しましたが、これは連盟賞テレビ教養部門優秀賞と放送人の会のグランプリをいただきました。

本間　放送人の会の賞をもらった時は、こんな賞があるんだって、ありがたかったですね。

伊藤　先輩方が取材し作り続けてきたものを見て、うちはこういう会社なんだということを若いうちに認識する。戦争という大きな悲しみ、過ちを伝えていかなければいけない、それが日々のニュースの根底にある。そしてそれを掘り起こして番組にしていくんだという認識は、ちゃんと番組ができているかどうかは別にしても、自然とみんなが共有していると思います。

本間　「戦争」ばっかりやっているわけじゃないですが、そういう大きな流れはあります。

――それは、社員教育というか、何かトレーニングみたいなものをやっているのですか。

本間　いや、OJT（On-the-Job Training／現任訓練）ですね。先輩がつくっているのを、その次の世代が見ているのです。それをまた次の世代が見ている。日本放送文化大賞で準グランプリもらった若いディレクターがいるんですが、授賞式で「どうしてつくれるんですか」と聞かれて「だって、先輩方も平気でバンバンつくっています」と。OJTだなと思いました。

――戦争は絶対だという感覚も、OJTで大体培われていくのですか。

本間　先輩のチームに入って、一緒に仕事をする、次は後輩に今度一緒にやろうといってやはり同じチームで仕事をする、それでまあ、大体つながっていきますよね。

――研修をやるとか、そういうことは特にはないのですね。

本間　特にはないけれど、たまに賞などもらうと、副賞をいただける時があるんですよ。この副賞で飲むかという話だけど、もったいないねとなって、じゃあ評論家の方が今テレビ番組をどう見ているか聞いてみようみたいなことになる。会社では賞金は個人にはやらないが、何に使ってもいいとしていますので、評論家の方を呼んでというようなこともできる。こういうことについても、だんだんとノウハウが蓄積されてきていますね。そういう時はなるべく多くの、昨日制作にきたばかりというような若いディレクターも巻き込んでやるから、自ずと少しずつ伝わっていくようです。会社には教育研修費なんてあまりないから、自分たちで稼いだのから使えといわれてきました。

――是が非でも、なんとか賞を取って……。

本間　賞を取って勉強しなきゃならないって。ぜんぜん賞金のない賞のもありますが。

▶新しいビジネスモデル模索――ビジネスの芽と海外番販

本間　今後の課題でひとついい忘れたことがありました。キー局だと、映画をつくったりインターネットの動画配信サイトをつくったり、いろいろとチャレンジして新しいビジネスモデルをなんとか探し出すことで、本業にプラスして収益を上げて、そういう収益の割合を3割にしよう、4割にしようという努力をなさっていますよね。ところがローカル局の場合は、資本がないこともあるんですが、映画をつくって、コケると何億円も損をしてしまう。キー局は何勝何敗でクリアできますが、ローカルは1本つくってコケると、3年間大変だという話で、なかなか思い切った映画製作もできません。お祭りのラジオ番組にウェブで動画中継も足してスポンサーに喜んでもらうような試みなどは、ほかの局よりも頑張ってやっているつもりですが、なかなか「これだ」というビジネスモデルにつながっていない。

本業の収入は、いい番組をつくって視聴率を上げて、シェアをなるべく確保して売上を増やすという努力をして、それなりの効果は上がっているし、これからも続ける必要はあると思います。それに加えて、放送という本業以外のビジネスモデルも模索しなければならない。重々わかってはいるのですが、それがなかなか見つからないのです。これが、これからのローカルの経営で、いちばんにクリアしなければならない課題かもしれません。

例えば、山形のグルメサイトというので、県内のおいしそうな店を紹介するサイトをつくって、わずかなサイト料をもらってやっています。軌道には乗っているのですが、それが売上の何割になるなんていうことは、ちょっと考えられるような状況ではない。

――ウェブの広告費は安いですからね。

本間　広告費をもらえればいいんですが、なかなかもらえるようなビジネスモデルがない。喫緊に、何か探さなければならないという課題だと思っています。

データ放送でもいろいろなことをやっています。データ放送を使って視聴した方にポイントをあげて、累積ポイントによって商品を差し上げることで視聴率の弱いところを上げようとか。けれども、これをやるとお金になるよねというのが、なかなか見つからない。どこのローカル局もそうだと思いますが、キー局と違って、そのあたりが大変です。

キー局には、例えば映画をつくるなら、ちょっと出資に加えるなどローカル局も巻き込んでくれと頼んでいます。なるべくそういった新しいビジネスも一緒にやらせてくださいというお願いは、会議があるたびに言っています。だから、先程申し上げた本業以外のビジネスモデルが何といってもいちばんの課題ですね。まとめれば、シェアを上げて、パイがない中でどうやっていくかということ、今のビジネスモデルの話、あとは4Kの先が見えないこと、このあたりが大きな課題になるわけです。自分が社長をしている間にはクリアできそうもないですが……。

——映画プロデューサーの友人から聞いたのですが、製作委員会システムで作って、はたからはヒットしているように見えても、映画館だけからの収入では、実は大したことがないと。DVDやブルーレイになってからのレンタル料や、付随するキャラクター関連での収入など、全体が伸びていかないとペイできない。近年は厳しいと嘆いていました。

板垣　映画は、PRは「満員御礼」で打ちますからね。

——あれはほとんどサクラみたいなものですよね（笑）。

板垣　実際はわからないところがありますね。

本間　でも、『アナと雪の女王』じゃないですが、ひとつヒットすると、何十本分も取り返せるみたいなところがありますよね。

———映画プロデューサーの友人いわく、映画は映画自体の収益だけじゃない。それ以外のところから上がらないとというので、今は大変厳しいとか。最近はDVDやブルーレイのディスク自体も買ってくれないですからね。『アナ雪』の場合は、キャラクターグッズもいっぱいできますよね。でも、普通の映画だとそれは難しい。そうするとディスクが売れないとペイできないわけです。

本間　ローカルの放送局が単独で映画をやって失敗したケースも何本も見ているので、それはちょっと危なくてできないということです。映画をつくらないとすると、ウェブとのコラボで何か、小さい額でもいいからやりたい。うちのホームページに2カメくらいの簡易な動画をつけて、祭りを映して、その祭りの番組をラジオで中継してというように。ラジオで中継すると30万円にしかならないが、ウェブで映像も出すから、さらに10万円上乗せできると。そういう商売を見つけようと努力していますが、それが難しい。

　ラジオの中継代としてプラス10万円をもらえるというと、それを20回やれば200万円でしょう。売上に貢献しているという発想が出てくれば、やるよね。

最初はカメラの設置代だけでもいいと思うんですが、設置代にちょっと利幅をつけることができると、ひとつの新しいビジネスの芽にはなるという感じは持っています。そういうものをたくさん見つけようと一生懸命やっているんですが。ローカルは小さいのを積み上げるしかないですよ。

あと海外番販で、日テレ系列も含めて、海外に何とか番販して、そこで10万円稼ごうとか、そういうのも系列あげてやっていただきたいというようなお願いはしています。

——そうすると観光客も来るようになりますね。

伊藤　今年（2014年）初めてその取り組みを、系列あげてやりました。東京フィルムマーケットという国際コンテンツ見本市に日テレを中心としたNNS全体でブースを設け、各局が制作したコンテンツをまとめて展示、販売するトライアルに加わりました。自社で販売してもいいし、販売を委託することもできます。ただ、コンテンツだけは各局が準備する。今度2作目を送って、後ろの方からついていく感じですが、その流れを続けられればいいなと思っています。

また、山形県庁がスポンサーの山形の観光情報番組を週1のレギュラーで23年間やっています。県の誘客は首都圏がターゲットなので、本当はキー局で放送できればいいのですが、それほどの予算はない。それでテレビ埼玉さんをキーステーションにうちが制作に入り、現在、神奈川、千葉の独立U局（全国独立放送協議会に加盟している局）、それに宮城のローカル局をネットしています。以前は関西や中京もカバーしていたんですが。内容は山形のおいしい味、温泉、文化、人との出会いを入れ込んでいます。それをベースに海外番販をできれば県も喜ぶし、うちも二次利用でわずかながら収入が生まれる。可能性はあるかなと思い、取り組んでいます。

——その場合は、日テレ系は、そこに流してないからいいんですか。

伊藤　いいんです。

——そうすると独立局をうまく使いながら、という形ですね。

本間　でも、それもコンペで、うちはその枠組でコンペに勝ってやっていますが、ライバル局もいるわけです。なので、例えばMXを使おうとか、あとはBSを使ったらどうだ、CSはどうだと、いろいろなアイデアを出して争っているわけです。今のところは独立U局をキーにして、何局か固めるというのが勝っています。番組の中身、つくり方も上手だということもありますが。

——山形放送独自で海外に売るために、何か工夫などはされていますか。

本間　局OBでフリーアナウンサーの古池常泰さんのグルメ番組「酒の肴つくってみーよ＋」は、うちは個別で売ったんじゃないの。

板垣　そうですね。香港にいったのが1回ありました。ただ、売るにしても、単発1本でどうですかというのではなくて、ある程度の本数があったほうがいい。同じようなものがシリーズ化されていると、買ってもらえるらしいんですね。北海道や沖縄、京都などであればある程度揃えられると思いますが、山形だけのネタで何本か揃えるのは難しい。海外に、山形を紹介する番組ですよと持っていくよりは、やはり系列が集まって、山形編は山形放送が、宮城編は宮城テレビさんがという形でやったほうが、売りやすいだろうということです。うちが単独で海外進出するには、ちょっとまだ力不足かなと。

本間　ネタ不足だよね。

伊藤　ただ今回は、総務省の括りの企画コンペで全国16社選ばれた中に山形放送も入って、インドネシアとミャンマーで年明けに放送する単発55分番組を現在制作中です。スカパーが年間を通じて2時間枠を持っていて、その中のシリーズに当てはめるものを国としてバックアップするということです。近年、県庁もそうですが、海外へのアピールに力を入れていて、コンテンツの二次利用先として見逃すわけにはいかない。

本間　たくさん予算がなくても、そのあたりには交わっていたいと思っています。

▶東日本大震災——隣県だからできること

——本間社長がこれからご用事があるということですので、ここからは板垣さんと伊藤さんにお話を伺っていきます。

東日本大震災の時、山形県は避難された方たちをたくさん受け入れましたよね。その時、放送局としては、避難された方たちのケアも含めて、どのようなスタンスで報道をされたのでしょうか。こういうところに焦点を当てたというようなことがあれば、教えていただきたいのですが。

伊藤　発災した直後は、避難してこられた方々が避難所にいました。姿が見えやすいといったらおかしいですけど、ともかく取材はしやすい。今も県内に避難者は約6000人いますが、そのほとんどが福島の方です。そうした方々に対する寄り添いは絶対にきちっとやらなければいけませんが、時が経つにつれてそういう方々の姿は見えにくくなっていく。アパートをはじめ、いろいろなところに移られるわけです。現状がどうなっているのかわからなくなっていく中で、ここからが勝負なんだと考えています。ていねいに、「まだぜんぜん終わっていないんだ」というスタンスで、ニュースなどで取り上げていきたい。あるいは、夕方の情報番組に「ピヨ卵ワイド」というのがありますが、そこで一度取材をさせていただいた方も、その後生活は依然として続いているわけですから、ずっと繋がりながら取材を続けようということでやっています。頻度は少なくなってはいますが。

——福島からの避難者の方々は、原発の処理がどうなるかによって、今後の動きが左右されますからね。帰れるのか帰れないのかもわからない状態で……。

伊藤　震災後、いくつかドキュメンタリーを放送しましたが、その中のひとつは、避難してこられた家族がいつ福島に帰るのか迷っているというテーマです。おじいちゃんとおばあちゃんの考えが違う。息子の考えもあれば、孫は孫なりに悩みを抱えている。同じ家族でも、いつ福島に戻るのか、考えがぜんぜん違うわけです。「お母さんの決断」というNNNドキュメントで放送しました。

また、風評被害がテーマですが、置賜（おきたま）地方という福島に近いほうのエリアに有名な米農家がいて、その米が売れなくなった。もがきながら壁を乗り越えようとする姿を描いた「汚された土」も全国発信し、これはアメリカでも放送されました。

それと今年（2014年）の民間放送連盟賞ラジオ教養部門で優秀賞をいただいた「花は咲けども」というラジオドキュメンタリー。「花は咲く」という復興支援ソングに違和感を持ったフォークグループに焦点を当て、東京の目線と東北の現場の感覚の違いを反原発ソングを通して描きました。ニュース報道では福島への応援取材が今も続いています。

板垣　系列局が交代で応援に入るという形です。ちょうど、うちのスタッフが今日帰ってくるのかな。系列局が1週間ずつ交代で、福島に応援に入ります。今回は山形放送が行っています。

——技術スタッフも行っているのですか。

板垣　行くのは記者です。以前はクルーで行っていましたが、今は、記者が1人で行くという形になっています。

——取材は原発関係を中心にですか。

板垣　原発関係の技術的なものは、継続して取材している人でないと理解しづらいので、そこは福島中央テレビの記者が担当します。その人たちがそっちに取られるので、その周辺の取材の応援をやるというのがけっこう多いようです。原発関連でも継続でないものは取材しますが、やはり本筋に関しては継続して取材していないとわからないということで、どちらかといえば原発周辺取材とか、原発以外の取材とかの応援に入っています。

伊藤　あともうひとつ、「やまがたZIP！」で継続取材しているのは、浪江町にあって津波で流された酒蔵のその後です。「磐城壽（いわきことぶき）」という漁師の祝い酒を作っていた酒蔵が全部流されて、酒の酵母だけが会津の研究所に預けてあった。それだけを頼りに、山形県長井市でもうやめるという酒蔵を買って再起を果たしたんです。30代の兄弟が中心になってやっているんですが、弟は長井に家を建てて、第2子をこっちで生んで永住する決意を固めた。でもお兄さんは、もう1回浪江に戻って酒蔵を建て直したいという思いがあって、カメラの前で突然けんかが始まる。「花は咲けども」もそうですが、ずっと何年間も見つめて記録していかなければいけないと思っています。

——酵母は難しいですよね。それでまた、そこで同じお酒できるとは限らないですしね。

伊藤　そうです。隣県だからこそわかる状況というのがあると思います。福島の中にいると、逆に取り上げにくいということを聞いたことがあります。利益とか立場とか、ひとりひとりが全然違う状況に置かれているために、議論もできなくなっているのだとしたら、隣県で、少し離れたところからしがらみなく見つめさせていただき、「こういうことがあるんです」と、福島を含め全国に発信するのが我々のひとつの役割ではないかと思っています。

▶山形のローカルメディアとして――「変わらない」という魅力

――山形の災害では酒田の大火などがありますが、地域社会の問題ということでしたら何になりますか。

板垣　農業問題や少子化、そのあたりでしょうか。

伊藤　限界集落とか。

――それらは、日本の地方ではみな……。

板垣　確かにどこでもそうですね。山形が特にというのではないですね。

――山形といったら何だろうと考えたんですが。雪害ですかね。

板垣　出稼ぎも山形だけじゃなくて東北全体の特徴ですね。

伊藤　山形の場合は大きなキーワードで括ろうとすると、見えにくいといったら見えにくいかもしれません。「おしん」なんかも出てきちゃうかもしれない。貧しい農村の中で、けなげに一生懸命働いている人たちのエリア、我慢しながら、辛抱しながら幸せのカタチを探している、そういうエリアだとは思っていますが。

――山形にとっての問題でもあるし、また幸福でもあるということですかね。一生懸命頑張って自分たちは生きていくという姿。

伊藤　昭和40年代に庄内地方で「西洋風郷土料理」という新しいジャンルの料理を切り開いた男のラジオドキュメンタリードラマを、去年つくったんです。「食の都庄内」といういい方があって、ネットで「食の都」って入れると「庄内」ってポンと出てくるんです、大阪とか北海道でなくて。それぐらい食材が豊かなところなんですが、住んでる人はそういうことになかなか気がつかない。黙っていると別に何の特色もない地方なんですが、鳥海山、月山、朝日連峰に囲まれ日本海がある庄内エリアは、行ってみるとその中に宝物というか、住んでいる人も含めて、素晴らしいものがあるじゃないかと、ある時、ふと気が付く。

　庄内の鶴岡出身の藤沢周平さんが生前、唯一、テレビインタビューに応じたのはもう30年前ぐらいのうちの取材なのですが、その中で藤沢さんがいっているのは、「変わらないほうがいいんだよ」ということです。当時、空港もなく陸の孤島みたいでしたが「いまにその変わらないことが価値になるんだよ」と。自然もそうだし、文化も人の心も。

今でも鶴岡の子どもたちは「『論語』教室」をやっているんです。毎週日曜日に集まってきて『論語』の素読（そどく）をやります。そういう伝統というのが、庄内だけでなくて、最北の最上地方や城下町米沢などにもあります。アップ・トゥー・デートされていない日本の価値観というのでしょうか、まだまだ山形の場合、宝物として見直すべきものがあるんじゃないかなという気がします。それを探し当て、掘り起こすことがローカルメディアの役割だと思いながら番組を作っています。

――『論語』の素読は、ある意味、前時代的なものですよね。「子曰く」とか……（笑）。

伊藤　良いとか悪いとかじゃないんですね。

――とにかく子どもたちはずっと参加しているということですよね。その地域で、子どもたちはそういったことは当たり前で、そうするものだと自分たちでも思っている。そこに違和感を感じないところに幸せがあるように思います。『論語』を素読しながら、テレビも見ている。そこにギャップがないということですよね。それが素晴らしいですね。都会では難しいかもしれない。

伊藤　普通、親はそんなことさせませんよね。でも親も自分がやってきたから受け継いでいるんでしょうね。

――「そんなことしているんだったら塾へ行け」となりますものね。でも、なんで『論語』なんですか。

伊藤　あそこには荘内藩酒井家の藩校（庄内藩校致道館）があって、その伝統が受け継がれています。孔子廟があって孔子様のお祭りもやっていますね。不思議なカルチャーというか精神風土がある。今では全国どこの地方へ行っても同じようになっている中で、そういうものがいくつも宝物として残っていると思います。

――地方へ行くと、どこへ行っても同じように感じることが多いです。

伊藤　先日、仙台の銀行の調査で、2030年代にプラスの経済成長率を維持するのは東北6県で唯一、山形だけ、という分析が出たそうです。少子高齢化がますます進む中で、山形には付加価値の高い製造業の集積があるというのがその理由だったと思います。

例えば鶴岡には慶應義塾大学の先端生命科学研究所があります。スパイバーという人工クモ糸が少しずつ有名になってきていますが、それで起業した若者たちがいて、それは慶應から生まれている。それからヒューマン・メタボローム・テクノロジーズという、唾液から癌などかわかるような分析、解析技術。そういう新しい産業の芽が育ち始めています。米沢の山形大学工学部には城戸淳二先生という有機ELの世界的権威がいて、県が力を入れて産業基盤づくりをしています。トヨタの工場はないけれど、未来につながるような明るい展望を感じさせるものが山形にある。受け継がれてきた古いものと新しいものの融合が、山形のひとつの特色なんじゃないかと思います。

——うまく共存できる状況があるのですね。そこにテレビ局の取り組みとして、どのように関わることができるのでしょうか。

板垣　当然、それぞれの問題点に関しては、企画ニュースとして何回かに分けてシリーズでやったり、単発の番組にしたりということで、問題を掘り下げて県民に伝えていこうと思っています。

それともうひとつは、毎年、「今年の8大事業」を決めてやっています。その中に、取材関係もあって、国内だけではなく、海外も含めて取材してきました。ローカル局としては異例だと思いますが、かなり前から海外取材を敢行しています。

伊藤　山形新聞社と山形放送の両社で「8大事業」という形でやっています。昭和31（1956）年からですね。

——60年以上ですね。それがうまく県内に循環できるといいですね。やはり服部社長のお力もあったのでしょうか。

板垣　そうですね。スタートは、服部社長のいる頃です。中にだけ閉じこもってないで、広く世界に目を向けて、そこに実際に取材に行って、どういうものかということを記者・カメラマンが感じて、それを県民に伝えていくという方針のもとでスタートしたようです。それと、「山新3P賞」という顕彰事業があります。毎年さまざまな分野で活躍した県民を讃える事業です。

伊藤　平和賞（Peace）と繁栄賞（Prosperity）と進歩賞（Progress）があります。平和賞は幅広く市民や団体、繁栄賞は経済団体、企業などが対象。進歩賞は主にスポーツや芸術分野で、これもずいぶん古くからで、昭和32（1957）年からです。

――先ほどの「山新放送愛の事業団」もそうですが、社会活動をいろいろな形で展開していますね。県内で非営利的な事業をたくさんやっている。それはやはり、県を活性化させるというような大きな目的からなんですね。これほど地域に密着しているローカル局はそんなにないように思います。

伊藤　「県民の警察官」顕彰とか、山形美術館、山形交響楽団、最上義光歴史館などですね。近年、毎年やっているダンスフェスティバルなどは、花笠まつりの前夜祭の位置づけで、花笠会場近くの県民会館で、県内のダンス団体、それこそハワイアンから社交ダンスなどまで、さまざまな12団体を毎年選抜して、踊りを披露してもらっています。そのイベント運営と番組制作も私たちの仕事です。

――そうすると、地域の柱は何になりますか。歴史性でしょうか。もう修験者もほとんどいませんよね。出羽三山で修行されたような方もいるかもしれませんが、少なくとも日々接する場所にはいない。

伊藤　普通に修行する人は、旅行代理店のツアーのようなものがあったりします。やはりこういう時代だから多くの人が心の拠り所を求めている。出羽三山というのは前世、現世、来世を象徴し、修行によって生まれ変わる山だそうですが、近年、訪れる方は増えていると聞きます。

――パワースポットですね。でも冬などは危ないですよね。雪の季節になると山に入って遭難等々、ニュースとしてはかなり増えるんでしょうか。

板垣　雪山、いわゆる登山遭難というのはそんなにないですね。どちらかというと、キノコ採りにお年寄りが入って遭難したとか、春だと山菜採りやタケノコ採りに行って戻らないというのが多くて、雪山では、たまにスキーで迷って遭難したというのがありますが、いわゆる雪山登山で遭難というのはあまりないです。

伊藤　むしろ春山ですよね、いつも遭難騒ぎがあるのは。3月から5月の連休あたり。

——冬は雪が降っているのを知っているから、逆に行かないのですね。

板垣　そうですね。冬の登山はあまり行かない。昔は熊を追って入ったみたいですが。マタギですね。

——熊の害は、あるのですか。

伊藤　熊の食害は山形でも目立っています。畑を荒らすとか、家に上がり込んできたとか。たまに咬まれたとかもあります。最近は相当増えているみたいです。里山、つまり人間と熊との緩衝地帯がなくなって、いきなりこっちに来ちゃうということになります。小学校の校舎に入ってきたり。

熊と原発事故の問題というのもあります。飯豊連峰などにはマタギの文化が受け継がれていますが、原発事故の後、熊を撃っても肉や胆を売ってはいけないということになってしまったのです。県内の全市町村ごとに3頭ずつ捕獲して、すべて放射性物質の量が基準をクリアしなければならないのです。もう猟銃の免許を返すという人も増えており、マタギの文化が危機に瀕している。それを番組にしようと今取材を進めています。

——そのような話は、東京の方では出てこないものですね。

伊藤　逆に福島に住んでいても、それどころではなくて、あまり社会問題にならないんでしょうけれども。福島では飼っていた豚がそのままイノシシと交配して野生化しているという話もあるようですね。

——それは漫画で読みました。『いちえふ～福島第一原子力発電所案内記～』という漫画です。熊の問題は生活権の侵害ですよね、マタギから見れば。

伊藤　肉を県内の全ての市町村で3頭ずつ捕獲して、すべて基準値以下だったらいいよというんですが、現実的にそういう検証は無理じゃないですか。高い壁になっているようです。

——それはNNNドキュメントの企画ですか。

板垣　そうできればいいなと思ってはいます。

——熊といえば、「熊まつり」というのは何のお祭りなんですか。

伊藤　マタギの神事です。5月の連休中にあるのでだいぶ観光ナイズされている部分もありますが。熊汁が目玉で、それが魅力でもあったわけですが、それももう出せない。
――そのほかに局として力を入れていることはありますか。
板垣　海外の姉妹局というのがあります。これはけっこう先駆的だったんですよ。平成元（1989）年から平成6（1994）年までの間に、アメリカ、韓国、ポーランド、オーストラリア、ギリシャの5局と姉妹局の盟約を結びまして、レギュラー番組として「YBC姉妹局NOW！」という番組を編成しました。それぞれの局とニュースの素材を交換して、30分番組だったですかね、海外のニュースを紹介する番組をやっていました。
　あと、ラジオで平成元年から「地球列島22時」という番組をやりました。これは海外に住んでいる日本人や現地の方にリポーターになってもらい、その人たちと電話を生でつないで現地のニュースや話題を伝えてもらいました。例えばポーランドと結んだら、その時点でのポーランドの政治状況とか、時にはやわらかい季節の話題などを。シビアな時は、それこそ緊迫した現地の状況を生で伝えてもらいました。
　姉妹局との素材交換は今はなくなりましたが、海外のリポーターは、今でも土曜日の「土曜は最高！」というラジオ番組でその国の状況をリポートしてもらっています。
――ギリシャでは経済危機もありましたよね。
板垣　そうですね。海外のニュースをキー局がやるときは、本当に肝のところだけドーンとやるじゃないですか。でもうちのラジオリポーターは、国内ではあまりニュースにならないところ、例えば南米のペルーにいたりします。そうすると、ほとんど日本ではニュースにならないけれども、今、南米ではこういうものがすごく話題や問題になっているということが、わりとパッと入ってきたりして、面白いやり方かなと感じています。
――キー局で取り上げない場所というのは大事ですね。日テレの「所さん」の番組の現地特派員みたいな感じでしょうか。普通の人や外国人の視点ですね。テレ東の「YOUは何しに日本へ？」も面白いですね。山形空港は国際空港ではないですよね。

伊藤　台湾などからはプログラム・チャーターはあるようです。こちらから乗っていって、折り返してあちらからもいっぱい来てというような。そういう便がたまにあるくらいで、ふつうは仙台空港経由、あるいは東京経由ですね。

飯豊連峰の奥に中津川地区というところがあって、そこに農家民宿が10軒あり、年間30万人も観光客が来るんです。番組にしたことがあるんですが、そこに来る台湾の人に聞いてみると「京都はだいぶ前に行きました。札幌にも行きました。その次のところとして来たんです」という人が多いんです。最初は誰でも東京、大阪、京都、北海道に行くでしょうけれど、1回行ってしまった人にその「次のところ」としてプレゼンするとけっこう来てくれるそうです。多少不便でも、その先に行って、ふれあいみたいなものを求めているようでした。交通の便が悪いのはダメだろうと思うわけですが、実はそんなもの大したことではなくて、むしろそれが逆に魅力的に映るようです。

——古い日本が残っている。

伊藤　山形新幹線は、新幹線という名前だけどスピードが遅いじゃないですか。ガタガタ、ガタガタ、山の中……。今の季節は紅葉はもう終わりですが、その風情が楽しめる。新幹線なのに何か日常と違う時間の流れの中に行けるといった人がいました。

——海外に日本を紹介する企画コンペを総務省がやっているというお話もありましたが、新しい観光立地みたいなことを考えているんですかね。今までにない魅了をもった日本の地域にお客様を呼ぶために、ローカル局に協力してもらいたいということもあるのでしょうか。

伊藤　そうだと思います。

——京都や東京には外国人が増えて、もうあふれていますからね。

伊藤　この間小樽に行ったら、すれ違う人、みんな中国の人でした。

——私の勤務先は神田の水道橋にあるので、秋葉原で乗換えますが、まあ、中国人がいっぱいです。買い物して、炊飯器をふたつ持ったりして（笑）。

▶社説放送——テレビは単なる娯楽・速報機関であってはならない

伊藤　あとは社説放送が特徴的ですね。

——山形新聞の社説を放送するのでしょうか。

伊藤　いや、そうじゃないんです。山形新聞の論説とは別です。YBC論説委員会があって、メンバーがそれぞれに論説や解説をするもので、山形新聞の社説を読むのではありません。

——私が読んだ資料には、新聞社の系列だから、新聞社の社説を読んでいると書いてあったんですが、それは間違いなんですね。

伊藤　違います。ただ当初は山形新聞からも客員論説委員という形でメンバーに入ってもらっていました。両社の論説委員長、報道部長などの編集幹部クラスで始まったようです。今はデスククラスが中心になってきて、県政や県警クラブのキャップクラスを含めて、より現場に近い感覚で解説的な形になっています。通算8000回くらいはいっていると思います。

板垣　昭和53（1978）年10月から始まっていますね。

伊藤　これも服部社長の発想です。放送は単なる娯楽・速報機関であってはならない。新聞と並ぶ言論機関であり、自社の意見を発表することこそ社会的使命であるという考え方です。当時は「公平」「中立」など放送法とのからみであまり望ましくないんじゃないかという議論もありましたが、服部社長の強いリーダーシップで、翌年には連盟賞テレビ活動部門で優秀賞を受け、テレビの言論機関としての可能性の一面を切り拓く活動として評価をいただいて、現在に至ります。1000回単位で県民に記念論文の募集をして、大賞や優秀賞などを選んで番組にし、また山形新聞にその主張を載せてというような展開をしています。

——ほかの局にはみられない取り組みですよね。

板垣　どこかの局が同じようなものを始めたことが一度ありましたが、短期間で終わったようです。だから、これだけ長くやっているのはうちだけだと思います。

伊藤　地域の中にある問題があって、「AかBか」みたいな対立状況というのは、以前に比べてあまりなくなっているのではないでしょうか。私たちの「社説放送」も、状況はこうで、背景はこう、よってこう考えたらどうだろうかという提言が多くなっています。昭和50年代、酒田のマーケット街撤去の問題で、早く行うべきだとの論説に対して住民から苦情がきた。反対意見があったら必ずそれをテレビで紹介し、さらに論説を展開していくというのがルールで、それも受け継がれてきました。今はあまり反対意見もこないのですが、考え方はやはり受け継がれています。

――住民の意見も聞いた上で、やっぱりこうしたほうがいいとオピニオンを出していくわけですか。普通テレビでは、あまりやらないことですね。

板垣　中立性の観点から多様な意見を取り上げるべきだから、論説は難しいのではないかというご指摘もあったそうです。言ったことに対する反論は必ず取り上げるというように、いろいろな意見をきちんと出していけば、中立性は保てるのではないかということで踏み切ったというふうに聞いています。

―― 一方的に意見を言っちゃうと、免許を取り上げられるんじゃないかという話もよく聞きます。画期的ですね。これからもずっと続いていくのでしょうか。

板垣　そのつもりでおります。

――タイムテーブルではどのへんでやっているのですか。

板垣　以前は午後3時50分から4時まででやっていました。4月の改編で、先程出た「news every.」の1部を編成し、3時50分からスタートするものですから、今は、「news every.」の中の差し替え枠に入れています。

伊藤　始まった昭和50年代頃は「おはようYBC・けさの主張」という名前で、朝7時半から8時までローカルワイドの中で放送していました。そこから昼前になって、夕方にきて、今の位置になっています。

「社説放送」については、テレビのフォーラム機能をもっと広く、深く展開できないかというのが課題かもしれません。

――世論を喚起し、議論ができる場としては意味がありますね。上からきたものをただ流すだけの報道のあり方とは違う。ただ経営との兼ね合いから考えるといろいろありそうですが、なくすという発想は基本的にないわけですね。

板垣　ないです。

――今後どのように展開するか、また何かを変えようなどのお考えはありませんか。

伊藤　論説委員がバストショットで画面に登場し、VTRをはさみながら提言を行うという形式は今の時代にどうなんだろうという意見はあると思います。一方で、特に高齢の方々にとってみれば、オーソドックスでわかりやすいともいえます。でも、もっとテレビ的、あるいはメディアミックスなど面白いことができるんじゃないかということはありますね。より見てもらえるような世論喚起の仕組がないのかなとは思います。

——それこそ、インターネットとの組み合わせはありえませんか。いろいろな投稿方法がありますし。NHK などでもやっているようですが。

伊藤　課題のひとつのテレビの双方向性ですね。

——デジタルになったのに、結局ｄボタンはほとんど使われていないですよね。

板垣　最初、デジタル放送が始まる時に、メリットのひとつにデータ放送が挙げられていました。我々もそんなにうまくいくかなと思いつつも、少し期待していましたが、利用のされ方はまだまだかなという感じです。

——何に使うのかなって、いつも思ってしまいます。

板垣　キー局などでは今、一生懸命にデータ放送を使ってクーポンの配布をやったりしています。うちもそういう活用はしていて、やるとそれなりの反応はありますね。でも、それ以外のいわゆる付加価値の情報という点では、まだ十分に活用され切ってはいないだろうなという気はしています。

——双方向が可能になるからということで、一生懸命にやっていましたよね。

板垣　データ放送をトリガーとして、テレビとインターネットの回線がつながることで双方向にできるんですよね。今、どのくらいつながっていますかね。テレビとインターネットの結線率はどうなっているかだと思いますけれども。

——その話も出なくなってきましたね。そんなに広がっていないのでしょうか。

板垣　どちらかといえば、データ放送で情報を流し、結線さえしてもらえば詳しい情報も流せるだろうということでしたが、今は詳しい情報を流すというよりも、先ほどいったように、クーポンとかゲーム感覚でというところにシフトしてきました。

——詳しいことはｄボタンで出ますよと言われても、テレビはみんなで押し黙ってジーッと見るものでもないですから、ｄボタンを押すことをみな気にかけていないように思います。

伊藤　テレビとは何かということですかね。

▶キー局・山形県・初代社長

伊藤　先ほどのネットチェンジの話なのですが、マストバイ日テレになった際に、日テレに一年行って研修するということが始まったのです。そこから10年以上続きました。日テレ報道局での研修を入れると20年以上になります。

最初の研修要員が、報道部員だった私でしたが、日テレの社会情報局にいって「追跡」という番組で勉強しました。月金の夜7時から30分の生放送で、青島幸男さんが進行役。メインはVTRで、そこでタレントを使わない身近な生活情報ドキュメンタリーのつくり方を勉強してきなさいという社命でした。社史によると、マストバイになったことによって、日テレに対してどんな貢献ができるかを考えなければならなくなった中で、人を出してまず日テレのカルチャーを勉強してくることがねらいとしてあったようです。研修は1年交代でした。そのうち社会情報系から報道系にシフトして、ニュースをどのように伝えるのかなどを学んできました。当時日テレはフジから3冠王を取り返した時期で、そういう流れの中でYBCは日テレと気持ちをひとつにしていかないといけないとインプットされたように思います。

山形放送には「ピヨ卵ワイド」という夕方情報番組がありますが、私が日テレに行った年から番組が始まりました。その頃、札幌テレビの「どさんこワイド」や広島テレビの「テレビ宣言」がスタートしていて、ローカルワイドとしては日テレ系が強いと言われ、そういう番組を横目で参考にしながら、また「追跡」のノウハウを生かしながら「ピヨ卵」が始まっていきました。マストバイになった頃の特徴として、こういったところがあります。

――山形放送の資本比率は、県が筆頭ですよね。ほかの局でも、県が筆頭のところはあるのでしょうか。

板垣　いや、ほかの局はきっとキー局や新聞社が筆頭になっていると思います。

――いつ頃から県が筆頭ですか。

板垣　山形放送は最初、ラジオでスタートしましたが、当時、ラジオは本当に儲かるのか疑問とされていて、資本金を集めるのにかなり苦労したようです。そうした中、ラジオの放送事業というのは、地域の文化振興であり、地域振興のために必要だということで、県も出資することになったそうです。初代の服部社長が、そのほかに経済界にも協力を求め、1口ずつ集めて会社を設立したと聞いています。新しい局はキー局や新聞社などが株主で、株主数が20人くらいの局が多いようですが、うちは400人ぐらいいます。

——大口の株主が50人くらい、それより下の株主はそんなに持ってないということですよね。

板垣　そうです。

——創業者の服部社長がすべて持っているわけでもなく、どうしてこうなったのかと不思議に思いました。服部社長は、新聞社を中心にいろいろな会社を経営されて、そこからラジオ、テレビとなるんですね。

板垣　順番としては、新聞社をやっていて、山形放送を設立して、そのあとですね、関連会社を増やしていったのは。

——そうすると、服部初代社長は、すごいカリスマ性で全部を、ということなんですね。

板垣　そうですね。

——みながついていく何かを持っていたわけですね。

板垣　やはりリーダーシップがすごくあった方ですよね。だからジャーナリスト、新聞社のオーナーや放送局の社長というだけではなく、文化事業や福祉事業などにも目を向けていました。文化事業としては、美術館が県内にないということで、自分が発起人代表になって、県内の経済界だけではなく美術界の皆さんにも話をして、資金を集めるためのチャリティオークションをやってもらったりして美術館をつくった。すごいリーダーシップだと思います。

伊藤　政治力もあったのではないでしょうか。山形大学医学部の誘致成功など、県土の基盤整備というような部分については、とても大きい地域貢献があったのだろうとは思います。

——山形県にとって、素晴らしい貢献をされているんですね。今日は長い時間、どうもありがとうございました。

注————

＊1　民間放送連盟の受賞番組（1989～2014年）は以下の通り。

1998年「貝になった子供達」（ラジオ報道／全国優秀賞）、「おいらは百姓シンガー」（テレビ娯楽／全国優秀賞）

1990年「地球列島22時」（ラジオ生ワイド／全国優秀賞）

1992年「丸山ワクチンは死なず」（ラジオ報道／全国優秀賞・文化庁芸術祭優秀賞）

1994年「南の島から来た天使」（テレビ教養／全国優秀賞）、「国道13号地吹雪災害放送」（ラジオ放送活動／全国優秀賞）

1995年「千客万来・チンドン繁盛」（ラジオ娯楽／全国優秀賞）

1996年「村の空を砲弾が飛んだ～今、山形からの証言～」（ラジオ報道／全国優秀賞・文化庁芸術祭優秀賞）

1997年「マタギ村からあなたへ」（ラジオ教養／全国優秀賞）

1998年「地球のてっぺんを歩いた男」（テレビ報道／全国優秀賞）

2000年「秋山裕靖のダイナマイトサンデー　ドッカントーク」（ラジオ生ワイド／全国優秀賞）、「スイカ屋の母ちゃん」（ラジオ教養／全国優秀賞）

2002年「県少年弁論大会・40年間継続放送」（ラジオ放送活動／全国優秀賞）

2003年「知られざる古里～酒田日満学校のこと～」（ラジオ報道／全国優秀賞）

2005年「「あなたまた戦争ですよ」～残された妻たちの手記～」（テレビ教養／全国優秀賞・放送人の会グランプリ）

2007年「焼き芋夫婦の鎌倉冬物語」（テレビ教養／全国優秀賞）、「われら愛す～国歌・国民歌についての考察～」（ラジオ／日本放送文化大賞グランプリ候補・文化庁芸術祭大賞）

2009年「これがおらだの走る路～山形鉄道黒字化プロジェクト～」（テレビ教養／全国優秀賞）

2010年「飲むか、生きるか～断酒会につながって～」（ラジオ報道／全国最優秀賞）

2011年「それぞれの「異国の丘」～シベリア抑留者のいま～」（ラジオ報道／全国優秀賞・文化庁芸術祭優秀賞）

2012年「ごっつぉ あるよー～倉子ばあちゃんとリヤカー～」（テレビエンターテインメント／全国優秀賞）

2013年「戦場から届いた童謡」（ラジオ教養／全国優秀賞）、「途切れた119番～大久保さんと救急の6分20秒～」（日本放送文化大賞ラジオ部門準グランプリ）

2014年「僕らの居酒屋プロジェクト～孤立する若者を救え～」(テレビ教養／全国優秀賞)、「花は咲けども～ある農村フォークグループの40年～」(ラジオ教養／全国優秀賞・日本放送文化大賞グランプリ候補ギャラクシー賞大賞・放送文化基金最優秀賞・放送人の会優秀賞)

本間和夫（ほんま・かずお）

代表取締役社長
1948年山形県生まれ。1972年入社。
入社と同時に報道部に配属、記者、デスクを経験。総務局を経て取締役報道制作局長、専務取締役総務局長等を歴任 。主な番組「セピア色の証言・張作霖爆殺事件秘匿写真」(テレビ)、「昭和の山形2・山形戦没兵士の手紙」(ラジオ)。

板垣正義（いたがき・まさよし）

取締役・報道制作局長兼CG部統括部長
1956年山形県生まれ。1979年入社。
入社と同時に報道部に配属、記者、デスクを経験。東京支社業務部、営業戦略部を経て取締役報道制作局長に就任。主な番組「セピア色の証言・張作霖爆殺事件秘匿写真」(テレビ)、「NNNドキュメント・炎の中の9分間」(テレビ)。

伊藤清隆（いとう・きよたか）

報道制作局局次長兼制作部統括部長
1960年山形県生まれ。1983年入社。
報道部、日本テレビ研修、東京支社報道制作担当後、生活情報番組「ピヨ卵ワイド」CD。営業部次長、報道部統括部長。主な番組「地球のてっぺんを歩いた男」(テレビ)、「それぞれの「異国の丘」」、「花は咲けども～ある農村フォークグループの40年～」(ラジオ)。

福島テレビ

社　名　　　：福島テレビ株式会社
略　称　　　：FTV（Fukushima Television Broadcasting Co., Ltd.）
本社所在地　：福島県福島市御山町2番5号
資本金　　　：3億5000万円
社員数　　　：105人

コールサイン：JOPX-DTV
開局年月日　：1963年4月1日
放送対象地域：福島県
ニュース系列：FNN
番組供給系列：FNS

糠澤修一（代表取締役社長）

矢部久美子（取締役編成局長）

聞き手：佐幸信介

インタビュー日：2013年11月7日

▶福島テレビの開局と体制づくり——開局の遅れを取り戻す

——今日は大別して二点をお聞きしたいと思っています。ひとつは、今までの福島テレビの歴史について、もうひとつは、特に震災の問題がありますので、報道や編成も含めて、地域との関わりについてです。

さっそくですが、最初に福島テレビの歴史をいくつかの角度からお伺いします。福島の民放の状況を調べてみると、非常に複雑な経緯をたどってきていることがわかりました。しかし、外側から見るだけではその複雑さの内実はどうもよくわからないところがあります。その意味でも、福島の1960年頃からをひもときながら、お話をお聞きできればありがたいと思っています。

糠澤　福島テレビの開局は、東京オリンピック前年の1963（昭和38）年4月1日でございます。全国のローカル各エリアの最先発局としては、開局が2～3年ほど遅れております。その要因としましては、福島民報社と福島民友新聞社のふたつの地方紙の関係が関わって参ります。

ご案内のように福島県には毎日系の福島民報社（現在はプロパーの会長・社長時代になっています）と読売系の福島民友新聞社というふたつのローカル紙がございます。どちらも明治期から100年以上の歴史を誇る新聞社ですが、このうち民報社は、戦後にラジオ単営局の「ラジオ福島」を開局、その後、昭和30年代なって地上波テレビローカル局開局の時代を迎えます。

新聞とラジオの経営権を握る福島民報社がテレビの開局を目指すのは、いわば当然の流れと言えるかもしれませんが、一方、読売系の福島民友新聞社としては日本テレビの創始者である正力松太郎氏の系統ですから、福島エリア最先発局の主導権を民報社だけに委ねるわけにはいかないという思いから、国（旧郵政省）に対する免許申請が双方から行われる形となりました。

具体的には、ラジオ福島テレビジョン（代表・飛島定城／福島民報社）が1955（昭和30）年10月から57（昭和32）年1月にかけ、福島市・郡山市・会津若松市にテレビ放送局の免許申請を行いました。これに続いて、福島テレビ放送（発起人代表・和久幸男／福島民友新聞社）と、福島テレビジョン放送（発起人代表・油井賢太郎／福島商工会議所）が免許申請を行い、3社競願となりました。

しかし、3社の話し合いはまとまらず、1958（昭和33）年3月31日までの予備免許は失効し、その後、5社競願となりましたが、これも話し合いは難航し、1961（昭和36）年3月31日予備免許はまたも失効しました。ここに至り、当時の佐藤善一郎知事が大局的立場に立って調整する必要があると判断、1961年7月、県議会は、「民間テレビ対策特別委員会」を設置して集中審議を行い、ようやく翌1962（昭和37）年3月23日申請者の合意が得られました。そして、3月31日の県議会本会議において、「福島テレビ」の設立にあたり福島県が50%を出資し、その株式を保有することを承認しました。

私の手元の資料では、福島県50%、飛島定城氏（民報）10%、和久幸男氏（民友）10%、太田耕造氏（元文部大臣）10%、油井賢太郎氏（福島商工会議所）5%、他4社あわせて15%の出資比率が決まり、昭和37年6月1日、福島テレビが創立されました。昭和38年4月1日の開局まで残り10カ月という極めて厳しい状況の中でのスタートでした。

開局の年、1963（昭和38）年は、年明けから希にみる豪雪の年となりました。太平洋岸の「浜通り」、新幹線・東北自動車道ルートの「中通り」、そして新潟・群馬・栃木・山形と接する「会津」と、同時3局開局を目指す私共福島テレビの先達は、まさに不眠不休で送受信施設の建設に取り組みました。

放送局は、浜通りが「いわき・水石山」、中通りが「福島・笹森山」、会津が「会津若松・背あぶり山」で、特に豪雪の背あぶり山は、地上からの機材運搬ができず、防衛庁（現防衛省）に働きかけて陸上自衛隊の大型ヘリコプターを使って放送機器を運搬、ようやく4月1日の開局に漕ぎつけました。

株式の保有率から、社長は福島県からの出向人事が望ましいということで、初代・二代目は県の出納長経験者、三代目から六代目までは、副知事経験者、七代目になってフジ・サンケイグループ（産経新聞常務取締役）から代表取締役副社長に就任した中村啓治氏が代表取締役社長に昇進し、初の民間出身の社長が誕生しました。2001（平成13）年6月のことです。

その日から6年が経過し、副社長のポストにあった私に八代目社長就任の要請があり熟慮の結果、これをお引き受けすることと致しました。

私は、2007（平成19）年6月の総会で社長に就任、以来3期6年を務め2013

（平成25）年6月の総会でさらに4期目をお引き受けすることとなりました。2013年の総会で定款を変更、常勤・非常勤役員の任期を1期2年から1年と致しました。現在私は社長就任7年目でございます。

ところで、1963（昭和38）年4月の開局当時、福島エリアの民間テレビは私共の福島テレビ一局でございましたから、オープンネットということで、4系列（日本テレビ・TBS・日本教育テレビ〔のちのテレビ朝日〕・フジテレビ）の高視聴率番組と人気番組を全て収容するという豪華編成でした。

ただし、ニュースは、各系列から収容するということになり、朝ニュースは、日本教育テレビ系列の「あさ7時のニュース」、お昼のニュースは、「フジテレニュース」、夕方帯は、日本テレビの「ニュースフラッシュ」、夜帯にはTBSのニュースというように各系列のニュースを時間帯に応じて収容していました。

また、ローカルニュースは、当初、夕方のみでスタート、続いて昼ニュース、夜ニュースと段階的に枠を広げ、やがて報道の宿直制度をスタートさせました。ただし、ローカルニュースのタイトルは、開局時の申し合わせ事項として月水金が「福島民報ニュース」、火木土が「民友新聞ニュース」、日が「FTVニュース」となっていました。これが全て「FTVニュース」に統一されたのは、2局目誕生後の、昭和46（1971）年8月のことでした。

また、朝のワイド番組として人気のあった日本教育テレビの「木島則夫モーニングショー」をはじめ、「七人の刑事」「ザ・ガードマン」「東芝日曜劇場」「水戸黄門」「お笑い頭の体操」「シャボン玉ホリデイ」「コンバット」「三匹の侍」など、一日を通して、人気番組を全て収容した番組編成となっていました。

私共の福島テレビ（FTV）開局（1963年）の7年後、1970（昭和45）年に多局化の幕開けとなる福島エリア2局目の「福島中央テレビ」（FCT）が、日本テレビ・日本教育テレビのクロス局として郡山本社で開局し、福島テレビはTBS・フジテレビのクロス局となりました。

そして、1981（昭和56）年、福島中央テレビから日本教育テレビ系が独立して、3局目の「福島放送」（KFB）として、郡山本社で開局、最後に1983（昭和58）年12月5日、TBS系が私共の福島テレビから独立して「テレビユー福島」（TUF）が福島市を本社として開局、私共の福島テレビはフジテレビ系列となって福島エリアは4局体制となりました。

ニュースネットワークとしては、1971（昭和46）年からJNN（Japan News Network）に加盟し、以後12年間系列の一員としてやって参りましたが、テレビユー福島の開局によって、FNN（Fuji News Network）に正式加盟し今日に至っています。

——社長は何年入社ですか。

糠澤　私は、開局1期生で1963（昭和38）年4月1日入社です。同期生は皆退職し、さびしくなりましたが、私は50年間この会社にお世話になっております。テレビに入るならば是非報道現場、ニュースに携わりたいと思っていましたので、報道部配属が決まった時は、うれしさでいっぱいでした。

当時の民間テレビローカル局の報道現場はまだまだ弱体で、開局前の私共の先輩（既卒入社の方々）は日本テレビ系列のお隣の山形放送（YBC）の報道部のお世話になり研修を行いました。

開局当時の私共福島テレビ報道部は、部長・デスク以下10人体制でして、この中には、ニュースフィルムの現像担当の方も含まれておりました。新聞記者と違い、「目7・耳3」と言われ、まず映像最優先でした。16ミリカメラとポラロイドカメラ（1枚写真用）を携帯して撮影し、当然原稿も書く、のちには録音機（デンスケ）でインタビューとリポートも行う「記者・カメ」で、部長、デスクを除くと実質6人ほどでひとり何役も担当しなければなりませんでした。

開局時は、夕方のニュースだけで精いっぱいという状況でしたが、10月改編期には、昼のネットニュースのローカル差し替えに踏み切りました。とにかく人数が少ないという思いが強くありましたが、私共としては、開局が遅れた分一日も早くそれをとり戻し、ニュース・情報番組のいっそうの充実強化という方針で走り続けました。

——最初の頃は、ひとりで取材に加えて何役もしなければならなかったというお話ですが、撮影やその映像の編集もやっていたのでしょうか。

糠澤　その通りです。カメラはもちろん回しました。16ミリカメラの名器と言われたDR（フェルモ／ぜんまい仕掛けで駆動する3本レンズのカメラ）は今でも扱えると思います。編集も自分でやりましたし、ひとり何役もやらなければなりませんでした。それからニュースの運行業務も最初はCM運行ディレクターにお願いしていましたが、一連の作業の中で飛び込みもあるのでニュースの流れを知った者が担当するのが一番いいということになり、私共は、ニュースの送出というディレクター業務もしばらくの間交代で担当しました。他のローカルエリアの民放テレビも同じような経験をしたと思いますし、何でもやるということは大変勉強になりました。

私共の報道現場の先輩には新聞社から移ってこられた人も多くいらっしゃいました。また、各エリアの最先発局はほとんどがラ・テ（ラジオ・テレビ）兼営局ですから、ラジオ局からテレビ部門に社内異動された方も多く、例えば報道部長とかデスクの中にもアナウンサー経験者が多くいらっしゃいました。ラジオ局は、デンスケという録音機を肩にかけ取材記者もアナウンサーと同じように取材活動を展開していました。お隣の東北放送さん（宮城）、山形放送さんは、ラ・テ兼営局ですから、原稿執筆はラジオで十分に経験を積んでおられ、それに後追いでテレビの映像が付く形で比較的円滑にテレビ化が進んだように感じています。

私共は、テレビ単営局なので、まず、映像ということでカメラの研修・訓練を徹底してやらされました。あわせて、原稿のまとめ方、書き方についても指導を受け、あとは、独学で力を付けなければと覚悟をして年数を重ねたということになります。

ただし、取材記者とカメラマンは別であるという考え方も根強く、民間放送労働組合の強いところ、ラ・テ兼営局の現場などから記者とカメラの分業化が進んでゆきました。

しかし、私共福島テレビは社歴も浅く、しばらくの間、一人二役体制が続きました。

——当時は、大学でマスコミや報道といった勉強は、ほとんどみなさんはせずに入社されていたのでしょうか。

糠澤　その通りです。教養課程で「マスコミ原論」を学ぶ機会はありましたが、あとは、新聞・雑誌が教科書でした。ご承知のように、米国では、マスコミ専門学科の卒業生が年間4万人から4万5千人いるといい、この人たちが、テレビ・ラジオ、言論雑誌の狭き門を目指します。実際にその道に就職できるのは1万8千人から2万人、およそ全体の4割程度と聞いております。

私が入社した昭和30年代は、マスコミの専門学科というのがない時代で、取材・インタビューのあり方、原稿のまとめ方については、新聞記者をしていた自社のデスクから教わり、記者クラブでは、NHKの先輩からアドバイスを受けたことがありました。また、携帯ラジオを常時持ち歩き、夜は枕元に置いてNHKのラジオニュースを毎日聞いておりました。今もそうですが、NHKのラジオ原稿は参考になります。

いずれにしても毎日毎日の実務そのものが研修でありました。書いた原稿には必ず赤ペンが入り、頭から書き換えた方が早いケースすらありました。取材記者として、日々の原稿や5～10分の長めの企画モノの原稿が一定の時間で何とかまとまるようになるまでに、3年から5年位はかかったと思います。

あとは、新聞社育ちの報道部長・デスクは、どうしても原稿最優先ということで、映像と音声で十分伝わる部分も原稿中心になってしまい、現場でしばしば衝突していたのも今はなつかしい思い出です。

――その辺りの試行錯誤をへて方法論が固まってくるのは、だいたいどのくらいの時期なのでしょうか。

糠澤　毎日が取材と原稿・編集に追われ、昼ニュースが終われば夕方のニュース、そして、夜のニュースと気がつけば一日が終わっていました。開局の年の後半からは、夜勤・宿直体制も始まり、朝ニュースの送出も担当することになりました。

こうして、一日のニュースの取材から送出、報道現場での番組制作を手がけるまでに丸2年はかったと思います。

そして、多局化時代の幕開けとなる1970（昭和45）年の福島中央テレビ開局を前に、先発局としてやるべきことをやって差別化を図らなければという思いが全社的にございました。

――社長が入られて、そのあと新しく大卒の新人たちが採用されていったと思いますが、報道のスタッフが整っていくのには時間がかかったのでしょうか。

糠澤　開局が遅れた分、経営トップにも遅れをとり戻し、他エリアの先発局に追いつかなければという思いがあったと思います。したがって、夕方のニュースから昼のニュース差し替え、夜ニュース宿直、朝ニュース送出となるとどうしても絶対数が不足し、開局の年度内にカメラマンとフィルムの現像担当3名、翌年には新卒を含め3名が加わって16名体制となり、取材上の拠点である郡山支局に1名、会津若松支局に1名、いわき・平支局に地元出身の東京紙のカメラマン経験者1名常駐という形で、一応の取材体制が整いました。

このあと、昭和39（1964）年には太平洋岸、浜通り北部の相双（そうそう）地区の拠点である原町市（現南相馬市）に報道カメラマン1名を配置しましたが、翌40（1965）年になってこれを支局に格上げして営業・報道の拠点とし、本社報道部から映像部門の責任者が支局長に就任し、取材網は短期間のうちに整っていきました。

しかし、福島エリアは広いですからね。各支局が取材した放送素材のフィルムは、現像のため、急ぎの発生ものでも車で福島の本社まで運ばなければならず、トピックモノは、バス便で本社へ、会津若松支局や郡山支局から福島までは列車の乗客託送という時代がしばらく続きました。

▶ネットチェンジ——JNNからFNNへ

——ネットチェンジにあたっては、単にネットワークが替わるというだけではなくて、放送局の中身、編成の仕方が変わったりとか、あるいは報道の仕組みが変わったりとか、そういうことはありましたか。

糠澤　1971（昭和46）年から1983（昭和58）年までの12年間がJNNで、そのあと福島エリア4局時代を迎えFNNに正式加盟するわけです。

まず、JNNですが、「ニュースのTBS」、キャスターニュースの草分けとしてのTBSでございましたから、しっかりした発想をする優秀な人材が多数いらっしゃいました。報道のデスク会等に出席する機会もあって、TBSをはじめ系列各局の方々には、何かとご指導賜りました。

1981（昭和56）年には、米国三大ネットワークのひとつCBS研修にも参加をさせていただき、ウォルター・クロンカイト氏との一問一答の場にも出席し、テレビジャーナリズムというか、ニュース・情報伝達のあり方、取り組みの姿勢等について改めて気の引き締まる思いをしたことが強く印象に残っています。

つまり、TBS、あるいはJNNを通じて教わったことがいかに自分自身の財産になったかということです。TBS報道局の中には、不偏不党というか、時の政権に対しても相対するような明確な批判の意識を持った勢力があって、例えば後年、ロッキード事件の田中角栄元首相の東京地検出頭のスクープ映像を中継車を配置した状態で押えるなど、JNNの面目躍如たるものがありました。

さて、FNNですが、「JNNに追いつけ追い越せ」というのが恐らく報道現場の社是に近い意識としてあったと思います。ネットワーク報道現場の雰囲気は、非常に似ているものがありまして、発生モノの現場の生中継体制、ヘリコプターを移動中継装置として使うヘリスターの開発などに熱心に取り組んでいました。一言でいうならば、この努力がいつかは報われるという思いが私自身にもありました。その結果が、1985（昭和60）年8月12日の御巣鷹山の日航機墜落事故の時に「生存者4名発見」という世界的なスクープです。これがテレビ媒体として初めて新聞協会賞に輝き、FNNの存在が定着し、夕方帯の「スーパータイム」の視聴率を押し上げます。

JNNの場合もFNNの場合も、いずれにしてもネットワークは共に報道現場として、友情と絆によって結ばれておりました。今日を以って「JNNとの別れの日」という時には、夜9時すぎにファックスにて「長年の友情に感謝する」とのメッセージを発しました。同時にFNN各局に対してもファックスにて「FNNの限りなき友情の中で、福島から責任ある発信を行う」との誓いのメッセージを発したことを覚えています。

――系列が替わるときに、戸惑いみたいなものはありましたか。

糠澤　報道現場としては、半年ほど前からFNNのデスク会にオブザーバー参加という形で出席させていただき、ネットワーク各局との連絡方式、福島発の逆ネットニュースの送出方法等について打ち合わせをさせていただいておりましたので、ある程度心の準備はできておりました。

ただし、TBSの全盛期ですから、番組編成上の諸問題、売上に直結するスポンサーのカロリー（CM単価）の問題等、編成的営業的には不安感がかなりあったと記憶しています。したがって、福島テレビではTBS系列の「テレビユー福島」が開局する1983（昭和58）年12月5日のネットチェンジのギリギリまで、TBSの人気番組を取り続けました。

率直に申し上げて、TBSから離れたくないという考え方をしていた社員がかなり多かったと記憶しています。

ところが、私共がFNS（フジネットワークシステム）・FNN（フジニュースネットワーク）に加盟した2年目から視聴率が上昇を続け、やがて、全日・ゴールデン・プライムの3冠の時を迎えます。あの13年連続の3冠の時代に入るわけです。

フジ系列に切り替わる前年の1982（昭和57）年6月23日に、「東北新幹線」大宮～盛岡間が開業します。東北にとっては、高速道に続く本格的な高速インフラの整備によって交流人口に大きな変化をもたらすという期待感が高まり、私共は、日々のニュースの他に1時間の特別番組をシリーズで制作し続けます。開業前の4月4日には、本格的な試運転の時期をとらえ、新幹線ルートにあるTBS系列の4社、TBS—福島テレビ—東北放送—岩手放送を結ぶ共同制作番組「開業への始動～東北新幹線～」を放送しました。ネットチェンジ前夜ということもあって、福島エリアをカバーしていたフジ系列の仙台放送さんが水面下で協力を求めてこられました。ニュースに関しての「JNN協定」は、当然のことながら厳しいしばりがございます。ニュースに関する素材のやりとり、情報の守秘義務です。したがって、共同記者会見や共同取材等新聞各社を含め系列を越えて対応できる事項についてご協力を申し上げました。

TBSからフジテレビへのネットチェンジは、私共の福島テレビにとっては、極めて大きな出来事でしたが、結果としては、TBSの全盛期にその系列で恩恵を受け、ネットチェンジ後はフジテレビの視聴率3冠に支えられて恩恵を受けるという恵まれた環境で歩み続けることができました。ただし、ネットチェンジが決まったあともTBSの番組をとり続けたことに対するペナルティもございました。円グラフとベンツマークを思い起こしていただきたいと存じます。まず、ネット配分金（系列の番組をネットしたことに対する放送料金）が全体の3分の1（近年は27～28%）、東京支社が担当する首都圏のタイム・スポットが全体の3分の1強（33～34%）、残る3分の1は、大阪、仙台と福島エリアの本社と郡山・会津若松・いわき各社の売り上げによって全体の放送収入を維持しているわけです。前段のペナルティというのは、このうちのネット配分金の部分です。ネット配分金の目減り部分については、私共の東京支社がセールス活動の自社売り（自由裁量権）によって埋め合わせをして参りました。

しかし、こうしたペナルティの時代も数年前には解消し、この度の歴史的大震災・原発事故に際しては、物心両面からFNS・FNNの力強いご支援を賜わっており、ネットチェンジ上のさまざまな問題も、今はなつかしい思い出として大切にしたいと考えています。

▶自主制作ニュースと視聴率競争——時代と変遷

——東京支社など首都圏で売り上げを埋めるということは、東京でCMを確保していかなければならないわけですね。

糠澤　まず、キーステーションが電通・博報堂DYメディアパートナーズをはじめ各広告代理店と交渉して取り扱う「タイム」（番組提供）、「スポット」（番組と番組の繋ぎの時間）のカロリー（CM単価）と、ローカルエリアのカロリーとは基本的に桁が違いますので、テレビ業界にとって東京支社の存在は経営上極めて重要です。

もともと、番組制作費のバックボーンとなるタイム提供が最も重要なのですが、その単価が上がって、かつての「東芝日曜劇場」のように1社だけでひとつの番組が持てなくなりました。いわゆる何社かの相乗り提供の時代に入って参ります。これに伴って、物流・物販の宣伝効果が上がるのは、番組と番組とを繋ぐスポット枠だということで注目され、バブル時代になって番組提供をスポット投下量が凌ぐまでになって参ります。

テレビ業界は知恵を出して、1時間（60分）当たり1分（60秒）と言われた時代から、1時間のスポット枠を2分～3分、さらに公称1時間番組は実質53分とか54分へと移行していきました。現在はそうなっていますね。スポット枠を生み出すために、業界全体で考え出した知恵ということになります。

——テレビCMでは、「面積」という独特な言い方がありますね。

糠澤　ご承知のように、これらの「タイム」「スポット」の単価は、視聴率によって決まって参ります。つまり、視聴率が他系列より良ければ、同じ契約料金でCM挿入枠が少なくて済みますが、逆に視聴率が悪ければ一定日時でのCM挿入量、その本数を増やして対応しなければなりません。一日は24時間しかございません。これを売り場面積「GRP」という呼び方をしておりまして、視聴率の低下が経営上の死活問題になって参ります。視聴率は、このところ「日本テレビ」と「テレビ朝日」が好調です。したがって、日本テレビは2013（平成25）年スポットの売上げを伸ばし、フジテレビは9年ぶりにスポット売上日本一の座を日本テレビに明け渡しました。私共福島テレビは、フジ系列ではありますが、午前6時から24時までの「全日視聴率」が最近までエリアトップ、現在は2位となっておりますが、これによって全体的な売り場面積を何とか確保しております。

——福島の場合には、90年代の終わりくらいに、もう52週の視聴率調査に変わっていますが、それは大きな転換だったのでしょうか。

糠澤　聞き取り調査（アンケート方式）による「日記式」は、開局時から1982（昭和57）年まで続きまして、福島エリア4局時代を前に「月2週の機械式」に移りました。年間を通しての「52週（各週）機械式」は1997（平成9）年から実施され現在に至っています。クライアント側からすれば、エリアパワーと各局のステーションパワーがより判断し易くなったといえるでしょう。ただし、この調査は、リアルタイム視聴が対象となりますので、録画視聴とかBS視聴は入って参りません。

かつて、ゴールデン帯70％といわれたHUT（総世帯視聴率）がこのところ5～8％低下して参りました。東・名・阪に加えて、札幌・仙台・広島・福岡といった主要地方都市でも在宅率が低下し、総世帯視聴率が60％台に低迷するようになりました。

つまり、テレビ視聴の出口が家庭用の大型テレビだけでなくなり、パソコン、ワンセグ、iPadでも見られるようになって参りました。また、録画視聴も増えています。それにともない、現在の在宅、リアルタイム視聴を対象とした、いわば限定的な「視聴率調査」について見直しが必要であるという考え方が出て参りました。

総世帯視聴率の数値が低い中で、さらに各番組の視聴率が低くなれば、番組提供の意味や出稿にも影響を与えかねないわけです。

平成25（2013）年11月の民間放送連盟大会のパネルディスカッションでも、このことが浮き彫りにされました。視聴率とその調査のあり方が、地上デジタル時代の到来とともにテレビ業界全体の大きな課題となってきております。

――それは90年代に、視聴率調査が機械式の52週になったあたりから、かなり厳密というかタイトになってきたことに原因があるのでしょうか。それともそれ以前からもうあったのですか。

糠澤　視聴率重視は、日記式の時代からの原則です。ただし、右肩上がりの高度経済成長期、バブル期には、多少大摑みの考え方があって、電通・博報堂をはじめ各クライアントとも3月の決算期には「期余り予算」と呼ぶ広告広報予算の残高整理の習慣がございました。例えば、「福島テレビさんは年間、年度視聴率がよかったので、この番組にタイム提供をしましょう」とか、スポット枠に特別出稿という形で上積みしてくれる、かつてはそのような予期せぬ収入があったのです。

現在は、かなり厳密になっておりまして、視聴率は絶対条件になっています。私共は平成25（2013）年に29回目を迎えた「東日本女子駅伝」という大きなスポーツイベントを担当して参りましたが、このところ女子陸上界のスター不足から、全国的にも「走りもの」の視聴率が低迷しております。したがって、今年の大会で視聴率がさらに低下するようなことになれば、来年の第30回大会の提供スポンサーとカロリーに重大な影響が出て参ります。

私は、ニュース現場での報道育ちだったものですから、視聴率をあまり気にせずに仕事をしておりましたが、2局目の福島中央テレビさんの開局によってエリア内に競争相手が生まれましたので、これをきっかけにニュース・情報番組、自社制作番組の一層の強化を目指すことになり、開局10周年にあたる1973（昭和48）年10月1日から夕方帯のニュース・情報番組「FTVテレポート」をスタートさせています。

――これは、「スーパーニュース」の枠の中ですか。

糠澤　当時はTBSの夕方メーンニュースは、18時30分～19時00分までの30分でしたので、私共は、18時00分からローカル枠として独自のニュース・情報番組の時間を確保し、「FTVテレポート」というタイトルで放送に踏み切りました。このあといったんネットニュースにつなぎ、ローカル枠についても当然差し換えを行って、最後はお天気情報を放送しました。したがって、視聴者は18時帯全体が「FTVテレポート」枠という印象でご覧になっていたかもしれません。

——当初からこの1時間枠は取れていたのですか。

糠澤　民間放送界の夕方帯で18時台全体を使い始めたのは、TBSのキャスターニュースが草分けだったと思います。そして、17時台をキーステーション、ローカル局ともにニュース・情報系で利活用しはじめたのは、ここ20〜30年というところです。

福島テレビでもいわゆるストレートニュース（用意された原稿を読み上げるニュース）時代は、夕方のメーンニュースでも15分枠でした。やがて、民間テレビの急成長、売り上げが伸びて参りますと、各ローカルエリアも当然のこととしてニュースをはじめ自社制作番組の充実強化をして、テレビ局らしい事業の展開、地域貢献が大きなテーマとなって参ります。

これを経営上の収入構造から見て参りますと、福島テレビの開局時、1963（昭和38）年度の売り上げは、年間8億9千万円でした。これが5年後1968（昭和43）年度になると18億5千万円、1973（昭和48）年度には28億6千万円、以後1978（昭和53）年度49億5千万円とおよそ50億円時代を迎えるわけです。

売り上げは、平成に入ってさらに上昇を続け、1993（平成5）年度68億9千万円、1997（平成9）年度77億9千万円に達し、翌1998（平成10）年度も77億2千万円を確保しました。

その後、バブル崩壊、リーマンショック等をへて年間売上げを60億円台に下げましたが、震災・原発事故のあとも放送収入と事業収入を合わせて60億円台を維持しています。民間放送は、NHKのように聴視料による収入はありませんから、まず、売り上げをきちんと確保しなければなりません。経営の安定なくしてメディアとして天下国家にモノ申すわけには参りません。

ようやく各局、各系列ともに地上デジタル投資（福島テレビの場合は60億円超）がヤマ場を越しましたが、アナログ鉄塔の撤去という課題を解決しなければなりません。具体的には、こうした経営環境の中で、ニュース・情報番組、自社制作番組と地域貢献のための各種事業にどれだけの予算をふり向けることができるかということになります。

震災後の平成24（2012）年度の予算執行の中で、この内容を見てみたいと思います。売り上げが62億2千万円、人件費が22.3％（13億8千万円）、設備投資が2億4千万円、番組制作費が7.2％（4億5千万円）ということになっています。福島テレビとしては、自社制作のニュース、情報番組、原発事故からの地域再生に向けての各種番組の制作と事業展開に、現在最大の努力を傾けていると申し上げてよろしいかと存じます。

▶地方の再認識・再発見——人口減少と少子高齢化の時代

——これは、他の地方民放局でもしばしば聞くことですが、地域での民放の主権といいますか、独自性という問題意識が非常に強く、今後その役割はさらに強まっていくように思います。おそらく、全国的にそうした傾向があるのだろうと思うのですが、そのあたりはいかがですか。

糠澤　言葉を変えて申し上げますと、地方の時代の再認識、再発見ということですね。日本全体の戦後の足跡を見ると、いかなる時も首都圏・大都市を中心とした経済活動と、農林漁業を含めた食料供給基地としての地方とのバランスの中で歩んできたことを強調しないわけには参りません。福島エリアでのテレビ局の使命を考える時、まず、少子高齢化、つまり日本・東北・福島全体の人口動態にメスを入れ、そこから近未来、将来に向けてさまざまな発想をしていかなければならないと考えています。

まず、東北で200万人以上の人口を有するのは、宮城県の232万人。仙台市だけで102万人ですからね。次いで最近まで202万人だった福島県が196万人、青森県135万人、岩手県130万人、山形県115万人、秋田県106万人ということで、東北全体で915万人です。東北6県1千万人と言われた時代から85万人が減少し、いずれ800万人台になります。こうした人口減少・少子高齢化の中で、私共メディアは、地域を守り、歴史と伝統文化を守り、農林漁業、伝統産業を守り、自然景観、観光資源を守り、交流人口の増加をめざしてこの部分を育ててゆく使命を背負っています。つまり、近未来、将来のエリア内の現状を県民・視聴者の皆様に正しく理解していただき、県外、特に首都圏・西日本全域あるいは海外に向け、これを発信していかなければなりません。ニュース・情報番組、自社制作番組の切り口は前段に申し上げた中に無尽蔵に眠っていることを指摘しないわけには参りません。特に、この度の歴史的大震災と原発事故を受けて、ここからの地域再生は「ふくしまの地方の時代」「少子高齢化とふくしまの時代」を根本から見つめ直し、この機会を捕えて新しく地域をつくり替えるという強い信念のもとで、メディアとしてのエネルギーを燃やし続けなければならないと考えています。
——そういう理念・コンセプトは、やはり震災によって強くなったのでしょうか。それとも、それ以前からあったのでしょうか。
糠澤　もちろんそれ以前からですが、福島県の場合、原発事故の影響で少子高齢化の進捗が早まってしまいました。私は自分自身の持論として、人口動態に基づく地域社会の近未来とか雇用のあり方について考えて参りましたが、震災をきっかけにいよいよこのテーマが大きくのしかかってきたという思いです。それから視聴者の絶対数が減ってくれば、物販のための宣伝効果と申しますか、200万の視聴者に対する発信と100万への発信では、当然投下量が違ってきますからね。人口減少の中で、民間放送は限界産業だということはもう目に見えているわけで、社会全体、メディア業界全体でそれをどうソフトランディングさせるかというのが長期的にみて重要になって参ります。
——今のお話を聞くと、東京の学生の意識とのギャップを感じます。東京にいるとどうしても中央志向が強いにもかかわらず、実際にはテレビの番組を作りたいという場合にはプロダクションが主な受け皿になっています。もちろん、いろいろな志向があっていいのですが、等身大で番組や社会と接していくには、地方民放の方がストレートな関係ができると思うのです。
糠澤　例えば、キーステーションであるフジテレビの社員数は、現在1400～1500人ほどいらっしゃいますが、さらに、契約関係にあるプロダクション関連も入れると、一日の出入りがおよそ1万人ということになります。志を持って入社しても大人数の中に埋もれてしまい、才能が発揮できませんからね。特に、首都圏・大都市の局さんは、外部プロダクションとの関係が深く、番組によっては丸投げしているケースもあります。報道現場でニュースに携わっている方々は、さまざまな経験ができるでしょうが、番組制作には直接関わりようがない、ましてや自らの手で台本を書くような環境にはございませんからね。逆に、私共ローカル局は、いくらでもそのチャンスがあり、実際に企画も台本も取材も、さらには編集も十分に経験できますから、この世界が好きで入ってきた人間にとっては、やり甲斐があると思います。しかし、福島テレビでもここ10年ほどでしょうか、報道現場でも営業現場でも入社4～5年で辞めるケースが出てきています。人生のステップアップということで、もっといい職場があるはずという思いがあるんですね。例えば電子ネット関係などへの転出……。しかし、転職して少し経つと、もう少し福島テレビで汗かきをした方がよかったという声も聞こえてきます。私自身も終身雇用に固執はしませんが、3年後、5年後、10年後あるいは「50代以降の我が人生」ということは頭の中にないんだろうかと思います。

矢部　ローカル局を受験する希望者が少なくなっていますね。ましてや福島地区は特別ですけれども、アナウンサーも含めて少なくなっています。ローカル局でどうしてもマスコミをやりたいという学生さんの母集団の数がすごく減っています。

糠澤　私共は50年の歴史があります。かつ、はっきり申し上げて、月例給、福利厚生、それから退職金規定も含めて、福島テレビはローカル局ではありますが、全国の中でも高レベルにあると自負しています。どうして新入社員で入った人たちがその会社をさらに発展させようという気持ちにならないのかという思いです。大学卒業までに学科で何を学んだのかというよりも、幼児教育からの躾（しつけ）とか挑戦する気構えと粘り強さといった精神面、そちらが重要なんだろうと思っています。一定水準であれば、個人の能力差はほとんどないと思うんです。課題は、精神面、信念ですね。

――では、少し角度を変えて、福島県内の福島と郡山の関係をお伺いしたいと思います。福島県の場合は、4つの局が福島市と郡山市のふたつに分かれて本社を構えています。こうした関係は、福島県の特徴だと思います。

糠澤　テレビ部門は、県庁所在地の「福島」にNHKと民間テレビ2局（FTV・TUF)、ラジオ部門は、ラジオ福島（RFC）が本社を構えています。また、新聞社は、福島民報社、福島民友新聞社が共に福島に本社がありますが、郡山本社とか郡山総支社という名称で、人員配置上、両新聞社とも郡山を最重要拠点としています。一方、郡山にはテレビ部門で2局（FCT・KFB）が本社を構え、ラジオ部門は後発のエフエム福島が本社を構えています。特に、福島と郡山というように同程度の人口を有する都市にそれぞれテレビが2局ずつ本社を構えている例は、全国的にも福島エリアだけだと思います。

人口は、現在避難者の多いいわき市が36万人で仙台に次いで東北2番目、郡山市が35万人、秋田市とほぼ同じですか。福島市が避難者を含めて30万人弱となっています。県全体では2013（平成25）年12月現在196万人ということで、福島と郡山がある中通り（東北道・新幹線ルート）に県人口の65％強が集積しています。したがって、視聴率調査もこの中通りからサンプリングをして実施しているわけで、調査ポイントは人口割で郡山市が一番多いんです。ですから、経済活動、テレビの視聴率面でも福島置局の各社は郡山を意識しないわけには参りません。したがって、福島テレビは「郡山総支社」と位置付け、いわき支社と会津若松支社を組織上その傘下に置き、報道現場には報道部長以下4名とカメラマン3名、取材車両2台を配置、営業と報道を合わせて15名の人員で運営しています。あとは、本社がカバーしている「相双地区」と郡山総支社がカバーしている「白河・県南地区」が日中の空白地帯で、特に原発事故のあとは、相双地区（南相馬市・相馬市）に常駐の取材拠点を置かなければと考えているところです。

▶新たなメディア・テクノロジーと展望――インターネットの普及

――地方エリアの民放ネットワークのお話をお伺いしましたが、それとも関連して、80年代にBC・CSが入ってきて多チャンネルになったときなど、いくつか外在的なポイントがあると思うので、その点についても伺えますか。

糠澤　BSは、民間放送各系列とも最初はお荷物でスタートしました。今はBS視聴率が安定しました。テレショップの踊り場になってしまっているところがありますが、それは別としても、売上げが上がって経営的には安定してきています。特にBSフジの場合は、「プライムニュース」のような非常にしっかりした番組が登場して参りました。また、サッカー、プロ野球、ゴルフなどスポーツ中継も含め、しっかりしたコンテンツの編成が行われるようになっております。BSと地デジはライバル関係にあるとも言われますが、私はまさにこれこそ連携、棲み分けの世界だと思っています。BS・CS多チャンネル化は、その当時首都圏からいろいろと心配事や課題が投げられてきていましたが、今はその必要はなくなっています。むしろインターネットのほうが、営業的にも、また情報の出口・収集の受けとしても重要だと思っています。ジャンル別に分けると、放送と通信の融合なんてことになり、こっちが融けてなくなっちゃいますから、連携ということになります。これはキーステーションであるフジテレビさんも相当真剣になって考えておられます。

今はニュースの中身よりも、見出しをiPadやワンセグなどで見てしまって、しっかり落ち着いてテレビの前でニュースを見ることが減っています。ニュースの時間には外歩きして、適当に楽しんでいて、リアルタイムでニュースを見る人が少なくなってきているのです。しかも、通信業界全体が急速に発展しましたから、ローカル局の生き残りについては、相当真剣に考えていかなければなりません。

ただテレビジョンという放送手段は、最後まで残るとは思っています。キーステーションとローカルステーションとの関係が、運命共同体としていつまで維持できるのか……。かなり先のことかもしれませんが、時移り、人替わり、時代が移れば、このことが現実となる時は必ずやってくると考えております。

——実際にインターネットのサイト構築は進めていらっしゃるのですか。

糠澤　YouTubeで発信しています。その日のニュースの主だった項目も全部、YouTubeを覗けば見ることが可能です。

福島エリアでその日何があったのか、明日、今週どういうことが展開されるのかということは、ローカル局最大の使命として発信していかなければなりません。信頼の証として、常にそれがわかるようにしておかなければならないと考えています。

それから原発の廃炉まで実に40年かかるわけですが、福島原発の現在の様子、例えば汚水問題はどうなっているのかということについて、福島テレビのニュースをリアルタイム、あるいは収録で見ていただく、あわせてYouTubeでも情報は取れるようにしておかなければならないと思っています。ただし、全ての情報は視聴者のための安全・安心情報でなければならないと考えています。

——むしろインターネット時代の現在のほうが、いろいろな意味で課題と可能性があるということですね。

糠澤　前段で申し上げました通り、放送と通信の連携の時代を迎え、あわせて日進月歩の技術革新によって、情報の収集と発信に限りない可能性が出てきています。ただし、情報の収集と発信には必ずヒトが介在します。これが世代交代に伴う価値観の変化によってどう変わってゆくのかということです。

1940年代生まれの「団塊の世代」、1960年代生まれの「新人類」と「バブル世代」、これが1970年代以降、現在は「団塊の世代ジュニア」「新人類ジュニア」「バブル世代ジュニア」がそれぞれ40代、30代、20代、人口にしておよそ3千万人となって年代的に日常生活の主導的立場になってきています。つまり、少子高齢化の中で価値観の違うこれらの世代が複雑に入り組んで、どんな形で情報収集をしているのか、モバイルの需要と使い方を含めテレビ業界にとっては目が離せません。こうした中にあって福島エリアの情報の源のひとつとして必ず見ていただくステーションとして、福島テレビが常に存在しているという姿・形を維持していかなければなりません。

——震災のときの情報行動の調査がいくつもありますが、傾向として言えるのは、直後はいわゆるインターネットやmixi、Twitterなどがかなり有効だという認知がされていましたが、少し経ってくると、特にテレビで情報を得るタイプが多くなってきます。信頼度も含めてですが。だから、直後の状態とある程度落ち着いた状態とで、メディアの機能や役割は違うと思います。

糠澤　震災の社内対策本部会で私が何度も強調したのは、放射能の空間線量を含めた原発の状況をリアルタイムでわかるようにすること、あわせて、水・食料・電気・燃料・交通手段と道路状況、生活に関する相談所、相談コーナーの場所と時間などいわゆるライフラインの情報が、質的にも量的にも情報全体の

60％を占める発信形態が望ましいということでした。もちろん、コマーシャルを全部飛ばしての災害報道ではありましたが、この点については、ラジオをお持ちのNHKさんの報道、そして、地元のラジオ福島（RFC）さんのライフライン報道が数段優れていたと考えています。

この震災と原発事故は、学ばなければならない教訓を数多く残しましたし、今も日々教訓となる事項が次々と出てきております。

――インターネットが普及して、取材方法や連絡方法などは変わりましたか。

糠澤　第一線の記者、それからデスク、報道部長、報道制作局長の経験者として、私がくり返し言っているのは、「大いに参考にして結構である。ただし、必ず裏を取っての最終チェックが必要である」ということです。

インターネット情報は、収集元、発信者によっては、信頼性の高いものもありますが、特に個人から不特定多数の方々に発信しているものの中には、その動機や目的によってミス・リードになりかねないものが多く、必ず客観的に方々から裏をとって総合的に判断しないと大きな間違いを犯すことになります。同様にインターネット上の映像使用と転用については、著作権と肖像権という立場から細心の注意が必要となります。

――先日、ある新聞のデスクの方が、現場に行っている記者と今は電話を使わずに全部メールでやり取りしてしまっていて、それが原因で誤報を出しかねないと、反省を込めておっしゃっていました。つまりメールではミスリーディングをしたままコミュニケーションが遂行されてしまう。

糠澤　全くその通りだと思います。メールや文章だけでは微妙な物事の判断はできませんし、ニュアンスも伝わりません。必ず「フェイス・トゥ・フェイス」による話し合い、電話での肉声による担当者同士の確認をして発信しませんと、大きなミスを犯すことになります。

▶災害報道と福島テレビの役割――「ふくしま」のこれから

――では、２番目の地域との関わりについて改めてお聞きしたいと思います。先ほども原発のお話をお聞きしましたが、先の震災と原発事故も含め、福島という土地で取り組んできた問題やその取り組み方はどのようなものだったのでしょうか。

糠澤　まず、「災害報道」については、申し上げるまでもなく人命と直結しており、個人の生活の場である地域社会の破壊をいかに食い止めるかという点でも、メディアに対する信頼の原点、最重要の柱ということができます。その報道の内容によって、その局の存在感、メディアとしての力量が問われるわけで、一切の弁明は許されません。極めて厳しい結果が待ち受けています。

この度の「東日本大震災」と「東京電力・福島第一原子力発電所事故」でも、まずもって重要なのが、震災の姿・形、つまり地域地域の被害の実情を映像と音声で伝えること、それと同時に常に災害の全体像をわかり易く繰り返し報じなければなりません。しかも、津波の実態を見る限り、まさにリアルタイムで安全な場所への避難を繰り返し呼びかけなければなりませんでした。あわせて、人心を落ち着かせる安心情報とライフラインの情報発信を、各地域単位できめ細かに行って参らなければなりません。

また、「福島エリア」の場合は、2011（平成23）年3月11日大震災の翌12日と、一日おいた14日の2回にわたって発生した原発の水素爆発による放射能飛散事故、これに対する政府と各省庁、都道府県、そして各市町村と東京電力の実態報告、国民・住民に対する説明に一貫性がなかったことが誠に残念で、民主党政権でしたけれども国の危機管理と原子力災害事故の対応についての体制がいかに脆弱であったか、その現状を露呈した形となりました。

一番の問題は、放射性物質の数値の公表のあり方にあったと思います。ひとつは、空気中の「空間線量」と人体に付着したり体内に取り込まれる「被曝線量」との相関関係です。内閣と経産省、文科省、農水省、そして東京電力から放射能の数値が相次いで公表されました。この数値がそのまま「被曝線量」に直結すると考えた方々が大多数で、これによって必要以上の「放射能恐怖症」を生み出してしまったということです。いったん心の中に入り込んだ恐怖感をとり除くのは大変なことです。私共メディアの日々の発信の中でも、この部分については大いに反省しなければなりません。数値の公表は安心情報につながらなければなりません。この問題が落ち着くまでには、ある程度の時間がかるでしょう。

また、地域再生のために不可欠であるとして行っている「除染」ですが、地域によって、急ぎ徹底して行うべき所とそうでない所があり、線量によっては時間的な経過を見て、例えば通勤通学路やホットスポット中心の除染に絞るという選択肢もあるわけです。

さらに、福島市の場合、市街地の近くに信夫山や花見山など小高い山がありますね。これらの山については、平地から法面で30メートルまでしか除染は行いません。そういうとり決めになっているのです。雨が降って山の上から流れ落ちれば除染をした所の線量はどうなりますか。つまり、時間とお金の無駄遣いになるような除染はいかがなものかという考え方が発生から3年というところで出て参りました。

例えば、福島市街でマンションに住んでいる方々のほとんどは、ベランダまでの除染は必要ないと申し出てきています。つまり、側溝とか生活に直結するマンション敷地の地面の部分に絞って行ってほしいということです。浜通り、中通り、会津と避難されている方々の中の幼児の甲状腺ガンとの因果関係については、3年、5年、10年と経過を見なければ判断はできません。現在の線量では、医学的に見てもほとんど心配がないというのが定説です。

2020年の東京オリンピックが決定し、安倍総理がこれに先立って、外洋への影響を含め汚染水はしっかりと管理されている旨のメッセージを内外に向けて発信しました。また、オリンピックまでに原発事故からの安全・安心な環境づくりを責任をもって行うとの国際社会に向けてのメッセージもあわせて発信しています。具体的には、「東京電力福島第一原子力発電所」と原発立地地域である双葉町・大熊町並びにその周辺地域を含め、少なくとも10年以上、生活空間としての再生が不可能な地域（2020年の東京オリンピックまでに地域再生ができない地域は当然含まれます）を国の責任でしっかりと区分けし、あとは緩衝地帯を設定して、これ以外の地域については、除染をして生活の場、雇用の場としての地域再生を促進する。これと並行して「中間貯蔵施設」を整備し、懸念されている仮置場の汚染物をここに移してしっかりと保管する。この形が見えてくれば、あとは福島第一原発内の放射能の封じ込めということになります。

今、最大の課題（全体の80％）は汚染水対策ですが、メルトダウンした放射性物質の形状が地中でどうなっているのか最終確認ができていません。したがって、阿武隈山系（あぶくまさん）から流れるおびただしい量の伏流水が放射性物質に触れないよう「凍土方式」によってこれをしっかりガードするとともに、海洋汚染が広がらないよう原発の専用港の内外で「水コンクリート」（薬剤投入）による防止対策を進め、これを遮断しているわけです。安部総理が「汚染水はしっかり管理されている」とくり返しメッセージを発したのはこの部分です。

最後に、福島第一原発の1号機から4号機、さらに5号機、6号機についても廃炉とすることが決まりました。しかし、一口に廃炉と言いますが全てが完了するまでに40年という歳月を必要とします。現在停止している原発はそのまま10年間しっかりと管理して、まず冷やさなければなりません。放射能と向き合いながら解体が始まるのはその後のことです。

したがって、廃炉に向けての第一弾として、4号機を手始めに燃料棒の移送が昨年（2012年）から開始されました。この作業だけで5年ほどかかるんですね。その後に地中までメルトダウンした放射能物質（燃料）を追跡して取り出すことになるわけですが、ロボットを使用する部分、あるいは土壌ごと取り出す部分等いろいろのケースが考えられ、全体像を掌握するまでにはまだかなりの時間がかかります。

これらの後始末は、我が国で初めてのケースとなりますし、低線量被曝自体が全世界で初めてのケースでございますので、今後の事故対策、原子力行政のためにも、しっかりと記録を残しながら汚染水処理設備等の研究・開発を並行して進める。この部分が国の危機管理上極めて重要になって参ります。

あわせて、事故のあった福島第一原発とその周辺を次世代に負の遺産として引き継ぐわけには参りません。2020年の東京オリンピックまでに、国としての危機管理上の特別エリアに指定し、見学コースとして受け入れ体制を整える必要があると考えます。

小・中・高校の修学旅行コースとして、または国内外からの方々に「ふくしま」のありのままの姿をその目で見ていただき、宿泊もしていただく。福島県内で採れた農産物、水産物を食し、あわせてこの機会に、福島県の緑豊かな大自然に四季を通じて触れていただく。これによって交流人口が増え、雇用創出の環境が整えば、安全・安心が定着して参りますし、「災いを転ずる」諸条件が整ってくると信じています。地域再生に向けての強い思いと常に地域住民とともに歩むという信念が、地域メディアとして極めて重要になって参ります。

▶震災後の選挙報道――情報開示の時代をむかえて

――選挙報道の重要性についてもお聞かせください。

糠澤　まず、報道内容全般について申し上げるならば、365日平時に硬軟織り交ぜて何を伝えるかということが最も重要ですが、逆に、発生モノ、つまり人命に関わる「災害報道」と民主主義の根幹を支える「選挙報道」がメディア、特に、テレビメディアの雌雄を決する二大テーマと考えています。

「災害報道」についてはすでに前段で申し上げた通りです。「選挙報道」ですが、私が一番憂いているのは投票率の低下と棄権の問題です。国民の教育レベルと自覚のなさということになるのでしょうか。経済成長の中でいつの間にか衣・食・住にゆとりが出て、「飽食の時代」を謳歌し、言葉は悪いのですが「平和ボケ」が蔓延、定着してしまった。つまり、誰が立候補して誰が当選するのかという報道だけでなく、有権者の危機感と意識を呼び覚ます報道、キャンペーン、解説をローカルエリアでも繰り返し行う時が来たと認識しております。大都市、首都圏をはじめ、人口集積地ほど投票率が低いのですが、一票の格差以前の大きな課題として、首長選挙や国政選挙、地方選挙で有権者全体の4割程度の投票率で代表が決まっていくというのはどうしても納得できません。「災害報道」と「選挙報道」は、時間に制限があるニュース枠に加えて説得力ある解説部分にもっと時間を割き、民間テレビとしてもこの部分に力を注いでいかなければなりません。

このところ行われている福島県内の首長選挙では、当然原発事故や脱原発が焦点となっています。問題は、先ほども申し上げたように福島第一原発事故による放射能の「空間線量」と人体に影響のある「被爆線量」との相関関係、因果関係についての説明不足です。数値が、政府・行政・マスコミによって次々と公表されましたが、空間線量と被曝線量がごっちゃになって多くの方々に誤認され、必要以上の不安感を植え付けてしまいました。

この状態の中で選挙戦が展開されているわけです。現職に批判が集中し、極めて厳しい審判が下されています。この中で相馬市だけは、市長が先頭に立って空間線量と被曝線量についてくり返し丁寧な説明を行ってきた経緯がございます。

――解説にもっと時間を割くべきとのお話ですが、それは例えばNHKの解説委員のようなイメージですか。

糠澤　イメージとしてはその通りですが、NHKさんのように各ジャンル別の専門家でなくても、自社の報道局長、制作局長、報道部長、制作部長、アナウンス担当局長（または部長）、あるいは経済界を代表的する方々、大学教授、講師等、地域社会の中にもきちんと解説できる方々はいらっしゃると思います。「情報開示の時代」を迎え、一ローカル局においても他社に先駆け、前向きに取り組まなければならないと考えています。伝えなければならないローカル情報は沢山あります。特に、震災と福島エリアの原発事故後のさまざまなトラブル等については、わかり易く親しみ易く伝えるべきであり、安全安心情報という意味でも、解説・ミニ解説はどうしても必要になって参ります。一方、気象情報、災害情報等については、この震災を受けて専門の気象予報士等を採用し、わかり易くより詳しく伝えてゆく。これらのことがニュース・情報番組と視聴者との信頼関係構築に不可欠な時代に入ってきたと認識しています。

▶「県民テレビ」としての地域貢献

――今日のお話の冒頭で福島テレビの歴史をお伺いしましたが、改めて最後に福島テレビの株を県が50％持っているという点についてお伺いしたいと思います。これは全国的にも珍しいケースです。一般的には「報道の独立」と「経営」の関係という問題ですが、特に福島テレビの場合は、県や行政との関係ということになります。この関係には緊張感が伴っているのではないかと思うのですが。

糠澤　かなりの方々が私共の株式を県が50％保有していることに驚かれます。今の時代ということで、素朴な疑問をもたれるのかもしれません。6年前に佐藤栄佐久前知事の汚職事件があった時は、福島テレビの報道が最も手厳しかったのではないでしょうか。映像的にも原稿内容も手心を加えた事実は全くございませんし、報道機関としての姿勢はきちんと貫いたと認識しています。私自身も報道現場の出身ですけれども、社長の口から報道現場に直接指示・命令というような業務上の流れにはなっておりませんし、ミスリードになるような接触は一切ございません。ただし、私自身が知り得た情報は、担当役員を通して報道現場に下ろしますし、報道現場からも情報は常に上がってくることになっています。田中角栄元首相のロッキード事件や佐藤栄佐久前知事の贈収賄事件について、私個人としては日本の司法制度について考えていることがございますが、一連の汚職事件については真正面からの報道で全て乗り切っております。また、2013（平成25）年6月24日現在、福島県議会から非常勤取締役3名と監査役1名の計4名が入っておりますが、これらの方々から報道現場に発言が及ぶような組織には一切なっていません。何かそのような動きがあった場合には、代表権者である私の責任においてしっかりと守って参ります。

――それは組織の規範に加えて、社長が一貫して作ってきた会社の文化、社風といってもよいものでしょうか。

糠澤　別に私個人の力ではなく、開局以来脈々と流れてきた全社的な心構えの中に「県民テレビ」→「地域メディアの地域貢献」という思いがあります。福島県が50％を出資しているから「県民テレビ」なのではありません。各地域の各界各層の方々がふくしまの大自然や歴史、伝統を大切にしながら日々力強い営みを続けている。テレビ媒体としてこれをしっかりとサポートし、ステップアップとしてのメッセージを送り続ける。日々のニュース・情報番組はもとより、自社制作番組を量的にも質的にも維持し続ける。あわせて、テレビ局らしい事業を展開し、エリア内外に発信してゆく。このことに尽きると考えています。付け加えて申し上げますと、50％の株主（福島県・福島県議会）との関係において報道現場の不偏不当はしっかりと守られてきたと存じます。県議会の質問の中に「多局化時代になって福島県が一民間テレビの株式を50％も保有している必要があるのか」というようなことが何年かに1～2回出てくることはございます。これに対し、歴代の知事は福島テレビ設立の歴史的経緯とともに経営権・編集権への株主としての不介入を明確に説明し、50%分の株式配当、これは毎年12%、県の一般会計への収入は2100万円ほどになりますが、これが県民生活を支える県財政にきちんともたらされているとの答弁をされています。事実、50%の株主として経営に直接口を出したり、ましてや報道の内容に圧力をかけるというような事実は、私が知る限りこれまでに全くございませんでした。
——最後に、民教協（民間放送教育協会）との関係についてお伺いしたいと思います。というのも全国的にはフジテレビ系列はあまり入っていませんが、民放のこれまでの歴史と重なってくるところがあると考えられるからです。
糠澤　民教協は、キーステーションである「テレビ朝日」を含め34局で構成されております。お話の通り、フジテレビ系列で加盟しているのは、沖縄テレビ（OTV）さんと私共の福島テレビ（FTV）の2局だけです。各エリアとも最先発のラ・テ局が多く含まれています。東北6県では北から申し上げますと、青森放送（RAB／日本テレビ系列）、IBC岩手放送（TBS系列）、東北放送（TBC／TBS系列）、秋田放送（ABS／日本テレビ系列）、山形放送（YBC／日本テレビ系列）、そして、私共福島テレビ（FTV／フジテレビ系列）ということになります。新潟エリアは新潟放送（BSN／TBS系列）です。ご承知の通り、現在のテレビ朝日は、日本教育テレビ（NET）として開局しました。テレビ放送の目的として、国民（視聴者）の生涯教育、社会教育、学校教育、家庭教育に資するという考え方がございます。したがって、教育コンテンツの構築を継続して行うという方針を掲げ、番組制作費を各エリアの最先発局で構成する加盟局の負担金によって賄うとともに、一部は文部省（現文部科学省）からの補助金によって支えてもらうという考え方のもとに、この組織が立ち上がった経緯がございます。基本的に番組のための基金がしっかりしていませんと民教協という組織は成り立ちません。こうした中で、フジテレビが開局し、テレビ東京が開局し、その後BSチャンネル、CSチャンネルといわゆる多チャンネル時代を迎え、国がコンテンツ制作費を支える整合性についてさまざまな議論が出てきたわけです。しかし、国民の教育に資するという目的で「民教協」加盟各局が地域と人々を労わり、人と人との交流によって愛を育むという立場でしっかりとした番組作りをしてきたことも事実です。いわば、相互の信頼関係と歴史的な経過があって、今も民教協はしっかりと歩み続けていると申し上げてよろしいと思います。ただし、特に関東エリアをはじめ大都市圏（人口集積地）の放送枠等については、視聴率の低い早朝や深夜帯になってしまうという課題があります。私共のローカル局の方が民教協作品をずっとよい時間帯で放送して参りました。そうした中で、ことし2013（平成25）年、福島テレビが企画制作した原発事故避難地区の実態を訴えた「キ・ボ・ウ～全村避難福島県相馬郡飯舘村2年の記録～」が民教協スペシャル（最優秀賞）に選ばれ、同時にこの作品が民間放送連盟のテレビ社会教養部門でも最優秀賞を獲得し、たまたま開局50周年の年の栄誉に全社が大きな喜びに包まれました。何と申しましても「テレビは番組が命」ですから。

これからも自社制作の番組づくりに全力で取り組んで参ります。

糠澤修一（ぬかざわ・しゅういち）

代表取締役社長

1940年福島県生まれ。1963年入社。報道部記者（社会部・県政担当）、1987年報道部長。のち編成局長、報道制作局長を経て1999年常務取締役、2003年専務取締役、2005年代表取締役副社長。2009年より現職。報道部長・報道制作局時代、先人顕彰番組（古関裕而、朝河貫一、斎藤清）や特別番組「うつくしま百名山」「福島のまつり50選」「福島の音30選」等を制作。

矢部久美子（やべ・くみこ）

取締役編成局長

▶まとめと解説――北海道・東北編

2011年3月11日、東北地方を中心に未曾有の災害が発生した。東日本大震災であり、その後の福島原発をめぐる災害である。北海道・東北地方に関しては、この災害を抜きに考えることはできない。直接被害に見舞われ、災害とその後に対応した放送局もあれば、近隣地域として応援を含めて諸種の対応をした放送局もある。その、それぞれに多忙な状況が今も続くなかで、この地域では北海道放送、IBC岩手放送、山形放送、福島テレビの4つの放送局がインタビューに協力してくださった。

災害は、各放送局にとっての、「地方局」としての役割をより一層顕わにしたのではないだろうか。とくに被災地を直接放送エリアに含むIBC岩手放送と福島テレビは、地域の放送局の役割――地域に寄り添う、地域住民にとって必要な情報とは何か――に直面しながら「災害報道」にあたってきた。そうしたもののなかには、たとえば1982年の長崎大水害にあたって長崎放送がおこなったラジオを通じての安否情報からの教訓に基づいた放送があったりと、地域に密着する、地域の民間放送ならではの放送がおこなわれた。

他の地域でも同様であるが、地域にとって必要な情報、地域に密着した放送といったように、「地方局」であるがゆえに、その地域との関係性に多くの地方放送局は焦点をあててきた。その上で、災害などを含めたその地域に特有の「問題」が焦点化すると、より一層その姿勢がクローズアップする。その結果、地方局とキー局のあり方に若干の位相差が生じる。一方は、そこにあり続け、住民の視点と一体化する方向へ、他方は、一過性の、あるいは次第に薄れ「周年化」したり、トピックにあわせて焦点化するような方向へ、と。「聞きたいことだけ」「撮りたいところだけ」でいなくなってしまうようなキー局に対して、地方局はそこにあり続けなければならない。それゆえ、当然のように、「誰にとって必要な情報か」は自ずから違ってくるし、「誰の声を聞くか」も違ってくる。いつでも「わたしたち」の声を聞き、「わたしたち」に情報を届けてくれるのは地方放送局ならでは、だ。

もっとも、「地域に根ざして」という、ある意味では「ヴァナキュラーな」ともいえる放送局のあり方は、災害などの「問題」に際してのみ顕在化するわけではない。「通常」放送も含めた多くの場面に見られることは、各局のインタビューからもうかがえる。さらに「通常」放送だけではなく、各放送局とも、地域社会の諸種の行事や諸施設などにも積極的にかかわり、たとえば山形放送の「花笠音頭」などにも、「地域に根ざして」の姿がみられる。

その上で、各局ともが番組を自社制作し、諸種の放送番組に与えられる賞へ積極的に応募してる。とくにドキュメンタリーに多く力を注いでいるようであるが、その制作のあり方にも、「地域に根ざし」た放送局のあり方がみられる。

とはいえ、「地域に根ざして」「地域に密着して」が地方に自閉することを意味しているわけではない。それは、北海道放送の溝口博史氏の考えを敷衍すれば、「グローカル」ともいえるような立場である。「グローカル」な放送、それこそが地方放送局ならではの視点なのかもしれない。その延長上に、国際市場も開かれてくる可能性がある。

それをふまえて、先の「災害報道」を振り返ってみれば、とりわけ「原発問題」は単純にローカルな問題とはいえず、「国家」や「東京」の視点をも越えた、グローバルな視点が要求される。かといって、グローバルな視点だけでは、そこに暮らす地域住民の視点は置き去りにされる。「国家」や「東京」の視点ではなく、ローカリティーに根ざしつつグローバリティーに視野を開く、それこそ地方放送局の真骨頂なのではないだろうか。そして、それはキー局にはもちえない視点でもある。

［小林義寛］

Ⅱ　甲信越編

新潟放送

社　名　　　：株式会社新潟放送
略　称　　　：BSN（Broadcasting System of Niigata Inc.）
本社所在地　：新潟県新潟市中央区川岸町三丁目18番地
資本金　　　：3億円
社員数　　　：152人

コールサイン：JODR（ラジオ）／JODR-DTV（テレビ）
開局年月日　：1952年12月24日（ラジオ）／1958年12月24日（テレビ）
放送対象地域：新潟県
ニュース系列：JNN
番組供給系列：JRN・NRN（ラジオ）／TBSネットワーク（テレビ）

苅部秀治　（総務部長）

聞き手：米倉 律
インタビュー日：2014年10月21日

▶ラジオ放送、テレビ放送のスタート――めずらしい上場ローカル局

――本日は、新潟放送が、地元の新潟とどのような関わりをもってきたのか、今後を展望するうえで、今どのようなことが課題になっているのか、などについて伺いたいと思います。まず、新潟県の放送界の特徴、その中での新潟放送の特徴、独自性からお聞かせください。

苅部　新潟県は、地理的な特性として四方を山に囲まれていることもあり、北陸とも中部地方とも異なる独自性を持つ県です。電力は東北電力の管轄ですし、NHKは東北（仙台）とも関東（東京）とも区別され独立したような形になっています。面積は全国で5位と広く、離島が2つありますし、海岸線もトータルで600キロメートル以上と地理的にも特徴があります。

さらに、今年（2014年）は御嶽山（おんたけさん）の噴火、8月には広島の土砂災害がありましたが、新潟は、冬の豪雪、地滑り、水害など、災害多発県でもあります。災害というのは全国で起きるわけですが、頻度でいえば、新潟はかなり高いと思います。昭和初期からの地滑りの発生率が全国ナンバーワンという数字もあります。新潟の場合、災害をどう放送で伝えるかは常につきまとう課題ですね。

新潟放送は、昭和27（1952）年にラジオ局から始まったわけですが、開局から3年後の昭和30（1955）年10月1日に新潟大火があり、そこで災害放送を行うことになりました。テレビが始まったのが昭和33（1958）年ですが、それから数年後に有名な「三八豪雪」というものすごい豪雪があり、さらにその翌年の39（1964）年6月16日には新潟地震がありました。

最近ではちょうど10年が経ちますが、中越地震（2004年10月23日）と、その3年後に中越沖地震がありました。そのように多発する災害について、どのようにいち早く正確な情報を届けるかというのが、新潟放送の創立当時からの使命として、また自負として、綿々と受け継がれてきているように思います。

ラジオのスタートが、昭和27（1952）年、テレビが昭和33（1958）年です。ラジオ時代からお話しすると、昭和26（1951）年に民放16社がラジオの予備免許を受けています。そのときには新潟はまだ準備に入っていませんでしたが、新潟日報社という新聞社を中心に、地元の政財界、自治体をあげて、新潟県に

もラジオの電波がほしいということで、運動が一気に盛り上がります。その結果、民放では18番目の局として、翌27年に開局したわけです。それまではNHKしかなかった放送が民間にも開放されるということで、まだ戦後6〜7年の時代ですから、当時の記事などをみると民放への期待は大変大きかったようです。新潟放送は当初、「地方民間放送のモデルステーション」というキャッチフレーズを掲げており、かなりの意気込みだったことがわかります。

営業も順風満帆でした。テレビ開局時も民放1社独占の状態でした。当初からTBS系列でしたが、民放1社ですから、民放の番組は、日テレ、テレ朝、フジテレビのものも含め、すべて新潟放送を通して放送される形でした。そういう状態が、昭和42（1967）年に新潟総合テレビが開局するまで続きました。ほかの県も、古いところはたぶんそういう状況だったと思います。テレビも、ラジオも、独占状態が昭和40年代初めまで続きました。テレビというビジネスモデルが最大に開花した、非常にいい時代だったということです。高度経済成長とまったく同じ歩みで、特になかなか他社が参入しない状況がずっと続くわけですが、新潟総合テレビ（フジテレビ系列）が昭和42年、テレビ新潟（日テレ系列）が昭和56（1981）年、その2年後に新潟テレビ21（テレビ朝日系列）ができて、ようやく4局体制になります。

——地元での影響力も大きかったでしょうね。

苅部　そうですね。地元の有力企業として大きな影響力があったと思います。新潟放送は、ジャスダックに上場しています。全国的にも株式上場している民放局は、キー局を除くと名古屋のCBC（中部日本放送)、大阪のABC（朝日放送)、福岡のRKB（RKB毎日放送）くらいですし、ローカル局としては新潟放送1社だけです。それだけの地元の有力企業だったということです。勢いがあった時期ですね。新潟市は、今は合併して政令指定都市になっていますけれども、それ以前も、人口が約40万人弱ぐらいで推移していて、当時から日本海側で最大の都市でした。県の人口も、明治初期〜20年前後には、全国の都道府県で最も多く、東京よりも多かったようです。その後、労働力を首都圏や阪神方面に供給していって、徐々に減っていったわけですが、新潟県は大県だったわけですね。

——放送局として、特にローカル民放局として上場することのメリットは、どういうところにあるのでしょうか。

苅部　確かに、株式市場から資金調達するわけでもないですし、逆に上場にはコストも人手もかかったりして、上場するメリットというのはわかりにくいかもしれません。我々ぐらいの規模の会社ですと、資金調達よりも、経営の全てを開示するということで、株主に対して緊張を持った経営をすることになる、そういう意味でのメリットが大きいかもしれないですね。放送局という業種は得てしてどんぶり勘定になりがちですが、上場していますと、例えばCSR（企業の社会的責任）の観点にしてもそうですし、環境問題などに関しても、株主のほうから「どうなっているんだ」と必ず出てくるわけです。それに対する答えを出さなければいけない。健全性やガバナンスの確立という意味でのメリットが大きかったように思います。

——子会社を積極的に設立して、グループ展開を図るというねらいもあったようですね。

苅部　これは当時、ある種の流行だったのですが、各業界でコンピューターを導入し始める昭和30年代中頃に、放送業界でも衛星放送などいろいろなことにコンピューター関連の機器が必要になりました。そこで、コンピューター関係の子会社を作りました。当時の社名はBSN電子計算センターですが、今この会社は、グループの中で売上、営業収益がいちばん大きくなっています。現在、放送収入だけですと年間の売上は65～67億円ですが、グループ全体で見ると220億ぐらいあります。そして放送外の収益の中心になっているのが、コンピューター関連です。ほかにも、不動産やビル管理をやっているBSNウェーブという、これも昭和30年代につくった子会社などがあります。

　ですからローカル局とはいえ、グループ全体では、社員、家族含めて2000～3000人という規模になります。その意味で、存在意義というか、単にテレビ、ラジオだけを経営しているというのとは異なって、やはり地域経済の中でそれなりの地位を占める企業グループになっているわけです。

▶独自性の追求──新潟のことをもっと知りたい

──地域放送としての独自性ということではいかがでしょうか。

苅部　今はどの局でも、夕方のローカルワイドニュースをやっていますが、その先駆けになったのは、やはり当社です。始めたのは昭和54（1979）年です。ちょうど、ENG（小型ビデオカメラとVTRを組み合わせたニュース取材方式）が入り始めた頃ですが、夕方に帯で月〜金のローカルニュースを始めました。当時は、そういう夕方のローカルワイドニュースというのはなかったですから、夕方の視聴率が20％を超える時代が長く続きました。地元への情報発信という意味では、当時は大きな貢献をしていたと思いますし、その分地元からの信頼も大きかったと思います。

ちょうどその頃は、新潟から東京までの新幹線が開通する前夜です。上越新幹線が開業したのが昭和57（1982）年です。また、昭和60（1985）年には関越自動車道が全通しています。ちょうど、新潟が飛躍した時期と重なる頃ですよね。そういう時期に初めて月〜金の帯でローカルニュースを始めたということで、これは今でも続いているわけですが、地元では夕方になるとそのニュースを見るというのがしばらく続きましたね。

──ニュース以外では、特色ある番組にはどういうものがありますか。

苅部　水曜日に、7時からのゴールデンの枠で「水曜見ナイト」というローカル番組をやっています。以前は不定期で、年に5本程度しか放送していませんでしたが、これを拡大して、今では年間25本ぐらいは放送しています。この時間帯は、キー局がバラエティや歌の番組などいろいろな番組をやっていて、NHKはニュースと「クローズアップ現代」をやっていますが、ただ、ローカルのネタでも視聴率を結構取れるんですね。場合によってはトップを取ることもあります。ということは、やはりキー局の番組だけではもの足りない、もっと地元のことを知りたい、新潟のことをもっと知りたいという人がかなりいるということですね。今は他局がやっていないということもあって、ゴールデンで独自性が出せている番組ですね。

この番組は、高い時は視聴率が16〜17％ということもありますし、コンスタントに13%くらいは取れています。大体、トップは民放4局で行ったり来たりなんですが、場合によっては取れるということです。
——内容的にはどういうことをやっているのですか。
苅部　基本的にはグルメであったり、まち歩きであったり、あるいは企業の紹介もあります。あらゆるものをやっています。例えば、今週は、ちょうど中越地震から10年ということで、リポーターがまち歩きをしながらインタビューをやります。10年前被災地だったところが今どう変わっているかということで、地域の人たちとふれ合いながら、単なる情報ではなく、少し報道的な部分も織り込んでいます。それから、夏に長岡で有名な花火がありますが、その時には生で拡大して2時間枠にします。今年もやりましたが、そうすると最高で17%くらいいきます。花火をテレビで見てどうかなというのはありますが、生でやるということで話題になりますね。
　ご存じのように今、キー局がゴールデンで苦戦しています。けれどもキー局のせいにだけはしていられません。やはりローカルでもゴーデンで見てもらえる番組をつくらないと。それがなくなってしまったら、ただ「キー局の番組で数字が悪い」と嘆いているだけになってしまいますので。このあたりが、これからの鍵になってくると思います。
——「水曜見ナイト」は、どういう経緯で始まったんですか。
苅部　実は、もともと夕方の月～金で、ローカルニュースのほかに情報番組をやっていました。4時から5時までの1時間枠です。それをやめて、そのかわりにゴールデンで勝負しようということになったわけです。夕方の時間帯の番組は、大体、役目を果たしただろうと。今でも日テレ系列のテレビ新潟はその枠でやっていますが、テレ朝系のところも撤退しましたし、うちもそこはやめました。キー局のニュースが1部、2部制のような形になっていますし、あるいは人気ドラマの再放送で高視聴率を上げている局もあります。やはり各局の戦略ですよ。ニュースよりも、キー局のまま、あるいは数字の取れるリピートを流して、その代わりに別の番組をやろうかということになってきました。夕方の情報番組は5年間やって数字もよかったのですが、長くやっているとマンネリにもなりますし、他の番組を制作する人手が足りないというようなこともありましたし、制作費もそれなりにかかっていたということもあって、とりあえずいったん打ち切って別な形でやろうということになったわけです。結局、情報番組をやっていたディレクターたちがスライドして、水曜の番組を制作しているわけですが、その時のノウハウが今も生きていると思いますね。

▶ジャーナリズム追求と経営のジレンマ――「現場の余裕」がない時代

――苅部さんは、長く報道番組、情報番組の現場やデスクの仕事をされてきたということですが、その間に何か変化のようなものはありましたか。

苅部　感じますね。かつてはENGで取材して編集して、ストレートニュース（用意された原稿を読み上げるニュース）も企画のニュースも、ある程度の時間をかけてつくり込んでいたわけですね。それが放送機器が進化するとともに、徐々に仕事のスタイルが変わっていきました。私が入った時はSNG（通信衛星による現場からの映像・音声の送信システム）も、当然パソコンもありません。まだ電話送稿をやっていた時代です。ファックスも普及していませんし、コンビニなんてほとんどない時代ですから、電話を使い口頭で原稿を送って、それを本社で受けて、カーボン紙を敷いた原稿用紙に書き写すということをやっていました。かなり手作り感のあるニュースが当然多かったですし、つくり込んでいたものもありました。

それが時代とともに、SNGができて、いつでもすぐに電送できるようになりました。最近では、パソコン1台持っていけば、データがネットの回線を通じてすぐに送れてしまうという機器もあります。それから中継も、昔の地上マイクロも、アナログ中継車から、今はデジタルになっていますが、それがSNGにかわり、どこでも中継できるようになった。さらに、去年くらいから導入され始めていますが、パソコン一式持っていって、簡易カメラみたいな形ですぐに中継できるというシステムもあります。しかもそれがちゃんとハイビジョンで出せるわけです。スタッフ3人ぐらいでどこでも中継できる。変化が非常に激しい。

それとともに、ニュースや情報が、どうも使い捨てのような形になっていることが気になります。中身よりも数をこなせ、というような部分が強くなっているのかもしれません。情報の速報性、即時性が求められる一方で、陳腐化するのも早くなっている。発表物を出すことに終始してしまうことの弊害はよく指摘されますが、そうなると通信社の記者と変わらなくなってしまう。ニュースに対しての取材力とか掘り下げ方とか、そういったものがちょっと希薄になってしまうのではないかという危機感が、個人的にはありますね。

それから、これもどこの局でもそうですが、社員数が減っていますよね。その分、外注にまわっている。プロダクションなどさまざまなところにアウトソーシングしていくわけです。当社もピーク時は300人近くいた社員が半分以下の140人くらいになっています。私が入社した頃は、外注というのはほとんどなくてみんな社員でやっていたし、人数も当然多いわけですよね。昭和30年代のように、黙っていても利益が上がるビジネスモデルが崩れてくると、当然アウトソーシングでコストダウンを図る。そうなると、やはりディレクターにしても記者の数にしても、いろんなところで人員はどうしても減っていくわけです。

その結果、現場に余裕がなくなってきました。昔は何かをリサーチしている記者が何人かいて、あとは遊んでいる記者というか、何やっているかわからないみたいなのがいっぱいいました。サツ回りなんて、昼間は寝ておいて、夜動けばいいんだよというような時代があったのですが、今はどこの社でもそんなことは許されないということで、どんどんサラリーマン化してきた。そういうことも古い人間からすると、ちょっと危惧されるような感じはしますね。もう自由闊達にいろいろやれる時代ではなくなっているんだなという気がしています。

今はひとつのニュースが終わったら、次にまたどんどん新しいものが入ってくる。官庁からの発表物を映像化して出し続ける作業に追われているような感じがあります。だから今の若い社員たちをみていると、ジャーナリスティックな視点を養うべき若い時期に、自由に動きまわる余裕がほとんどなくなっていて、少し気の毒だと思うこともあります。

——現在、記者と制作、ディレクターの割合はどのくらいですか。

苅部　人数的には制作のディレクターと記者は、ほとんど同じくらいです。報道全体では、私の頃に比べると3割ぐらい減っています。
——記者はアウトソーシングできないですよね。とすると、記者は以前と比べて相当繁忙感が増しているわけでしょうか。
苅部　そうですね。私の駆け出しの時は、県警、司法、県政には、それぞれ記者クラブの常駐が3人、当たり前にいたのですが、今は常駐はいません。何かあれば行くという形になっています。結局、ほかの企画、ニュース取材をしていて、クラブに張りついている人間はほとんどいない。それはどこの社もそうです、新聞も含めて。
——しかし、さきほどのお話にもありましたように、新潟は非常に大きな県で、それだけ県の中でも多様性があるはずです。そういう多様な情報をきちんと扱っていく、取り上げていくということはローカル民放局の大きな役割ですよね。今のお話のような、非常に厳しい体制で、そういうジャーナリズム機能を十全に発揮することは困難になっているということでしょうか。
苅部　そうですね。新潟県の富山県寄りに上越市という町があり、ここにはまもなく北陸新幹線が通るわけですが、その上越には、かつては支社があり、放送部門ももちろんあって記者とカメラマンが常駐していました。しかし、10年ほど前くらいから記者をなくしてカメラマンだけという体制にしている時期がしばらく続きました。ほかの民放局も同様で、やはり記者はなしです。カメラマンも、地元のプロダクションとか、あるいは写真屋さんなどに頼んでというような。かつては上越市に各社、テレビの制作体制をおいていたのが、徐々に人を引き揚げていってしまったわけです。

しかし、北陸新幹線も通るということもあり、新潟放送では記者を復活させました。新幹線が停まる駅で、記者がおらずカメラマン1人というのでは、やはりまずかろうと。ただ、ほかの社はなかなかそこまで手が回らない状況です。

新聞も含めて、小さい支局をどんどん閉じて合併したり統合したりする動きが多くなっています。人員削減や合理化というのは、NHKなども含めて同じ流れだと思います。佐渡もそうです。佐渡には、本来はいろいろなニュースがあるのですが、各社やはり契約のカメラマンだけというような状態です。このようにローカル放送業界では、支局・支社を統合・閉鎖するというような動きがずっと続いています。
――その縮小傾向というのは、おおまかにいうといつぐらいから始まっているのですか。バブル崩壊くらいからでしょうか。
苅部　民放は、バブル経済が崩壊してからも、しばらくの間は右肩上がりが続いて、1996（平成8）年くらいまではよかったんです。00年代に入って、ネットが急速に伸びてきてからですね。それからリーマンショックがあって、軒並み大変になってきたという感じでしょうか。2000（平成12）年に入ってしばらくして、上越市から記者を引き上げたわけですが、そうなると必然的に上越市でのニュース取材は手薄になります。熊が出たとか、地滑りがあったというような発生ものはカバーできますが、上越市の経済がどうなっているのか、政治がどうなっているのかというようなことは、県内のローカルニュースにはなかなか出てこなくなってしまう。やはりこれではまずかろうということになったわけです。
――この10〜15年で体制の縮小傾向が進んできたということですが、そのことがローカルニュースの中で伝えられる情報の、目に見える形での変化につながっているのでしょうか。
苅部　そこまでは、まだいっていないと思います。報道に関しては、聖域的な部分もあって、大きな全国ニュースになれば、各局で出し合っている基金の中から、予算・費用が出るということもありますし、まだそういうしわ寄せは報道にまではきていないと思います。ただ、重要なニュース報道のためなら、潤沢にどんどん経費を使って取材しなさいという時代では、もうなくなっています。もちろん、地震など大きな災害があれば、当然それなりの人も物も投入しますけれども。
――制作のほうでアウトソーシングが進んでいるということですが、そちらはどういう状況でしょうか。
苅部　東京でもプロダクションは若い人がなかなか長続きしないといわれていますが、ローカルではそれ以上に人材が少ないというのが決定的にあります。地元のプロダクションというのは何社もあるわけではありませんし、人材もたくさん集まらない。高齢化も進んできていますし、ローカルでアウトソーシングしようにも、なかなかしにくいという問題が出ています。新潟にある制作プロダクションは、中小含めて、10社に満たないと思います。カメラマンにしてもディレクターにしても、40代後半、50代半ばぐらいが多く、かなり高齢化してきています。
——制作者ということでは、時間をかけて番組を制作し、地方の時代賞やギャラクシー賞といった放送業界の賞をねらいにいく、といったディレクターや記者をごく少数でも抱えているというようなローカル民放局があったと思いますが、新潟放送はそういう面ではいかがでしょうか。
苅部　確かにそういう人がいましたね。新潟放送でいえば、原発関係の取材・制作のところに専従、または半専従する人が2～3人いました。今、原発再稼働のことで持ち切りですが、新潟には、ご存じのように柏崎に7基、合わせて世界最大出力の原発があります。ここは東京電力です。新潟県は東北電力の管轄になっていますので、東電とは別に東北電力も新潟県の旧巻町というところに原発を建てようとする数十年来の計画があり、地元では反対の声もあってという状況が続いてきました。そして95年2月に、日本で初めて原発の賛否を問う住民投票がありました。地元住民全員で決めるんだという。最終的には結局、原発を作ることはできず、計画は白紙に戻りました。そのプロセスをずっと追った番組が、ギャラクシー賞や地方の時代賞など、いろいろな賞を取りました。
　そのほかにも自然科学の分野ですが、イワナ（岩魚）の生態を追い続けるというような番組も制作されて、これもいろいろ賞を取っています。当時は、専らそういう仕事をする記者がいましたが、そういう記者は、「君はほかのルーティン業務はいいから、それだけやっててよ」というのが許される時代でしたね。さきほど、90年代半ばぐらいまでは売上が多かったという話をしましたが、その頃はまだそういう余裕があったわけです。

▶デジタル時代・インターネット時代におけるローカル民放局の戦略

——00年代以降は、さきほどお話のあったインターネットの普及ということに加えて、デジタル化対応ということも大きな問題だったと思います。そうした中での新潟放送の基本的な考え方や施策は、どのようなものだったのでしょうか。

苅部　地上デジタル化への対応は、どこの局でもあれだけの設備投資をして、かといって収入は全く増えないわけで、非常に重荷になりました。ではデジタル化によって、それに対応したコンテンツを開発したかといわれると、まだまだまったく進んでいません。

インターネット関係も状況は変わりません。当社はラジオをやっていますが、スマホなどのデバイスに合わせてどうサービス展開するかということは少しずつやってはいますが、これによって画期的に経営が変わるとか、大きな収入源になるというような段階ではありません。それよりも今、中波（AM）について、FMの強靱化ということで補完放送しなさいというような動きが出てきていて、それに向けた新たな設備投資も出てくるでしょうし、それから映像では4Kや8K（現在のデジタル放送よりさらに高画質な映像）への対応も迫られるようになるでしょう。ここ数年、あるいは2020年の東京オリンピックに向けて、ローカルでもまた新たな設備投資がかなり重荷になってくるような気がしています。

——経営環境という面でもさらに厳しさを増していくということでしょうか。

苅部　そうですね。我々の立場からすると、ナショナルスポンサーだけではなくて、当然、地元の小さな商店に対する営業は重要です。一件の額は小さくても、積み上げれば大きな額になるわけですから、日々の営業活動は大事にしていますが、地元の企業や商店の経営者も、代替わりが進んでいて30代、20代と若くなっています。彼らは地元のラジオやテレビに、媒体価値をかつてほど見出していません。インターネットを使って直接BtoCで売れる時代ですから、そちらのほうにお金をかけようと考え始めているのです。ラジオやテレビの広告も、もう少し値段を下げてくれれば出してもいいですよ、というような雰囲気になってきています。そういう意味では非常に厳しい時代にはなっています。

例えば自動車にしても家電でもそうですが、業界の寡占化がある程度進んできて、日本を代表するような広告主が、日本はこれから人口が減るということで、海外を中心にCM展開を考え始めているわけですね。それと同様に、新潟は人口が減っていくから、ほかの県に向けてネットでCMを流したほうが効率がいいと考えるわけです。地域のテレビ、ラジオの電波はもう使わなくてもいいだろう、そういう時代になりつつある。だから、媒体価値をどう維持していくか、あるいはどう高められるのかというのが、これからの死活的なテーマになります。最終的にはやはりソフト、コンテンツの問題になると思いますので、毎日この時間帯になったらローカル放送を見てくれるとか、企画したイベントなどに多くの人を集めるとか、そういったことをやらないと、当然、先細りになっていってしまうでしょう。

ラジオは特にそういう側面があります。当社は、ラジオ・テレビの兼営局で、それは一種の強みであるわけですが、同時にそれが弱みにもなっています。ラジオの売り上げは、全国的にそういう傾向ですがピークから半分以下になっていて、本来期待されるはずのシナジー（相乗）効果がなくなっています。民放連の数字では、中波の売上のピークは1991（平成3）年で、全国で2040億円だったのが、今、845億円にまで減っています。

放送だけでなく、地域紙も状況は変わりません。人口が今後増える見込みがないうえに、景気は悪いですし、若者が新聞を購読しない、年金生活者も取らない、過疎化・限界集落が増える、そもそも配達する人も減っていくという中で、部数がこれから伸びることは難しいのではないでしょうか。

――地域におけるジャーナリズムを考えた時に、ジャーナリズムの最も基本的な多様性の原則、つまりローカリズムの足場の部分がメディア環境の変化で相当揺らいできているということでしょうか。

苅部　そうですね。ですから、本当にこのままだと、地元にいいものがあっても、そういうものについて十分な取材ができない、放送ができない、知らないうちに消えていくみたいなことも出てきてしまいます。現状がどうなっているかというところにすら手が届かなくなってきているとすれば、非常に危ないと思いますね。また、そういう状況をどう打開するかについて社内的な議論をやるべきだとわかってはいても、みんな日々の仕事に忙殺されてままならない、ということもあります。

ラジオ離れといいましたが、テレビも同様です。地上波にとってはBSもライバルになっているということもあります。BSが登場した1990年当時、これはすごいライバルになる、地上波とのあいだの棲み分けが進む、ということが言われましたが、しばらくのあいだはBSも赤字が続いてきました。しかしここにきて、BSは黒字経営に変わってきています。確かにいい番組をやっていますし、中高年がかなり見始めています。そういう全体状況を考えると、やはり投下される広告料がこれから飛躍的に伸びることはまずあり得ないわけです。がんばってもせいぜい現状維持できるかどうか、というような限られたパイを、新潟でいえば4局で争うという図式になっていて、今後どうなるかまったく先が読めないという状況です。

新潟県の人口は、ピーク時の1997年に249万人と、あとわずかで250万人というところまでいきましたが、その後は減少に転じ、今230万人になっています。このペースでもう30年もすると、180万、170万になっていき、当然市場規模は縮小せざるを得ない。そのとき果たして民放4局全部が残っているのかというのは誰にも読めません。いずれ、2020年の東京オリンピックが終わった頃が分岐点になるかもしれず、その後は経営統合や再編といった動きが出てきても全然おかしくありません。「護送船団」で今まで生き長らえているのは民放業界ぐらいのものですからね。

▶地域の災害報道の担い手として――災害多発県と原発

――冒頭にもお話がありましたが、新潟は災害が多いということで、新潟放送の歴史は災害報道の歴史でもあると思います。災害報道の展開に着目すると、新潟放送にはどのような特徴があるでしょうか。

苅部　本当に新潟は災害が多いです。そのために、災害に対する迅速な対応というのは、当社のいわばDNAのようなものとしてあると思います。10年前の中越地震の発生時、土曜日の夕方だったのですが、すぐに当社の判断でCMを飛ばして6時間生で地震情報を出し続けるということをやりました。ほかの局では、営業などの絡みがあってそのようにCMを飛ばすというようなことはなかなかできませんが、当社の場合はスポンサーにはあとで謝りにいけばいいということで、災害情報を流すところではかなり徹底しています。

ただし、最近では、大規模災害になると、全国から応援をもらって対応するという形が常態化しています。震度5強以上だったら、同じ系列の局から連絡もなしで中継車や応援部隊が集まってくるような仕組みになっています。

そういう意味では今の災害報道は、系列の力ということにもなります。それが試される。東日本大震災の時も、東北地方の取材は私どももしましたが、重油がなくなれば自家発電ができず、取材も不可能になります。したがって、ロジスティックの体制も重要です。そうなると、いかに系列全体が後方支援できるかが問われます。やはりこれからの災害放送・報道というのは、ネットワークの日頃の備えやバックアップ体制にかかっているような気がしますね。ひとつの局だけで対応できるような災害は、最近はあまりありません。災害の規模がどんどん大きくなっていますから。とりあえず最初の24時間・48時間は自前でやりますという形になると思いますが、1週間続けて徹夜で働くわけにもいきませんから、あとは系列の物量作戦でやろうということですね。

新潟放送の場合には、結局、昔から大きな災害報道をたくさん経験してきていますので、やはり他局にはない強みのようなものがあると思います。例えば、震度3、4程度の揺れの場合でも、報道以外の社員たちが自主的にどんどん集まって来るんですね。揺れを感じてこれはちょっと大きいぞとなると、いろいろな部署の人間が来るのがこの社の常識のようになっています。あるいは、1時間に70～80ミリぐらいの豪雨ですごい雨だなと感じたら、ちゃんと自主的にアナウンサーや記者が来たりとか、そういうことが身に染みついているという気がします。

――東日本大震災のとき、新潟は被災者の受け入れをしましたが、そういうことへの対応はどうだったでしょうか。

苅部　特に福島の被災者が新潟に避難して来られました。まだ4千人以上いると思いますが、ピーク時には1万人を超えていたと思います。ですから、被災地の情報だけでなく、避難されてきた人たちの報道もかなり手厚くやりました。

1万人単位で新潟に来ていましたので、同じTBS系列のテレビユー福島のニュースをうちのローカルニュースに入れました。つまり、新潟県に避難している福島県民向けのニュースを放送したということです。昼の3分ぐらいのニュースの素材をそのまま受けて、それを夕方のニュースで放送しました。今日は福島の何々町ではこんなことがありました、ここはようやくインフラが復旧しましたというような生活関連情報等を、新潟に避難している福島の人たちはわからないわけですから、ニーズがあるだろうということで、半年くらいは続けたと思います。

——原発に関してはいかがでしょうか。

苅部　再稼働を早く求める声と、やはり福島の検証が済まないうちは、絶対再稼働はダメだという県知事がいたりして、そのあたりはやはりニュートラルな立場で報道しています。いずれにせよ今後、再稼働に向けて、紆余曲折が出てくることが予測されます。そのプロセスについては相当力を入れて取り上げていくべきだと考えています。

全国的にどうなっていくかまだわからない状況ですが、新潟でいえば柏崎刈羽原発が再稼働しない限り、東京電力は経営的にかなり厳しいことは確かでしょう。原発城下町の地元にとっては、町の衰退につながっていることもある。他方で、やっぱり反対の声も根強いものがあります。再稼働については向こう2～3年ぐらいが勝負になると思います。もともとは田中角栄元首相が誘致したわけですが、7基もの原発を抱える地元局の責務として、この問題はしっかり取材していかなければならないと考えています。

▶地域固有の社会的、文化的問題にどう向き合っていくか

——地域固有の問題としては他にはどのようなものがあるでしょうか。またそれらについての報道はどうなっているでしょうか。

苅部　あまり知られていないかもしれませんが、新潟水俣病が来年（2015年）、確認から50年になります。未だに患者あるいは認定患者の裁判が続いていますが、熊本の水俣病の原因がわかっていながら、新潟では放置されていて、発表が遅れたから被害が拡大したということがあります。この問題は今でも続いていて、未だに後遺症のある人がいるわけです。これはまさに新潟に特有の事象、社会問題なわけで、この50年間を総括しつつ、継続的に取材をしなければと考えています。

被害者の会の関係者が高齢でどんどん亡くなっていっています。これもやは

りまだご存命のうちに取材できる方については取材しておく必要があります。また、新潟水俣病とはいったい何だったのか、いろいろな公害病がある中でどういう位置づけになっているのかといった検証をやる必要があります。ただ、そういう問題を扱う記者自身にとっては自分の生まれるはるか前の話なわけで、勉強するのもなかなか大変になっています。今の若い人の中には、そういう公害病があったということ自体知らない人もかなりいるでしょうし、水俣病というと九州の話で新潟は関係ないというような感覚もあるかもしれない。ただし、地元のマスコミとしては、「今どうなっているか知りません」じゃすまないと思うんですね。

それから個人的には田中角栄元首相という政治家が残した遺産についても総括が必要だと思っています。田中角栄さんは、昭和40年代後半に総理になったわけですが、彼の政治が新潟を大きく変えたことは間違いない。利益誘導で公共事業の誘致だけが結果的に残ったままあるということもあります。北陸新幹線がまもなく開通しますが、結局、これだけ人口が減ってしまっている。個人的には角栄さんの没後20年という今のタイミングで、その時代の政治の総決算と、そしてその結果、今の新潟がどうなっているのかということを検証すべきだと思っています。

――しかもそれは新潟の問題であると同時に、日本全体の問題でもありますね。

苅部　そうだと思います。新幹線の問題でいえば、北陸新幹線の一番速い列車は、上越・糸魚川（いといがわ）には停まりません。今まで北陸方面に行く場合は、新潟県の湯沢を経由して乗り換えていたわけですが、そういう人たちが、これから素通りしてしまいます。そうなると将来的には上越新幹線の本数が減らされるんじゃないかといったことも懸念されています。上越市にとっては、久々の大型事業で、経済効果も見込めるんでしょうけどね。

そうなると、例えば越後湯沢なんかで以前からいわれてきたバブル経済の後遺症のような問題がさらに深刻化していくでしょう。越後湯沢にはたくさんのリゾートマンションがあって固定資産税がたくさん入るので、県内では3つしかない地方交付税の不交付団体です。市町村合併もせず、未だに湯沢町のままなのですが、バブル経済崩壊から25年ぐらいが経って、当初からいわれていたゴーストタウン化が深刻化し始めています。リゾートマンションが50万円以下で買えるというようなことも出てきていますし、管理も行き届かなくなり始めています。住んでいる人も高齢化していますし、あと10年経ったらいったいどうなるのかと心配されます。一時、リゾート地として、「東京都湯沢町」などといわれていたような町がどうしてこうなってしまうのかという、これも取材テーマとして大きなものだと思います。

——お話を伺っていますと、原発といい、田中角栄型政治といい、バブル時代のリゾート開発の問題といい、新潟固有の問題であると同時にまさに日本全体の問題でもありますね。深く掘り下げて、向き合って、取り上げていかなければいけない、ジャーナリズム上のテーマがたくさんあるように思います。

苅部　ほかにもあります。新潟は農業県ですから、米作に依存してきたわけです。しかし、米価が大幅に下がって立ち行かなくなっているうえに、後継者問題も深刻になっている。農業従事者の平均年齢が65歳を超えて、中山間地の田畑で放棄される土地がたくさん出てきています。TPPが脅威だなどという前に、「自然にもうくるところまできているんじゃないか」というのが新潟の人たちの思いではないでしょうか。新潟市が農業特区に指定されましたが、単純に「6次産業」（第1次産業である農業や水産業などの従事者が、食品加工〔第2次産業〕、流通・販売〔第3次産業〕まで行なうこと）を目指すといっても、結局、みんな何をどうしていいかわからない。秋田県も同じだと思いますが、国に頼ってきた農業県というのは本当に厳しい状況です。米価は「日本の保守王国」などといって安住していた時代の半額にまでなってしまっていますから。本当にいろいろな問題の縮図のような県です。

——今後、そういうさまざまな問題を取材してきた記録をどう残していくかということも重要になってくると思います。

苅部　確かにアーカイブとして残していかなければならないものがたくさんあると思います。例えば映像については、新潟大火とか新潟地震など、他局がそもそも持っていないようなものも含めて多くの映像があります。まだテープのままというものもありますから、これらを順次デジタル化していく必要があります。膨大ですからかなり経費もかかりますが、これらの映像は、新潟放送の大きな財産であると同時に、公共的な財産でもあると思います。

大きな災害や事件などの映像以外にも、昭和30～40年代の庶民の生活を記録したような映像もたくさんあります。ちょうど団塊の世代の人たちが小学校、中学校に上がる頃に、学校の教室が足りないとか、おむつ専門の洗濯業者が大繁盛しているとか、昭和40年代の減反政策前に米100万トンの増産を達成したとか、貴重な映像が残っています。これらの映像は、これからリタイアしていく団塊の世代の人たちにとってはとても懐かしいもので、そういう映像をもう一度見たいという需要は大きいかもしれません。

苅部秀治（かるべ・しゅうじ）

総務部長

1961年新潟県生まれ。1985年入社。報道カメラマン、報道記者、報道デスクなど、夕方のローカルニュース番組に22年あまり携わる。人事部を経て総務部長。

山梨放送

社　名　　　：株式会社山梨放送
略　称　　　：YBS（Yamanashi Broadcasting System Inc.）
本社所在地　：山梨県甲府市北口二丁目6番10号
資本金　　　：2億4000万円
社員数　　　：128人

コールサイン：JOJF（ラジオ）／JOJF-DTV（テレビ）
開局年月日　：1954年7月1日（ラジオ）／1959年12月20日（テレビ）
放送対象地域：山梨県
ニュース系列：NNN
番組供給系列：JRN・NRN（ラジオ）／NNS（テレビ）

望月俊相　（取締役放送本部長兼編成・制作・技術担当）

篠原公男　（取締役営業本部長）

土橋 巧　（経営管理本部審議室長）

聞き手：佐幸信介

インタビュー日：2014年11月7日

▶山梨放送の前史——野口二郎社長と山梨ラジオ研究会

——山梨放送（YBS）は、1954（昭和29）年に開局し、全国的にみても老舗の地方民放です。本日は、山梨放送の沿革を指標にしながら、これまでたどってきた山梨放送の歴史をお聞きしたいと思います。社史（『世紀をつなぐ　山梨放送開局45周年記念誌』）などを拝見しましたが、山梨放送の年表の行間のようなお話をお聞きできればと考えています。

篠原　山梨放送は、今年（2014年）の7月にちょうど60周年を迎えました。我々がちょうど同じくらいの年なものですから、開局の頃の話というのは、先輩方から聞いたり、資料を通して知る内容になります。山梨放送には「竜王会」という開局当初から働かれていて、現在退職されているOBの方々でつくっている会があります。今の局舎がある甲府とは別のところですが、テレビ開局にあたって局舎をつくったのが竜王（旧竜王町）で、会の名前はそこからつけられました。その会が今も続いているのです。そういう先輩の方々から、開局当時のまさに意気揚々と仕事に取り組まれていた様子や、今の30分の1位の額なのですが、実は初任給は幾らだったよとか、当時の実際の様子をお聞きすることもあります。

——竜王に局舎を作ったのはなぜでしょうか。

望月　山梨放送はラジオからスタートしていますから、ラジアルアース（放射状にアースをとること）の関係もあって、送信所には広い敷地が必要でした。また、甲府盆地を中心とした放送エリアをカバーするため、盆地の中心に近い竜王周辺が適地だったのではないかと考えられます。テレビの局舎はその隣に建てられました*1。

——地方民放の場合、ラジオからテレビへというときは、TBS系列に入るケースが多いように思いますが、山梨放送が日本テレビ系列になったのには何か理由があったのでしょうか。

篠原　社史でOBの方が書かれているのですが、山梨県人は巨人ファンが多く、日本テレビ系列はスポーツ中継も、プロレスも含めて盛んだったので、そこを重視したようですね。

——なるほど、そういう理由があったのですね。大事な理由であることは確かですね。その際にはトップの英断で決められたのでしょうか。

篠原　もちろん、最終的にはそういうことだと思います。

——テレビの開局が1959（昭和34）年といいますと、日本テレビが開局して6年後にあたり、早い時期に放送が開始されていますね。

篠原　ただ、テレビは昭和34年ですが、ラジオが始まったのが昭和29（1954）年で、テレビ以前にいろいろな準備が行われてきています。

望月　大正14（1925）年3月にNHKラジオの仮放送が始まりますが、実はそれより早く甲府で電波実験をやっているんですね。その年の1月に、後に山梨放送の初代社長となる野口二郎の呼びかけで「山梨ラジオ研究会」が発足し、3日間にわたってラジオの実験放送を行ったという記録が残っています。

——初代の野口二郎社長は山梨日日新聞からいらっしゃったのですね。野口社長は、放送の文化に対する関心や先見性が強かったのでしょうか。

望月　新聞社の社長でしたが、電波メディアにも関心を持っていて、非常に大きい視野で考えられていた方だと思います。いろいろなコメントや文章を見ますと、地域への奉仕ということを盛んにいっていますし、放送文化ということも強調しています。

——野口社長は、どういう経歴の方なのでしょうか。甲府出身の方ですか。

土橋　もともと野口家は徳島県大山村の出身で、野口二郎社長は甲府で生まれました。東京に出ていた父親の野口英夫さんが非常に優秀な方で、見込まれて山梨日日新聞の前身にあたる甲府日日新聞の主筆として山梨に招かれたそうです。大正11（1922）年に亡くなり、当時東京帝大在学中だった野口二郎が後を継いで、22歳の若さで山梨日日新聞の社長に就任しています。

望月　NHKラジオの全国放送が始まったものの、山梨は高い山に囲まれた地形で聴きにくく、NHK甲府放送局の誘致運動が起きました。中心になったのが野口二郎社長とラジオ研究会で、昭和12（1937）年にようやく甲府放送局の開局が実現しました。その後、民放ラジオの開局に向けて動き出すことになります。

▶山梨県の放送環境——地上波とケーブルの補完関係

——ところで、山梨放送が開局したあと、テレビ山梨が1969（昭和44）年に開局しています。それ以来、2局体制がずっと続いているという状況です。また、山梨県の場合は、ケーブルテレビがかなり普及しています。新たな民放の開局やケーブルテレビとの競合や棲み分けなどについてもお聞かせいただけますか。

篠原　新たな局の開設の話はなかったと思います。以前に聞いた話では、県の人口が100万を超えると、3局目をというような目安のようなものがあったようですが、山梨の場合は人口の規模と局の数は対応しているのではないでしょうか。

——2局体制は、経営的には安定する形になるのでしょうか。

篠原　必ずしもそうは言えないと思います。今の理屈で言うと、3局目ができないのは、基本的にはマーケットが小さいということを意味しますから。

——2局体制のところにケーブルテレビが出てきた時には、危機感はあったのでしょうか。

望月　県内初のケーブルテレビ局「日本ネットワークサービス」は当初、グループ内の会社でYBSと同じビルの中にありました。番組も連携しながら作ったこともありました。いったん離れましたが、現在は再びグループに戻っています。

——そうすると、ケーブルテレビはYBSの経営戦略のひとつだったわけですか。

望月　そうですね。2代目の野口英史社長のときです。

——地上波の普通の発想だと、逆のような気がするのですが。

望月　日本ネットワークサービスは昭和45（1970）年に設立されましたが、国内で最初の営利目的のケーブルテレビといわれています。山梨は2局地区ということで、アンテナ受信ではすべてのキー局が見られなかったことや、地形的に電波状況が悪かったことがあります。また、野口英史社長は、地上波テレビとケーブルが地域メディアとして補完し合う構想を持っていましたので、区域外再放送だけでなく、開局当時から自主放送もかなり行っていました。今では山梨のケーブルテレビ普及率は82%以上、日本ネットワークサービスに限ると90%以上と高く、実際は4局エリアと同じという状況です。

――衛星放送が80年代から90年代にかけて普及しはじめましたが、このときは危機感のようなものはあったのでしょうか。

望月　漠然とした危機感はあったと思いますが、特別に対策を組むとかそういうことはありませんでした。

――昭和41（1966）年に竜王から現在の山梨文化会館に拠点を移していますが、どのような背景があったのでしょうか。

篠原　私ども「山日YBSグループ」の中核は、新聞（山梨日日新聞)、印刷（サンニチ印刷)、放送（山梨放送）です。昭和30年代半ばから、3社が相乗効果を発揮し「総合情報産業を目指す」という考えのもとに拠点づくりの検討に入りました。その結果、新聞・放送・印刷を有機的に結び付ける総合情報ビルを作りたいということだったのだと思います。

――それがYBSとグループの特徴ですね。今でも強い関係があるわけですね。

篠原　人事交流もあります。

――記者として移るということもあり得るわけですか。

望月　はい、私も山梨日日新聞へ記者として出向していた時期があります。

――社史には、デジタル化の際には自己資本で全てやり切ったというように書かれています。初代社長の電波への関心といい、先ほど話にあったケーブルテレビの開局もそうなのですが、何らかの経営的な戦略があるのではないかという印象を受けます。

望月　新聞、放送、印刷は情報産業ではあるのですが、一方では設備産業なのです。15年から20年ぐらいで必ず設備を更新していかなければなりません。多額の設備投資の繰り返しがこの産業の歴史だといえます。

――「設備産業」という言い方は、独特な表現ですね。自社の中での認識として共有されているのでしょうか。

望月　やはり設備投資額が本当に大きいものですから、経営的な要素の大きなひとつにはなるかと思います。

篠原　放送局は、何があっても電波を出し続けなければならない。それには万全の設備で臨まなくてはならないというのが前提にあります。その上で、情報産業の一端を担うものとして、最も良い伝え方とはどういうものなのかを考えています。

▶山梨放送の黎明期——裃脱いだ民放をつくろう

——そこで改めて、開局当時のことをお聞きします。山梨日日新聞が山梨県のメディアの中核を担う中で、新聞に加え電波についても県民に提供していくという公共的な役割をもって戦後が始まったといってよいのではないかと思うのですが、その点はいかがでしょうか。
望月　開局の際は、いくつか手を挙げた中から、ひとつしか認められないわけです。山梨日日新聞と別の新聞、経済界などのグループが名乗りをあげました。そこで争うわけですが、最終的にはひとつにまとまるという形で開局にこぎつけました。

ラジオに対する理解が一般にほとんどない中で、株主構成を見ると、個人株主がかなりいて、今でも10株、20株、30株という株主さんもいるんです。全県にわたってそういう方々がいて、資金繰りに苦労し、県民に支えられたというところが株主構成にも表れているのだと思います。10株、20株というような株主は、普通はいないですね。
——その個人株主の構成はすごいですね。県からのアプローチやサポートなどはなかったのでしょうか。
篠原　記録にはないですね。野口二郎社長は県内の政治、経済、文化、スポーツ界をリードする立場で信頼も厚かったため、まとめることができたのだと思います。また、終戦時には甲府市長の職にもありました。それで戦後の公職追放にあうのですが、そこから復活してくるわけですね。
——今でも、野口二郎社長の理念や功績の話が出ることはあるのでしょうか。
篠原　野口賞というのがあります。文化・芸術や郷土研究、スポーツの分野で活躍された山梨にゆかりのある方を毎年顕彰しています。郷土の文化、体育の発展に尽くして昭和51（1976）年に亡くなった二郎社長の遺志を継承するもので、当初は「野口二郎賞」となっていました。2代目の英史社長*2が昭和54(1979)年に亡くなり、その後は、野口賞として今も続いています。

——一般的に、地方放送局はいろいろな形で地域にコミットして、イベントや事業を行ったりしていますが、お話を聞いていると、野口二郎社長のカリスマ性というか、社会的な哲学が非常に強いということが山梨放送の特徴のひとつなのではないかと感じます。単なる経営というだけでなく、使命としての理念のほうが先に立てられてきたということですね。

経営的には安定していて、社史にはサブプライム危機のあとだけ赤字になったと書いてありましたが、野口二郎社長は経営手腕もあった方なんですね。

篠原　そうだと思います。ラジオが開局した当時は、確たるものがあったかどうかはわかりませんが、最初の2年くらいはちょっと苦労して、どうも赤字だったようです。その後はデジタル化が始まるまでは、ずっと黒字できています。

——最初の2年というのは、昭和30年前後のお話ですね。

望月　そうですね。ラジオがスタートし、昭和34(1959)年にテレビを始めたときには、他の地域ではテレビ放送が始まっていました。テレビの影響が早くも出てきて、ラジオの売上が下がってきています。スポンサーがラジオからテレビに移行するケースも出てきます。そういう時代が開局してすぐ生じました。テレビのスタートというのが、自社の中に矛盾を抱えるという恰好になりました。そんな中でも、野口二郎社長は非常に前向きで、そのジレンマに対して「テレビもラジオも両方やるんだ」という強い決意の中で進んでいるんですね。

印象的な言葉があります。昭和31(1956)年頃からラジオの全盛期に入りますが、昭和33(1958)年頃からはテレビブームに巻き込まれる形になり、収入が下がって停滞してくるわけです。当時のこうした状況について、「テレビ対策は五里霧中の状態で、精一杯ラジオの花を咲かせながら、押し流されるままにテレビ開局に突入していった」。そういう文章を残しています。開局したばかり数年で、もうそういう状況に追い込まれたということです。

——そういう状況の当時は、自社制作が中心だったわけですね。

望月　自社制作が軸になっていました。最初の編成方針で、ローカル番組をとにかくたくさんつくるということを掲げています。

――開局当時、番組を自社で、しかも生放送で制作するというのは、大変だったと思いますが、そういうお話は聞いていらっしゃいますか。

土橋　ラジオ開局に向けた免許申請書が最近見つかりました。免許が下りた時の郵政大臣は田中角栄氏です。当時のラジオの番組表もあります。小さいのでわかりにくいのですが、これを見ると1日18時間の放送時間のうち、自社制作は10時間、比率は56%でした。

――自社制作56%は、ボリュームがありますね。

土橋　あります。さらに、残存しているラジオの編成表を見ると、ドラマだったり、歌謡番組だったり、ニュースも頻繁に入っていたりしています。NHKのように受験講座のような番組もやっていました。当時は、NHKのプロ野球放送は第二でやっていたんです。

――昭和32（1957）年には甲府、吉田両局を結んで、2元放送を行っていますね。

土橋　甲府局が開局した後も、県東部や富士北麓地域は電波のエアポケット（空白地帯）になっていました。吉田局は甲府とほぼ同じ時期に免許申請をしていましたが、2年遅れて昭和31（1956）年12月1日、開局にこぎつけました。周波数が違ったため、吉田局だけ別の地元番組を流すということも時々やっていました。その後、甲府局の周波数変更を経て、平成16（2004）年に現在の765kHzに統一されています。

――社史には「異常なまでの制作活動の中で、後に見るわが社独自の番組制作のスタイルはこの時期にできた。忘れてはならない事実でありました」とか、消防署と協定を結んで、いろいろな番組を作ったというような話がでてきます。こういった番組は、どういう人たちがどんなふうにつくっていたんだろうと、とても気になるところです。

望月　大先輩がいうには、放送記者を始めた頃は、新聞向けに記事も書いていたそうです。最初の編成方針がローカルニュースを大量にやれということで、元々が新聞社ですから、報道には当然力を入れていましたし、初代の野口二郎社長の文章を読むと、NHKと民放との違いを非常に意識して、それぞれの役割分担を考えていたようです。

　当社は地域への奉仕ということを最初から打ち出していますから、地域に近いローカルプログラムを大量につくるということと、ローカルニュースを大量に編成するということが、編成方針に入っています。

開局当時の社員の合言葉として、「裃(かみしも)脱いだ民放をつくろう」という言葉があります。NHKが、当時は「裃」と表現されるように堅い番組だったので、こうした合言葉があったようです。ですからニュース以外の自社制作としては、音楽や娯楽といった番組を多く作っていました。芸能やステージ、歌謡など結構やっていたんですね。

——それはどちらかというと、ラジオの方でしょうか。

望月　テレビも最初、そんな内容が多かったようです。ラジオは新しい道を探っていく中で、音楽と娯楽中心から、教育などの分野へ広げていきました。やはりテレビが始まったというのが、地方の放送メディアにとっては大きな転機になっています。

▶カラー放送の開始と中継車

望月　次の転機が、昭和39（1964）年のカラー放送の開始です。ネットワークのカラー番組はそのまま放送していましたが、まだこの時期、ローカルはモノクロ制作でした。昭和45（1970）年に大型のカラー中継車とVTR車を導入したんです。これは民放の中でも早いほうだと思います。同時に中継車を運用して番組を作るプロダクションを東京支社の中につくりました。地元ではまだ自社制作をモノクロでやっていたので、東京でキー局などの番組制作にその中継車を使っていました。その中継車の導入が契機になって、自社でいよいよカラー番組をつくるようになっていきました。

——そこで確認させていただきたいのですが、地方局がキー局の制作の下請けをするということは、山梨の本社も含めてもかなりあったのでしょうか。

望月　当時、地方局で中継車とVTR車を持っている局はあまりなかったのではないでしょうか。そのために、別会社の制作プロダクションをつくって、どのキー局にも対応できるようにしたと思います。

——このプロダクションが山梨放送の番組も制作していたのでしょうか。

望月　プロダクションが東京で稼ぎながら、持っていた中継車を使って地元でもカラー番組を自社で作り始めたという格好になります。当時は、中継車が東京と甲府を行ったり来たりしていたそうです。
――そのくらい中継車は貴重なものだったのですね。
望月　やはり導入が早かったのだと思います。それがきっかけになって、テレビの番組作りが一気に進んでいきました。報道では、スタジオの顔出しニュースが昭和47（1972）年にスタートしました。これはストレートニュース（用意された原稿を読み上げるニュース）です。さらに昭和50（1975）年にローカルワイドニュースがスタートしまして、これもかなり早いほうだと思います。このローカルワイドニュースは今も続いています。
――昭和47年に初めてアナウンサーの顔出しニュースが始まったというのは、改めて教えていただいた事実です。昭和45（1970）年の中継車導入で、技術的に番組のつくり方の技法も大きく変わったのでしょうか。
望月　昭和47年に土曜日のお昼のワイド番組を生放送で始めました。それが初めてのカラーの生番組です。
　当時使っていた2インチのVTRは非常に高価で、本数も少ないという事情があって、できるだけ生で作ろうという時代だったようです。昭和54（1979）年までは形を変えながら、土曜日の昼間の生番組を制作していました。この時期は生の娯楽番組の全盛期ともいえます。スタート当初はスタジオやサブ（副調整室）がカラー化されていなかったので、中継車を東京から持ってきて会社に横付けし、中継車のカメラをスタジオへ入れて、中継車をサブ代わりに使っていたようです。
――放送局本体ではなく、中継車が先にカラー化というのはすごいお話ですね。当時は、やはり東京でということが重要だったのでしょうか。実際に事件が起きた時に中継車が行って、そこで取材しながら生で放送することもやっていましたか。
篠原　そうですね、日本テレビ系列では京王プラザホテルで行った田宮二郎ショー「プラザ47」の全国放送や、「11PM」の中継などを行いました。導入翌年には、初の全国民放テレビフルネットの「ゆく年くる年」の放送と、全国各地へ出向いてフル稼働していたようです。

望月　地元ではスポーツです。「スポーツのYBS」を掲げていることもあって、昭和48（1973）年に中継車を使って初めて高校野球の中継をしました。秋には高校サッカーの山梨県の決勝の中継もしています。これが最初のスポーツカラー中継になります。

もともとラジオの黎明期からスポーツの放送は多かったのですが、テレビでは高校野球県大会の全試合を午前中は地上波で放送し、午後の試合をケーブルで中継することもしばらくやっていたようです。

——現在も高校野球の中継は行っていますか。

篠原　決勝戦の中継を行っていますが、ネットワーク編成との兼ね合いでできる時とできない時があります。土・日曜の午後であれば編成しやすいのですが、月〜金ですと難しいですね。

望月　カラー中継車を導入して、スタジオニュース、娯楽生番組、スポーツ中継をやり出したわけですが、今でもこの3つが自社制作の柱になっています。この時期にそういう基礎がつくられたのかなと思います。

——そうすると、昭和40年代の後半というのは、非常に大事な時期なんですね。技術が可能にした面が大きいと思うのですが、実際の報道や取材の場面でも変化はありましたか。

望月　それはもう、大きく変わってきます。私が入社した時は、まだフィルムの手回しカメラだったんですが、すぐにバッテリーカメラになりました。それから3年ぐらいしてENG（小型ビデオカメラとVTRを組み合わせたニュース取材方式）が出てきたんです。

フィルムの時代は現像に最低40分ぐらいかかります。夕方のニュースに合わせて逆算していくと、遅くとも午後4時までには映像を持ち込まなければならなかったのですが、ビデオになるとそれが要らなくなって、5時までに映像を入れればよいということになってきます。SNG（衛星中継）が入ってくると、中継もどこからでもできるようになりました。

——そうすると、最初の頃は情報の入れ方が新聞に似ていますね。

望月　そうですね。うちは、ひとりの記者がペン取材、撮影、編集、送出まで全部するというのが伝統になっています。

——それは今でもそうですか。

望月　原則そうです。長尺の特集とか特番になると、カメラマンや編集を入れたりはしますが。

——ところで、営業の面から考えても、カラーになった場合、スポットCMや番組提供の価格は上がっていったのでしょうか。

篠原　そうですね、いい時代だったと思います。その頃からずっと上昇し続けていましたが、バブル崩壊後の平成5（1993）年度に初めて前年を割っています。平成大不況の平成10（1998）年度、それから平成13（2001）、14（2002）年度も前年を割っていますが、実は平成12（2000）年度がピークなんです。その時は、ラジオも入れて64億5200万円ありました。それからは多少でこぼこがありますが、大きな流れでは今に至るまで、少しずつ減っているというのが現状です。

——当時の景気や貨幣価値とも関係するとは思いますが、やはり昭和40年代というのは、右肩上がりの時代だったわけですね。その当時というのは、赤字の発想がなかったというか、黒字が出て当たり前という状況だったのでしょうか。

篠原　私は昭和53（1978）年の入社なので、そのあたりはちょっとわからないですが、その後の昭和50年代、60年代も右肩上がりの時代でした。その頃、私は一線の営業にいましたが、営業現場では与えられたノルマを達成しようと、目の前の数字を追っかけるのが精一杯だったと思います。ただ、その間、昭和63（1988）年から平成3（1991）年くらいだったと思いますが、地元の営業全体で36カ月連続目標達成なんていうのもありました。その時に社長からお祝いの会をやってもらった思い出もあります。当然会社としても、しっかり利益が出ていたんでしょう。今から思うとバブルと言われた時代で、営業にとってはいい時代だったと思います。

——メディアの市場を見ようとすると、市場の成熟、つまり規模の拡大ができなくなってくる時期がいつなのかを考えることになります。新聞は90年代半ばぐらいに成熟し始めますが、テレビの場合、お聞きしていると、サブプライムのようなショックはありましたが、2000年に入ってからという印象を受けます。

篠原　先ほども言いましたが、弊社では2000（平成12）年度がピークで、それから落ち始めるんですね。売上項目でいうと、タイムとスポット、制作・営業雑収入などがあるんですが、テレビ全体の売上に対してタイムの割合が減っています。2000年度のピーク時と、昨年度、2013（平成25）年度を比べると、ネットタイムが、2000年度は32.3%だったのが、2013年度では24.5%。ローカルタイムが16.4%だったのが15.5%。逆に、スポットは49.3%だったのが57.5%に上がっています。制作・営業雑収入は2%が2.5%です。ネットタイムを中心に、タイムの割合が減ってきて、その分、スポットの割合が増えています。おそらくローカル局はこの傾向が強いと思います。

逆に弊社の年間平均視聴率は、2000年度には10.6%あったのですが、2013年度は8.6%です。この視聴率は総GRP（のべ視聴率）いわゆるスポット商品量に連動しますので、スポットの割合が増えているにもかかわらず、収容能力は天井のところにきているのかなと思います。

――スポットはむしろ増えないほうがいいのでしょうか。

篠原　いや、増えてもらわないと困るのですが、限られた商品量ですので、難しいところです。

――話が過去に戻りますが、昭和48（1973）年頃の制作の場面転換から、マーケットの規模も大きくなっていくいちばん黄金期では、局の雰囲気というのはどのようなものだったのでしょうか。

望月　私の入社は報道でしたが、数字や経営的な話にまったく関心を持たずに目の前のことをやっていたように思います。また、ニュースも視聴率トップ、20%を超えるのは当たり前でしたので、いろいろ気にしなくていい時代でした。

篠原　改めて振り返ると、昭和54（1979）年の3月に日テレの「ズームイン!!朝！」がスタートしています。弊社はそこから番組を作る割合が減っていっているんですね。この年に「ファミリープラザ」という昼の生番組が終わり、東京のプロダクションも解散しています。いろいろな経営判断があったのではないかと思います。

――「ズームイン!!　朝！」は、朝の番組を変えてしまった番組ですね。

篠原　「ズーム」のスタートに対応して、テレビ制作部署にズーム班ができ、

「ズーム」の期間が長く続くことになります。「ズームイン!! 朝！」は、最初はキー局中心だったようですが、だんだん地域の情報を取り込むようになり、当社もかなり力を入れました。

土橋　ポイント制も途中から導入されたりしました。中継とかVTR素材を番組に送るとポイントがたまってくるんです。それで評価が高くなって、みんな競うようになりました。

篠原　ネットワーク配分にも影響してきますし、そして何よりも富士山がありましたから。

土橋　富士山をやると視聴率が上がるということはよくいわれました。特に東京地区ですが。

▶コンテンツとしての富士山

――なるほど、そういうことがあるんですね。YBSのこれまでのドキュメンタリー番組のタイトルを見ると、深沢七郎の「音楽夢譚」(2003年）や金子光晴、田中泯といった個性的な方々による番組を作られています。富士山の問題に関しては、金子光晴で作っていますね。YBSの独特なテイストのように思うのですが。

土橋　富士山についていいますと、2001（平成13）年から「1億人の富士山」という55分番組を3年間、毎週月曜日の午後10時から放送していたことがあります。その後も年間4本、「1億人の富士山スペシャル」という特番を3年やりました。その中の1本が金子光晴のドキュメンタリーです。「1億人の富士山」から足掛け6年くらい、富士山で番組を制作していました。売るのは大変だったかもしれないですが。

――デジタル化は関係なかったのでしょうか。

土橋　「1億人の富士山」のレギュラーが終了した2004（平成16）年、この番組の1コーナーから派生した富士山の四季を追う「富士山麓日記」というミニ番組を始めました。デジタル放送開始前でしたが、富士山のハイビジョン素材の蓄積ということもあって、これを機にハイビジョンカメラの第1号を導入しました。この番組はまだ継続しています。また、デジタル開局に合わせるため、開局2年前から富士山や県内の自然を撮り続けました。この素材を使って、地デジ本放送を始めた2006（平成18）年7月1日に、ハイビジョン制作の特別番組「神秘の領域」を放送しました。

——富士山に関しては定期的に番組を制作されているのですか。

篠原　平成元（1989）年には3局合同制作「富士山」という番組がありました。弊社とUTY（テレビ山梨）さん、NHKさんも入っての共同制作、同時放送です。

——NHKも含めた3局合同はすごいですね。

篠原　日本初でした。全国でも極めて異例な番組制作だったと思います。

——その発案も含め、広告はどうやって取ったのでしょうか。

篠原　番組提供に関しては、弊社とテレビ山梨さんとの共同で営業しました。NHKさんは、コマーシャルは流せないですから、フィラー（番組間の埋め合わせに放送する映像）をつくって放送しました。それ以外は3局、全く同じものを放送しました。

——何も起こらなかったですか、終わったあと（笑）。

土橋　問題はありませんでした。

——YBSの番組についてもうひとつ気になっていたのは、永六輔の「甲州街道風の旅」が、視聴率50%を超えています。平成12（2000）年と13（2001）年の放送ですが、この時期に50%超えとはものすごい数字ですね。

篠原　電話での聞き取り調査ですから、レギュラーで行われている共同視聴率調査とは単純に数字の比較はできないんですが、確かに視聴率はよかったです。

土橋　電話調査は何回かやりましたが、40%を下回ったことはなかったんですよ。うちは現在も日記式の視聴率調査ですが、この調査とは別に独自調査をやったことになります。

——視聴率調査が機械式になると、細かく出てきますから、逆に弊害となるケースがあると思います。そのあたりはどうでしょうか。

望月　まずコストが違ってきます。それも2局で負担しなければなりません。機械式に変えた時のメリット、デメリットについては慎重に検討しなければなりませんね。

——いずれにしても、この永六輔さんの番組は、非常によく見られた番組ということですね。

篠原　好評で9年続きました。

――永六輔さんの番組もそうなのですが、他のYBS制作のドラマを見ていても、キー局と同じような形で俳優やタレントを使って番組を作ることができる条件があるのかなという印象を持ちます。

土橋　永六輔さんは自称ラジオ作家ですので、テレビには基本は出ないというスタンスです。ご本人はテレビに出る番組は3つしかないとおっしゃっていて、そのうちのひとつがうちだったんです。

やはり、人とのつながりや、こちらの企画を納得していただけるかどうか、そういうところで構築していきました。このシリーズは9回で終わり、その後、ご本人は車椅子生活となりましたが、以後も山梨放送には目をかけていただき、さらに特番を作らせていただきました。

▶地域との関わりとメディアの戦略――インターネット・ケーブルテレビ

篠原　現社長の野口英一が、開局の記念日や入社式で必ず言うことは、新しいこと、面白いことをやれということと、上の人間は、部下がやりやすい環境をつくれということです。そういう環境のなかで、いろいろな新しい企画にチャレンジしようという意識が強いですね。

――単に放送を流しているだけではないという初代の二郎社長からの流れがあるということで、例えば野口賞のように社会に貢献していく事業のお話も伺いました。経営として、事業として地方にコミットしていく。先ほどのケーブルテレビの話が非常に象徴的ですが、フリーペーパーを出したり、インターネットなども含め、単にマスメディアではないものへと広げながら地域とコミュニケーションしていく方法についてはどうお考えでしょうか。コンテンツ事業などもひとつの例ですし、多角化や多事業化、多メディア化というような言い方でとらえればよろしいのでしょうか。

篠原　営業的な面で言えば、放送収入が頭打ちになった時に何で稼ぐのかということは、弊社も含めローカル局は皆さん悩んでいるところだと思います。現状では、DVDやインターネット、海外などへのコンテンツ販売、グッズ販売も手掛けています。また、日曜の午後に「山梨スピリッツ」という県内スポーツ番組を放送していますが、その番組に合わせ、雑誌を今年（2014年）6月に発刊しました。それぞれは、売上としては小さいですが、ひとつひとつしっかり収支が合うようにということでやってます。

今年は開局60周年です。「ててて！　ラララ♪　YBS」がキャッチフレーズなのですが、「ててて」は甲州弁で驚き、「ラララ」は楽しさを今後も発信していこうということです。山日YBSグループは、全体でいろいろな媒体を持っていますから、連携を取りながら発信できたらと思っています。今やっている媒体にこだわらず、きちんと伝えるためにはどの方法をとっていけばいいのかという発想です。そうすれば、おのずと売上もついてくると思っています。

――インターネットに関してはいかがでしょうか。今までは、マスメディア対インターネットのような対立関係でとらえられることが多かったですが、その考え方も近年は変わってきています。何か具体的に考えていらっしゃることはありますか。

望月　山梨も人口減少が深刻で、高齢化がかなり進んでいます。高齢化の構造も都市部と農村部で違っています。農村部はまだ中央の都市部のような状況にはなっていないだろうと思います。新聞もそれほど部数が落ちていないですし、農村部ではラジオを聴いていただけております。

年齢が上の方々、3層（50歳以上）といわれる方々にどう情報を提供していくかということと、一方で若い人も取り込んでいかなければならないということのバランスが難しい。

インターネットに関しては当然商売にできればいいのですが、将来を見据えて今から基盤を作っておくということが大事だと思います。システムの構築と、エリアとライツの問題をどうクリアしていくかという課題が出てきますね。インターネットだと、「山梨エリア」などは関係なくなってきます。

小さい局が先行してビジネスモデルをつくるというのは難しくて、なかなか成功しているところは少ない。やはりまだ先行投資の段階だと思います。そのあたりを見極めて、どこからどう手をつけていこうかと考えています。部分的にはSNSを使ったり、Ustreamでラジオを流したりはしていますが。

――高齢者の方が、テレビをそのように使ってくれるかという問題がありますね。

望月　もう少し経つと方向が見えてくるかなとは思います。震災以降、災害情報や防災情報の重要性が言われていますが、地上波テレビで細かい情報まで丁寧に出せるかというと、そこは難しいですよね。データ放送を使うとか、ケーブルを使うとかという話になってきますが、今おっしゃったように高齢者の方がデータ放送やウェブを見たり、パソコンやスマホを駆使できるのかという問題があります。

最近、ケーブルのデータ放送を使って、日常的には生活情報を提供し、有事の際は、災害情報を提供するという取り組みがスタートしています。データ放送を見ると、避難所情報などが随時出ているわけです。

かつては放送がインターネットに飲み込まれるのではないかという見方もあったのですが、今は変わってきています。インターネットはデバイスを持っておらず、システムそのものであったり、データベースだったりします。ではデバイスは何だといった時に、テレビがその中心になれば有利ではないか。茶の間の真ん中にあって大きいし、リモコンで使えますから。そういう方向で動き出すことに期待しています。同時にケーブル放送の意味というのもそこにあると思います。

篠原　ケーブルの活用という意味では、テレビと、ケーブルテレビの自主チャンネルとの連携を模索しています。テレビの場合、ローカル局はネットワーク編成に縛られる、つまりネットワーク編成を優先しなければならない時間帯が多くあります。弊社では、ケーブルテレビと共同制作して、テレビで放送できないような時間帯はケーブルテレビの自主チャンネルで放送するというような試みをやっています。例えば、山梨では、4月に「信玄公祭り」という大きなお祭りがあるんですが、土曜の夜のお祭りなのでテレビでは生放送は編成できない。そこで、ケーブルテレビで生放送し、テレビでは、後日その素材を使って特別番組を作って放送しています。また、小・中学生男女のバレーボール大会の中継もやっているのですが、テレビでは2試合を、ケーブルテレビでは4試合全部の中継を放送するというようなこともやっています。

ラジオに関しては、ラジオのスタジオにカメラを設置して、それをケーブルテレビの自主チャンネルで見られるようにするというような試みもレギュラーでやっています。

——それは全国的に珍しいのでしょうか。

土橋　愛媛の南海放送さんが先行してやっています。南海放送さんはケーブルテレビの自社チャンネルを持っていますし、今度は、地上波テレビとラジオのサイマル（同時並行放送）というのを始めていますし、いろいろな可能性を探っているところですね。

▶地域問題と災害情報——富士山の噴火も視野に

——災害情報などの場合は、やはりミックスしてやったほうが情報は届きますから、そのような仕組は有効かもしれませんね。

土橋　有事の際に、ラジオとどういう連携が取れるかという検討は、今、ちょうど始めたところです。

——ケーブルテレビ、ラジオ、テレビ、新聞、インターネットも含めてですね。

土橋　ラジオとテレビは系列も違いますので、系列の調整のようなことも出てきます。それにケーブルテレビ局という有線局が入ると、果して情報をそのまま流していいのかとか、記者クラブ情報などをそのまま流すとうまくないであろうかとか、そういうようなことを考えながら進めています。ライツ関連の問題も含めてです。

しかし、災害情報ですから、とにかくできるだけ多くの人に行き渡らなければなりません。我々はケーブルテレビも使えるところは使って、向こうはこちらの音声や画像を生かすことができれば、というところで議論を重ねている最中です。

——先ほど、富士山の話がありましたが、山梨放送でずっと追いかけている問題は何かございますか。

望月　やはり富士山ですね。東京オリンピックに向け、昭和36（1961）年に野口二郎社長らが中心になって「富士山をきれいにする会」を設立し、そこから美化活動がスタートしました。会の活動は今も続いていて、富士山の世界遺産登録で改めて活動が広がっています。

もうひとつは、富士山の環境と自衛隊の演習場の問題です。演習場なので基地闘争とは違いますが、かなり激しい反対運動がありました。入会権問題では日本の先駆けといえます。

――そういう意味では、富士山は矛盾の場所でもあるわけですね。富士山と有事ということでは、富士山の噴火に関しては想定されていますか。

望月　富士山に関しては、予知が可能だろうという見方でいましたから、噴火まではある程度時間があるので、段階的な避難や対応ができるというのが今までの考え方です。しかし、御嶽山の噴火以降、見直しを始めています。

――今年は、広島や南木曽町の土砂崩れがあり、御嶽山の噴火がありました。私の出身地でもある長野県は、南木曽と御嶽のふたつの大きな災害がありました。地震についてはいわずもがなです。そういう災害を身近で体験し、決して特別なことではなく、いつでも起こる話なんだと痛感しています。つまり、私たちの住む日本列島は、それが日常なんだということを考えざるをえない。そうすると、放送局というのも全く違う位置づけになるのではないかと思います。

篠原　兼営局としては、やはりラジオの存在というのは抜きにしては語れません。この先5年位の売上予測は、テレビは微増、ラジオは微減と言われています。実際そういくかどうかはわかりませんが、少なくともラジオに関しては厳しい見通しなので、経営的にはラジオの売上減をどれだけ食い止められるかが課題になります。一方、災害時においてはラジオは重要な媒体です。実際に被災した場合、災害状況にもよりますが、テレビは県内に向けてと同時にネットワークの一員として全国に向けてという役割も担うわけです。テレビではデータ放送の活用などが求められますが、知人の安否情報や必要な物資の調達方法など、地元の人のためにより細かい情報を自由に編成し、発信できるのがラジオだと思います。

――そうですね。東日本大震災の時は、若い世代を中心にSNSで情報を得る傾向がありましたが、ラジオも無視できない重要な媒体でした。そして、時間が経つにつれテレビが活用されていきましたから。

今日は、いろいろお伺いして、予想していたことがいい意味で裏切られた感じがします。地方局それぞれに違う歴史の根っこがあります。初代社長の野口二郎さんに象徴される、YBSの地域との関わり方の独自性を知ることができました。この根が張っている部分については、竜王会の方々も含めて、さらにお聞きする必要性を感じます。本日はありがとうございました。

注────

＊1 ラジオ局は旧・敷島町で開局され、そこに隣接する旧・竜王町の土地にテレビ局舎が建設された。現在では、敷島町、竜王町とも甲斐市に統合されている。

＊2 山梨放送の社長は、初代・野口二郎（1954−1967）、2代・野口英史（1967−1979）、3代・小林茂（1980−1991）、4代・高室陽二郎（1991−1995）、5代・野口英一（1995−現職）。

望月俊相（もちづき・しゅんそう）

取締役放送本部長兼編成・制作・技術担当
1953年山梨県生まれ。1977年入社。

篠原公男（しのはら・きみお）

取締役営業本部長
1955年山梨県生まれ。1978年入社。

土橋 巧（どばし・たくみ）

経営管理本部審議室長
1960年山梨県生まれ。1983年入社。

▶まとめと解説――甲信越編

1953年の日本テレビ放送網の開局に始まる民放テレビ局の開局は、1958年から1959年にかけて第一次開局ラッシュを迎える。甲信越編に収められた2局、新潟放送（1958年12月開局、ラジオは1952年)、山梨放送（1959年12月開局）は共にこの時期の開局である。

証言からは、地域によって事情はさまざまではあるものの、いずれの場合にも民放局の開局が地元の政財界あげての悲願として待ち望まれ、大きな期待の対象だったことがよく分かる。例えば、新潟放送は、地元紙である新潟日報を中心に、地域の政財界、自治体あげての民放ラジオ局誘致運動が展開され、「それまではNHKしかなかった放送が民間にも開放されるということで、まだ戦後6～7年の時代ですから、当時の記事などをみると民放への期待は大変大き」く、当初は「地方民間放送のモデルステーション」というキャッチフレーズまで掲げられていたという（157頁)。また、山梨放送の開局には、戦前～戦中に地元山梨の山梨日日新聞社長や甲府市長を務めた野口二郎氏が強力なリーダーシップを発揮したとされる。野口氏は地元の政財界、文化・スポーツ界のいわば名士であり、その指導力のもとで個人株主にも支えられる形で開局に至ったのである。

両局ともに開局後しばらくのあいだは、民放1社独占体制の状態が続く（ライバル局の開局はいずれも民放の第二次開局ラッシュといわれる1960年代後半)。そうしたなか、地元の有力企業として大きな存在感や影響力をもったのである。その後、ライバル局が開局するなどして競争は激しくなっていくが、当時は日本の高度経済成長期であるとともにテレビの全盛期でもあり、1990年代まで日本全国の他の民放局と同様に、経営的にも極めて好調な時代を謳歌していく。

この時代において注目されるのは、(これも全国各地の民放局に共通することであるが）それぞれの地域の実情やニーズに応じてユニークな地域番組や制作手法を確立し、独自性を発揮していった点である。例えば新潟放送では、1979年に夕方のローカルワイドニュース番組をスタートさせている。当時、ライバル局は同様の放送を行っていなかったこともあり、夕方の視聴率が20%を超える時代が長く続いたという。また、新潟放送は現在、水曜日の夜7時からというゴールデンタイムに「BSN 水曜見ナイト」という情報番組を放送している。この番組は「キー局の番組だけではもの足りない、もっと地元のことを知りたい、新潟のことをもっと知りたい」という視聴者から支持されて、高い時には16～17％の視聴率を取っているというが、同番組のルーツも夕方のローカルワイドの時間帯の情報番組にあるという（159～160頁）。

山梨放送では、1970年という比較的早期に大型のカラー放送用の中継車とVTR車を導入、これらを活用して独自の仕方で番組の制作を行っていく。同社では、導入したカラー中継車を運用して番組を作るプロダクションを東京支社のなかに作り、このプロダクションが地元山梨でも中継車を使ってカラー番組を自社制作するようになっていった。例えば、1972年に土曜日の昼の時間帯に生放送のワイド番組をスタートさせるが、「スタート当初はスタジオやサブ（副調整室）がカラー化されていなかったので、（中略）中継車をサブ代わりに使っていた」という（184頁）。もちろん、地元山梨県の高校野球や高校サッカーの試合中継などにも中継車はフル活用されていく。

また、数々の優れたドキュメンタリー番組が制作され、それらが地域発の放送ジャーナリズムを支えてきたことも見逃せない。新潟放送制作の代表的なドキュメンタリー番組としては「原発に映る民主主義～巻町民25年目の選択～」（1995年）が挙げられる。柏崎刈羽原発（東京電力）とは別に東北電力が旧・巻町に原発建設を計画し、これをめぐって日本初の原発建設の是非を問う住民投票が行われたが、番組はそのプロセスを追ったものでギャラクシー賞や地方の時代賞などを受賞して高い評価を獲得した。山梨放送では、富士山にまつわる人物や事象を追った「1億人の富士山」（2001～2004年）や永六輔の「甲州街道風の旅」（2000年、2001年）といった番組が高い評価を得ている。

他方、特に2000年代に入ってからは、各地の民放局はインターネットの台頭、長引く不況、デジタル化対応などにより、経営環境が悪化してきた。新潟放送、山梨放送も状況は同じである。両局はともに、地元地域の少子高齢化、過疎化、人口減少などの環境変化にどう対応していくかを迫られ、大きな経営課題となっている。同時に、両県ともに自然災害が多い点でも共通している。証言では、そうした災害にどう向き合い、災害報道を行う体制をどう作っていくのか、また地域社会の変化のなかで放送の多様性（ローカリズム）を支え続けるためにはどうすればいいのかといったことをめぐる試行錯誤についても詳しく語られている。

［米倉 律］

Ⅲ 中国・四国編

中国放送

社　名　　：株式会社中国放送
略　称　　：RCC（RCC Broadcasting Co., Ltd.）
本社所在地　：広島県広島市中区基町21番3号
資本金　　：3億8250万円
社員数　　：184人

コールサイン：JOER（ラジオ）／JOER-DTV（テレビ）
開局年月日　：1952年10月1日（ラジオ）／1959年4月1日（テレビ）
放送対象地域：広島県
ニュース系列：JNN
番組供給系列：JRN・NRN（ラジオ）／TBSネットワーク（テレビ）

金井宏一郎　（相談役）

聞き手：小川浩一
インタビュー日：2013年10月31日

▶ラジオ放送からテレビ放送へ――ローカル番組制作の難しさ

――本日は、広島の民放としての中国放送の位置づけと、地域社会との関わりを中心にお話を伺いたいと思います。何卒よろしくお願いします。

まずは、中国放送の地域民放としての位置づけからお話をいただきたいと思います。

金井　中国放送は、戦後民主化の初期の時期にあたる昭和27（1952）年にラジオを開局しました。その当時は、電波のメディアはNHKのラジオが1局しかありませんでした。そうした状況のなかで、中国放送のラジオ開局は、地域の人たちからの猛烈な応援や声援を受けたと、当時ことを知る先輩たちから聞きました。開局していきなり総選挙の徹夜放送からはじまって、4日後には広島カープの野球の生中継をする、あるいは広島と福山の間の100kmの駅伝を中継するなどということがあり、とにかくNHKラジオに対して地域情報をふんだんに放送できるという、まさしく市民歓呼の中で生まれて、そして地域の声に応えていったところに中国放送の出発点があります。例えばカープの試合があるとそれこそ銭湯が空になるとか、我々が知らない時代はそういうエピソードがたくさんあって、現実にそういうことが起きていたようです。

当時はこのように、まさしく中央に対して情報の地方分権が進んだわけですが、この民放の開局にあたって、広島に限らずNHKは労使とも組んで、政治的な運動も含めてずいぶんと反対運動をしたそうです。つまり、日本各地での民放ラジオの開局というのは、中央と地方との関係や、地域のなかでのいろいろなダイナミックな動きを背景にした、情報の地方分権だったわけです。

――中国放送でも、昭和34（1959）年にはテレビが開局しますね。

金井　ラジオ放送の時代は、作り手は精一杯に、しかも身の丈に余るような番組を、素人ばかりでやり続けていました。テレビの開局は田中角栄さんが郵政大臣（1957年～、第一次岸信介改造内閣）の大量免許の時代で、中央の情報をあまねくテレビを通じて日本にばらまくということが進められました。角栄さんがそこまで意図していたのかどうかはわかりませんが、とにかくラジオとはまったく違った視点から、地方の民放の免許というのは拡大していったのです。

中国放送のテレビが開局したのが昭和34（1959）年、そこから日テレ系の広島テレビが開局する38（1963）年までの間は、広島に民放は1局しかないわけです。私もよく先輩方から聞きましたけれども、1局に対してキー局が途中で4つになるわけで、とにかく仕事といえば、ひたすら整理。自ら営業しなくても、スポンサーはあふれんばかりだし、ましてやキー局は番組のシェアをいかに高めるかでしたから、キー局と地方局の関係は、現在とはまったく逆転しているわけです。

したがって中国放送の一番いいときには、4つのキー局からいちばんいいものを選び、いちばんお金になる編成をすることができた。番組を取るたびにお金がくっついてくるわけですし、スポンサーもついてくる。1社しかないわけですから、視聴率なんてNHKとしか比べようがないわけで、とにかくいい時代だったようです。ローカルでつくる番組をできるだけ縮めて、とにかくネット番組を取り入れるという要請が、編成上、非常に強かった時代だと思うのです。

——そうした地方民放1局という体制が徐々に変わっていきます。

金井　私は昭和38（1963）年に入社していますが、私が入ったときはすでにライバルの広島テレビがありました。その段階で、例えばプロレスや野球やCX系の番組も向こうへ行ってしまう。だから残ったのはNET系列、つまり当時の日本教育テレビとTBSということになるのです。それから間もなくして朝日系の局ができて、そちらにまた抜けていくということで最後はTBS系になるのです。

しかし、とにかくキー局が1本になるまでは、東京局の非常に強い要請と、しかもそれにお金がくっついてくるということがあって、ローカルの番組は非常に窮屈だったのです。ラジオに比べると圧倒的に持ち時間が小さかった。東京から出てくるニュースには、いちばん最後に東京ローカルが入るわけですが、その時間を広島版に乗り換える。私は入社後、報道に配属されたのですが、その頃の毎日のお昼の情報番組、ニュースの番組で、項目の乗り換えが1本か2本、あの頃はだいたい1項目50秒ぐらいでした。

さらに夕方に「広島トピックス」という天気予報が入った番組が6時50分か

ら7時まであったのですが、この10分のなかでCMを3分ぐらい取るわけです。本編と天気予報があって、その天気予報と「広島トピックス」の間にまた1本スポットゾーンを取るわけですね。そうするとタイトルも入れて正味が6分ぐらいしかないニュースなのです。だからニュースが1回に4本ぐらい入ったらいっぱいだったでしょうか。それ以外は、よほどのことがあれば、「フラッシュニュース」という夜8時56分からの番組でローカルニュースに乗り換えることをしていました。ただ、これもCMを取りますから、中身が確か3分。タイトルを取っていくと2本しかニュースが入らない。しかもその乗り換えをキー局が喜ばなかったのです。キー局もニュース枠が少なく、しかもNHKのニュースの前ですから、「できるだけキー局のやつを出せ」と。よほどのことがない限り乗り換えない。よほどのことがない限りということは、要するに放っておいてもいいということです。乗り換えなくても放送は出ていくわけで、だからほとんど乗り換えないでやりすごす地方民放局もありました。

夜の11時台には比較的長いニュースの枠がありました。そのおしまいのところにローカルゾーンがある。だからそこもキー局からローカルのニュースに乗り換えるか、乗り換えないかということを判断していました。東京の当日の献立が来ると、それを見てデスクが「ここは東京ローカルだから乗り換えるか」というような判断をするわけですね。

この乗り換えは技術的にはどの時間でもできるのですが、当時は全部手動でやっていましたから、乗り換えるとよく放送事故を起こします。宿直番のデスクも記者もカメラマンもやるものですから、危ないと思えば乗り換えないというような時代でした。

いわゆる生活情報番組も、ローカルのものは当時はまだほとんどなくて、しばらくしてから、朝の番組を少し開拓することを始めました。「モーニングショー」のあとの時間帯です。「モーニングショー」はいじれませんから、「モーニングショー」のあとをどうするかとか、あるいは夕方をもう少し開拓できないかというように。つまり、東京キー局の縛りのない、空いているゾーンのところで考えざるを得ない。中国放送でも割と早い時期の昭和46（1971）年に「家庭ジャーナル」というスタジオものを制作し始めたり、ドキュメンタリーを積極的に作り始めたのです。私が報道局長になった昭和62（1987）年あたりから一挙に制作枠を拡大しましたが、特にドキュメンタリーを30分、週1回というと相当きつかったですね。スタッフもニュースを扱いながらやったりするものですから、よほどの「頑張り人間」がいないとできない。

この60年代中頃からの動きを追いかけるかたちで、ゴールデンタイムに週1回のスタジオ1時間ものを定着させていきました。一時期、視聴率も30％を越えて話題になりました。情報の地方分権、その当時はそういう言葉は使いませんでしたけれども、ローカルの番組の制作率も問題になる。総務省の指針ではローカルの制作率は10％でしたが、私が20％にする指示を出しました。確かに20％というのはずいぶんきつい数字でしたが、当時、RKB毎日と札幌テレビなどに成功例がありました。中国放送の場合は、再放送を加えてもいいからとにかく20％確保してくれと。ただし再放送をするということは、再放送にたえるネタの扱い方をしないといけません。ワンソース・マルチユースだということを前提に、取材するように求めました。私も多少現場の経験がありますが、なかなかこれはできないことです。相当きつい数字でしたが、少なくとも私が辞める2007年ぐらいまでは何とか20％を維持しておりました。

こうした経緯のなかで、テレビ放送の領域で「情報の地方分権」という言葉を使い出したのは、1990年代後半です。この「情報の地方分権」が危機に瀕していると、朝日新聞の「論壇」に1998（平成10）年9月に投稿しました。

▶デジタル化と「情報の地方分権」――BS・CSからインターネットまで

――放送、新聞も含めてジャーナリズムというのは民主主義を支えるものです。そのひとつの姿が、金井さんのこれまでのお話や「論壇」で書かれている「情報の地方分権」にあるのだと思います。地方民放のテレビ放送は、昭和60年代、西暦で言うと1980年代の後半あたりから、中央集権の構造に対して独自に「情報の地方分権」を進めてきたということが非常によくわかります。その一方で、90年代の後半以降、インターネットも含めデジタル化の波が迫ってきます。このデジタル化は、「情報の地方分権」との関係でいうと、実際にはどのような経緯をたどってきたのでしょうか。

金井　「論壇」に載せたのは、もちろんテレビの総デジタル化が機会でした。デジタル化の費用を誰が負担するのかということについては、当初国は地方局に対して冷たかったのです。つまり放送局はみなもうかっているではないかと。だから今までため込んだものを全部出してでもとにかく自分でやれというのが、政府の方針であったように思えました。

それに対して、どれだけ金がかかるかわからないし、何年でそれがやり遂げられるのかもわからない。しかもデジタル化による収支構造の保証は何もないわけです。株式会社として、そんな先の見えないものは投資と言えない。地方局は非常に危機感を持って、いろいろ集まってものを言う機会もあったのです。私は「情報の地方分権」が守れなくなったら、大きく言えば日本の民主主義もそれでおしまいだということを何度も発言をしてきました。地域の主権が情報の世界でも失われてしまえば、つまりアメリカの大統領と日本の首相の顔は知っているけれども、地方の首長の考えなんか誰も知らないよというような時代が来てしまったら、取り返しがつかない。地方民放が守らなければいけないのは「情報の地方分権」だということを言っていたのです。

地方局経営者仲間は一様に「それはそうだ」と言うのですが、なかなかまとまった声にならない。要するにキー局に対して、「情報の地方分権」を今まで通りに守ってくれと言うことは、ネットの番組の供給も今まで通り継続して保証してくれということを暗に言っているわけですから。

当時の問題は、インターネットはなくてBS、CSだったのですが、そちらのほうに乗り換えていったほうが、株式会社キー局としては財政上で言うとメリットがあることははっきりしているわけです。ですから面倒な系列局の言い分なんか聞かないというのは、キー局の経営者からすると当然と言えば当然でしょう。キー局の番組をあまねく日本中に配信できるシステムがほかにあれば、何も地方局ネットワークを持つ必要はない。ただし「情報の地方分権」ということから考えると、それは非常に困った考え方なのです。

だから「情報の地方分権」を論拠にして、デジタル化の投資については国で面倒をみろということについては、キー局も黙らざるを得なかった。キー局がモノ言わなければ、「情報の地方分権」論は盛り上がるはずがない。「論壇」で書いたのですが、当時はかなりうまく「情報の地方分権」が維持されていた。時間帯の問題はありますけれども、広島ではNHKも含めて少なくとも1日延べ8時間以上は、ローカル番組が放送されていました。

私のところは先ほども言いましたように、自社制作率20%と言っていましたが、元々広島は北海道や福岡と並んで全体に制作率が結構高いところだったのです。しかし、デジタル化の結果、テレビから地域情報の質と量が失われるようなことになれば、何のためのデジタル化か。デジタル化というのは「情報の地方分権」「情報の地域主権」こそがキーワードだということを言い続けました。

総務省の某幹部にも「発言を緩めるな」とけしかけられたようなこともありました。そういうことを言い募っていかないと、デジタル化についての国民の理解は得られないということです。しかし先ほど申し上げたように、そのことについてキー局が発言するということは、キー局も各地域の「情報の地方分権」について維持することを保証することになりますから、そういう意味では「勘弁してくれ」ということになります。TBSの某幹部から「あんたの言っていることはよくわかる。しかし清く、正しく、美しく死んではだめだ」ということを言われた。キー局の地方局に対する警告でしょう。ましてや、地方局幹部の多くは、天下りと言うと言い過ぎかもしれませんが、キー局から舞い降りた人たちです。「情報の地方分権」をともに維持してくれ、維持しなければいけないとキー局に対してもの申すようなことは、一種タブーなんでしょうね。

NHKの例を多少勉強しました。NHKの広島局長と親しかったものですから、いろいろ教えてもらったのですが、NHKも地域の聴取料でその地域のサービスができている局というのはほとんどないのです。たかだか首都圏など10局程度です。あとはやはりいわゆる配分をきちんと東京がやってくれて、それであまねくサービスが行き届いている。NHKの地方サービスというのは、その地域の人の聴取料の収入だけで決して成り立っていない。それと同じように考えれば、我々はキー局に対して、売り上げの一部保証を期待する権利があると。それでないと「情報の地方分権」は保てませんということを主張したのです。

ただデジタル化が一応完了してみると、むしろインターネットのおかげで

BS、CS論もずいぶん変わってきたと思うのです。しかし、それでも「情報の地方分権」という観点に立てば、私はメディアの総デジタル化というものがプラスになったのか、マイナスになったのか、現時点ではよくわからない。

——デジタル化する際に、さまざまなメリットが言われていましたね。しかし、私はまったく素人ですが、コストパフォーマンスを考えたらそんなにメリットがあったのかなと今でも疑問に思っているのです。実施されれば、やむを得ずテレビを買い替えますよね。確かに画像が鮮明になったかもしれない。しかしテレビだけ見ている人間にしてみると、なぜ、わざわざ何十万円も新たに投じなければいけないのかと思ってしまいます。なぜアナログではいけないのかというところが明確ではないですね。

金井　これはもうご存じと思いますが、今でこそ携帯電話やスマホに電波が要るから、地デジはそのためにやったんだというようなことが後づけで言われていますが、実際にはどうだったのでしょう。1997（平成9）年、当時の郵政省（現総務省）の局長がデジタル化を発表しているのですが、その母体となったのがNHKのMUSEというアナログのハイビジョン技術だったのです。これをヨーロッパに売りに行ってもアメリカに売りに行っても拒否されてしまう。アメリカは、戦後、家電製品については日本に占領されてしまったので、テレビをデジタル化するときは自分たちの国のメーカーでやろうという大方針が出て、日本排除になりました。

MUSEというアナログの技術は要らないと言われて、日本はデジタル化で世界から遅れていると気づいたのではないでしょうか。このまま行くと国内メーカーも遅れをとる。産業政策として、日本もデジタル化しようと言って我々に難題が降ってきたというのが、実際の事情ではなかったのか。つまり国策と言えるでしょう。ただ、今のように海外勢が台頭していって、日本はご存じのような状況になっているので、結果をどうみるか。確かにこれだけデジタル化の世の中になれば、アナログテレビが残るという選択はあり得なかったかもしれません。しかし、あれだけ急いで、しかも1兆円もかけてやる必要があったのかどうか……。

ただ、デジタル放送が始まるだいぶ前に携帯電話が出てきて、電話線を使って動画が送れるようになった。アナログ放送の状況ですらそれを見たときに、これは「中継車」ではないかと思いました。ニュースの素材を撮るのに、ばかでかい中継車ごと持っていって、衛星にまで飛ばして素材を一生懸命送っていたのが、この携帯1台でそれができるようになる。とりあえずこれで初動はやれるというのはものすごい驚きで、中継車がポケットに入ったという印象でした。いま事件や事故があったときには誰かが携帯で撮影しているから、とにかくそれを探すのがまず記者が現場に着いたときの仕事だというような時代になりましたから。取材面ではデジタル化の恩恵を充分に蒙っています。

実はもうひとつデジタル化の影響があるんです。取材する側が、逆に常に取材されているということが起こっています。取材する側の姿勢もきちんと清く正しくやっていないと、取材者がネタにされてしまいます。

――デジタルの時代を迎えるにあたり、「情報の地方分権」が中央との攻防のなかで重要な論点であったことはわかりました。では、デジタル化は中国放送にとって転機となる問題だったのでしょうか。あるいは、それ以外に転機となることは起きていたのかということを、改めてお聞きしたいと思います。

金井 「情報の地方分権」という観点に立てば、番組の内容が根本から変わったというようなことはないと思います。しかし、1998（平成10）年の朝日新聞の「論壇」への投稿では議論から外したのですが、やはりインターネットがここまで急速に普及するとは想定外でした。もっぱらデジタル化問題の中心は、BSやCSにキー局の番組が上がってしまうことだと考えていたのです。それとあえてつけ加えれば、取材機器のデジタル化、小型化でしょうか。

――BSやCSが出てきたときに、制度上の要請で番組をたくさんつくらなければいけないということがあったと思います。番組を制作するためのキャパシティと採算の問題が当時言われていましたが、この点はいかがでしょうか。

金井 それは専らキー局の問題と捉えていて、地方局がBSやCSに手を出すということは考えられませんでした。キー局の番組が全部BSやCSからの放送になってしまい、あとは勝手にやれと言われたら、やはり我々は7割ぐらいの収入減を想定しなければいけない。その中で、では誰が「情報の地方分権」を守るのだという危機感にうなされたわけです。最悪の場合、キー局が全部BSや

CSに上がってしまうということになったときに、誰が情報の地方分権を守るのかと。

一方で、少なくともNHKはやるだろうとは考えていました。受信料で成り立っているNHKは、どうしてもそれをやらなければいけなかった。NHKの当時の会長は、「情報の地方分権」という言葉は使いませんでしたが、「地域情報は手厚くやります」ということを何度も言っていました。NHKは先ほど言ったように費用配分システムを持っており、あまねく地域サービスができる仕組みになっています。しかし、電子メディアにおける「情報の地方分権」をNHKだけに任せておくわけにはいかないという認識は強く持っていました。それは、60年前の我々のラジオ開局前に戻ることを意味します。そこで、例えば「情報の地方分権」を守るためなら1局2波もあり得るとも考えました。例えば広島で言うと、もちろんBSやCSにキー局の番組が移行しないということが前提でしたが、どこかの局がどこかの局と連携して1局2波にすれば、4局共倒れを避けて「情報の地方分権」を維持していくことができるのではないかという発想です。つまりNHKの対抗軸を作るためには、そこまで考えてみる必要があるのではないかということですね。

かなりドラスティックな発想ですが、決して絵空事ではありません。この点については、当時の総務省の放送関係の幹部と話をしたことがあります。1県2局にして4波ということであれば、NHKへの対抗軸ができるではないかと話したときに、その幹部は、「それは面白い案だけれども、そこまでやろうとすると、地方局がバタバタ倒れることにならなければ、法律が追いついていかない」という言い方をしていましたね。

——かつて田中角栄が郵政大臣のときには地方局を増やしていって、1県4局の県が生まれたわけですが、総務省の人たちは、デジタル化においては、1局1地域、もう少し広めて地域に1ないし2局になってもしょうがないのだという発想はあったのでしょうか。

金井　「1地域」という考え方は、広すぎても狭すぎてもうまく機能しません。放送の場合は県単位になっていますが、どう考えてもこれがちょうどよいのです。

昭和40年前後から広島県内を東と西に分けて、安芸国(あきのくに)と備後国(びんごのくに)という言い方をしますけれども、ある時間帯だけラジオもテレビもA放送、B放送というふたつの放送を広島ではしていました。別プロ、別CMをA・B放送でつくっていました。北海道もローカルなニュースやCMを出していたと聞きますが、広島でも東と西で分けて、情報を細かく地域に対して出していたわけです。どちらかと言うと、どうしても西の広島の情報を、東の端の福山というところにも出しがちになるわけですが、そうではなく細かく出そうということで、ある時間帯だけ分けて出していたのです。しかし、だんだんそうも行かない時代が来て、今はテレビもラジオもそれはやめました。もう全国でやっているところは珍しいのではないでしょうか。結局、「情報の地方分権」というのは、現在は県単位でやるのが精一杯ということでしょうか。

「1地域」ということでいえば、例えば中国地方とか中四国地方などという考え方はあるし、現実にその区域内での合併連携は既にできるようになっているわけです。例えばTBS系の局が中四国で1社になろうとすれば、法的には可能となる仕組みができている。しかし、仮に広島の局が、中四国の同系列局を吸合して1社になったとすると、「情報の地方分権」ということで考えれば、広島の局が山陰地域や四国各地の情報分権を守る責任を持つことになる。広島以外に住む人たちにとって、それはほとんど意味がないのです。だから法律は今そこまでいっていますが、やがてその壁は取っ払われるのではないかと思っています。つまり広島なら広島地区で、どこかとどこかの局が合併まではいかなくても連携して、2波で1局という体制になり、それでNHKに対抗する。残りのふたつが一緒になってまた対抗軸を作れば、ということだと思うのです。

私が民放連の副会長をやっていたときに、今言ったような話をしたこともあるのですが、地方局同士の系列を超えた連携というアイディアは、キー局幹部の歯牙にもかけられませんでした(笑)。

——そうですか。私は同じ質問を他の地方でもしたのですが、民放連として、ないしは地方の局の社長としてではなく、個人として話した場合には「可能性はある」とおっしゃっていました。

金井　私はおおいにあると思います。

▶インターネットとジャーナリズム――トータルパワーとしての情報ブランド

――インターネットについてもお聞きしたいと思います。地方分権がさらに個のレベルになってくると考えれば、まさにインターネットは分権しています。インターネットが「情報の地方分権」を担うこと、あるいはマスメディアとしての放送等をカバーすることは難しいのでしょうか。

金井　我々の場合は、職業としてそれなりの訓練を受けて、組織としてもかなりの経験を積んで仕事をしているわけですね。だからインターネットのように、単に好きとか嫌いということだけで、あるいは個人が発信したいときだけに発信するといったものとは違います。地域ジャーナリズムというのは生きながらえると思うし、またそうでなくては困るのですが、インターネットにジャーナリズムを日常的に期待することができるのかどうかは疑問に思います。私はジャーナリズムをできるだけシンプルに捉え、それを実践してきたつもりです。それはつまり、「いま伝えるべきことを、いま伝える。組織のフィルターを通して」ということでした。

――ウェブジャーナリズムについては、先日行った私どもの新聞学研究所のシンポジウムでも論点になりました。テレビも新聞もウェブジャーナリズムに対してかなり真剣にならざるをえなくなっており、記者の方たちもかなり一生懸命考えています。

　しかし一方、いろいろな調査データをみても、インターネットとマスメディアを比較すると、日本ではまだマスメディアの方が信頼性は高くなっています。なぜなら日本の場合は、情報内容と情報源がワンセットになっているからです。おっしゃったように、インターネットの場合は、どこの誰だかわからない人が言っていることは、情報の内容が正しいとしても情報源が危ういということで疑われてくる。その点マスメディアは、ひとつは先ほど来おっしゃっているような職業訓練、それからもうひとつは最終的に責任を取れるかという、信頼性の問題があります。

　ですから、マスメディアとしての放送ジャーナリズムがネットジャーナリズムあるいはウェブジャーナリズムに対抗し得るとしたら、職業訓練、そして情報源の組織としての信頼性だとおっしゃっているのだと思うのです。しかし、それでは、有能な個人の、例えばフリーランスのインターネットジャーナリストのような人が出てきたときに、その人たちはマスメディアに対抗できないのでしょうか。

金井　それは立ち位置が全然違うのではないでしょうか。確かに個々の課題に応じて、うちの記者よりもよほど物知りの方がおられるでしょう。しかし問題は、こういう言葉はあまり使いたくないけれども、権威とか信頼性ですね。情報ブランドと言ってもいい。

例えばインターネットで情報が出ると、結局それを我々のメディアで確認するというような、よりどころになっているはずなのです。少なくとも今はまだそうなっていると思います。しかしその位置は確かにおっしゃるように危うい。個人の資質に最後は関わってくるかもしれませんが、トータルパワーとしてのブランドを失うと、もう我々は「情報の地方分権」などというおこがましいことは言っていられないですね。

もちろん、テレビ局が何のために利益を生み出していくかということであれば、中国放送では、「情報の地方分権を守るため」と言ってきたし、株主にもそう説明できた。その「情報の地方分権を守るため」というところを落としてしまえば、地方局の経営は楽になるかもしれません。

▶「ヒロシマ」という問題――広島のメディアのレゾンデートル

――そうすると何のために「情報の地方分権」を守らなければならないかということをもう一回説明しなければいけないでしょうか。つまり「あなたたちの足元が崩れますよ」ということを言わなければいけないわけですか。

金井　地方局には、自社制作の番組をひとつずつ間引いていって、どんどん番組制作の体制を縮小して利益率を上げる経営手法もあります。配当を厚くして株主にも喜んでもらえるかもしれない。キー局の番組をそのまま流していけばいいということであればキー局も文句は言わない。キー局は、広島の情報の地方分権には責任を持ちませんから、「おまえのところ、もうちょっと番組つくれよ」なんてことは言わないですね。むしろ「ちょっとつくりすぎじゃないのか」と言うことはあっても。

私どもが「情報の地方分権」を維持するために、新入社員が入ってきたり社員に話す機会があるときによく言うのは、国民の財産の電波を免許制度という形で我々に預けていただく、その瞬間、我々は「情報の地方分権」を守ることが課せられているということです。情報の地方分権を守るためには営業活動をしないといけない。だから我々は視聴率を追っかけて娯楽番組だけを出していたのでは、存在する意味がないということを説くのです。

広島がそういう意味ではいい例だと思うのです。地方新聞からはじまって広島の地元メディアは各社とも片仮名の「ヒロシマ」というものについては否が応でも放送で取り上げ、あるいは記事にし続けているわけです。「ヒロシマ記者」なんていう言い方もあります。記者ジャンルのひとつですね。

それは幸か不幸か、ヒロシマという世界でただひとつの都市にあって、各社揃ってそれをやり続けているのですが、収支計算するとこれぐらいお金にならない取材活動はないのです。しかし広島のメディアが、オーバーに言いますと、ヒロシマに対して沈黙するようなことになったら、もう我々はそれでおしまいではないかと。

——要するに漢字の広島が、片仮名の「ヒロシマ」に関して黙ったら、メディアとしてはその存在意義が終わりだということですね。

金井　ええ。だからそれが広島のメディアの大きなレゾンデートル（存在意義）であったはずで、今でもそうだと思います。経営的に言えばこの分野はいちばんお金にならない。しかしそれをまかなうだけの収支構造がなくなったら、この種のものはどこかで消えていきますね。

——ということは、地方分権であると同時に、地方からの発言であり主張だと言ってよいですね。当然いろいろあるけれども、広島だったらまず原爆の問題を発言しなければいけない。それは、広島の局の責任ですが、そのための経営基盤の体力がなければなりません。それは、先ほどおっしゃっていた意味では、ある種の責任の問題ではないですか。にもかかわらず、それは消えていくのですか。

金井　そうならないために手を尽くす必要があります。「情報の地方分権」を維持していく方法を国家も真剣に考えてほしいし、放送業界も知恵をひねり出す必要があります。道はあると思います。カープとヒロシマというのは、テレビでは恰好のローカルネタで、カープの場合は視聴率もけっこう取りますし、そうは言いながらお金になります。カープ追っかけ放送のRCCラジオは、いっとき収入が35億円ぐらいありました。テレビが90億円ぐらいだったと思いますが、ラジオはその3分の1ほどの収入でした。当時の30億円と言うと名古屋の民放局とあまり違わないぐらいだったと思いますし、福岡のRKB毎日さんよりも多かったですね。福岡や北海道よりも収入の規模は大きかった。それは広島カープが非常に貢献をしてくれていたわけです。そういう時代もあったのです。

——今、原爆のお話が出てきました。どのローカル局も、それぞれの地域で大きな、かつてから現在まで継続中のイッシューを持っています。広島の場合は原爆でしょうけれども、ローカル局がマスメディアとして、その地域社会の問題に対して向かい合うときは、どういうスタンスで臨むものなのでしょうか。それぞれ違うスタンスかもしれないし、あるいは共通項があるのかもしれませんが、社の方針として言葉になっていなくとも、地域社会が抱えている問題に対していつでもビビッドに対応してきたと思うのです。先ほど、「レゾンデートル」という言葉もでましたが。

金井　これまでは専ら番組の制作と放送という観点から「情報の地方分権」を唱えてきましたが、実はもうひとつ、さまざまな事業イベントを通じて「文化の地方分権」に寄与している側面があります。これは卒業（退職）してから特に思うようになったのですが、地方民放は、特に古い局には多いと思うのですが、イベント好きなんですね。特に中国放送は、今まで広島を通り過ぎていたようなイベント、つまり大都市でしか見たり聴いたりできなかった音楽会や展覧会などを広島に足止めして、いわば途中下車をしてもらって、広島の人に楽しんでもらうようなことをずいぶんやってきたなと思うのです。地元でそういうことを思いついた人が、困ったときはちょっとRCCに相談してみるという関係が程よくできあがっていました。そういうプロモーターの役も果たしてきた。地元発想イベントもずいぶんと早くからよくやってきたと思うのです。

これは先ほど申し上げたように、テレビの場合ですと持ち枠が非常に小さくて、なかなか地域の人たちと番組で結びつくことはできなかったけれども、イベントをやると、たくさんの人に来ていただいて、宣伝媒体は自分のところで持っていますから比較的うまくいく。結果的に「文化の地方分権」に役立つこと大だった。ただしあとで振り返ってみると、音楽会も展覧会も黒字になったというのはほとんどないのではないかな（笑）。しかしそれでもやはりやり続ける。

私自身も個人的に言いますと、広島のフラワーフェスティバルという大きなお祭りをつくることをやりました。このお祭りは広島の平和大通りを使って、5月の連休3日間で、150～160万の人が来ます。ゴールデンウィークの人出は日本で3番目くらいに定着しています。

今年（2013年）で37年目になりましたが、そういうものに昇華していくわけです。フードフェスティバルというのも広島城を中心とした会場でやっていますが、この間は2日間で81万人ですか。これも20年以上です。そういうイベントのプロモーター役をずいぶん果たしてきたような気がします。

こういうことに力を入れたのも、テレビ局にいながらほとんど番組にタッチできない、その反動だったのかもしれませんね。とにかく地元の人にたくさん来ていただいて、拍手もたくさんいただける。実際には宣伝費などを考えると、プラスになっているものなんかおそらく10に1つないのです。

それでもやはりやり続けていくのは、広島の人にこれは見てほしい、聴いてほしい、楽しんでほしいという想いが、社内のいたるところにあるからです。それを社が受け入れる。それでいつのまにかそれがひとつの社風になった。私が社長のときはそれをはっきり経営の方針の中に入れました。新しいもの好きの社長だから何でも持ってこいということで。ともかくローカル番組とイベントづくりの2頭立てによって、我が社は地域に根づいたと思います。

――その展覧会やコンサートなどのイベントの中には、片仮名の「ヒロシマ」に関わるものも入るのでしょうか。

金井　いえ、イベントと片仮名の「ヒロシマ」とはほとんど関連しません。しかし、実行する際に片仮名の「ヒロシマ」にとって恥ずかしくないかどうかは常に考えます。RCCがあったからこのイベントができた、これだけのお客さんに喜んでもらったということでよいのです。

そうした考え方が、社長時代の2002（平成14）年ぐらいに作った社是となっています。そこでは、3つの約束をしています。まず「ひろしま応援団」、広島をもっと元気にということで、事業イベントもやるし、取り上げる話題もそういうスタンスです。それから「コミュニケーション放送局」、これは広島で暮らすあなたの声を大切にということです。それと「情報の地方分権」です。

それからもうひとつは環境方針といいまして、開局50周年記念の社内公募事業として、2002年にISO14001（環境マネジメントに関する国際規格）を取得しました。社全体で取得したのは、私ども中国放送が全国のローカル局で一番早かったのです。今はもう根づいたので返上しているのですが、ここの環境理念のところに、「中国放送はHIROSHIMAの放送局として」とあります。ローマ字の「HIROSHIMA」です。片仮名の「ヒロシマ」は日本で通用するもので、世界で言うとローマ字の「HIROSHIMA」になります。「地球環境の大切さを誰よりも自覚し、日々の放送と事業活動を通じ環境に有益な情報を発信することがメディアの役割だと確信している。なおかつ自分たちも地球を汚さないことを心がけましょうね」ということです。こういうスタンスは社員に根づいていると確信しています。

――先ほど、片仮名の「ヒロシマ」については、広島の局である限り否が応でも取り上げ続けるというようにおっしゃっいました。ということは、少なくともRCCに関して言うならば、金井さん個人がそうだというのではなく、会社全体が文化や伝統として引き継いでゆくということでしょうか。

金井　去年、今年といろいろな民放連の賞をいただいていますが、こうした伝統は当然、言われなくても後輩にはきちんと引き継がれていると思います。

――ヒロシマ、原爆の問題というのは、県のマスメディアとして、常にある地域の問題なのですね。捉え方や切り口、あるいは表れ方は違っても、それ自体は変わらない存在だということでしょうか。

金井　そういうことだと思います。会社ができたときからおそらくそうだと思います。それは広島にとってはあまりにも当然すぎることです。たとえキー局から広島にご縁のない社長が来られた局であっても、ヒロシマを抑え込もうということにはならないでしょうから。
——「情報の地方分権」あるいは「地方主権」を確立するためにも、経営の基盤は当然安定しなくてはならない。独裁国家でなく資本主義社会のこの国で言論の自由を守るためには、商業的に、あるいは経営的に成り立たなくてはいけないわけです。その際に、先ほどおっしゃっていたキー局との関係では、キー局から一定の経営保証のようなものがあるべきだとお考えですか。
金井　そうです。少なくとも番組の保証は必要です。同じものを例えばインターネットやBSに出したりCSに上げたりするようなことは勘弁してくれと。それが、キー局が「情報の地方分権」を守るということに対する最大の寄与だと思います。キー局は全国各地の「情報の地方分権」に大きな責任を持っていることを肝に銘じてほしいし、国もそれをしっかり認識してほしい。地方局をこれからも「清く、正しく、美しく」殺さないでいただきたい。

金井宏一郎（かない・こういちろう）

相談役
1940年広島県生まれ。1963年入社。ラ・テ連絡部ニュース課。テレビ局営業部、東京支社業務部、経理局経理部を経て、1977年監査役（非常勤）。同年財団法人広島国際文化財団事務局長。常勤監査役、報道局長、経営企画室長などを経て、1999年代表取締役社長。

南海放送

社　名　　：南海放送株式会社
略　称　　：RNB（Nankai Broadcasting Co.,ltd.）
本社所在地　：愛媛県松山市本町一丁目1番地1
資本金　　：3億6000万円
社員数　　：115人

コールサイン：JOAF（ラジオ）／JOAF-DTV（テレビ）
開局年月日　：1953年10月1日（ラジオ）／1958年12月1日（テレビ）
放送対象地域：愛媛県
ニュース系列：NNN
番組供給系列：JRN・NRN（ラジオ）／NNS（テレビ）

大西康司　（執行役員テレビ局長）

聞き手：米倉 律
インタビュー日：2015年12月4日

▶沿革と概要――多様性に富んだ風土に根ざす

――まず、地方民放の特徴と地域との関わりから伺いたいと思います。最初に、放送局設立の経緯から教えて下さい。

大西 南海放送が愛媛で初めての民間放送ラジオとして放送をスタートしたのは、1953（昭和28）年10月1日午前5時45分でした。1951年に開局した中部日本放送、新日本放送、中四国地区での広島・中国放送、徳島・四国放送に続いての開局でした。その当時のエリア内の総世帯数は68万9751で、ラジオの普及率は51.7％でした。そして5年後の1958（昭和33）年12月1日午前11時にはテレビ放送を開始します。日本の民間放送としては13番目のテレビ、10チャンネル、JOAF-TV「南海放送テレビ」のスタートでした。開局の前後には1万円札が発行され、インスタントラーメン、缶ビールも発売されるというまさに「消費美徳時代の幕開け」を予感させる世相の中での開局です。南海放送は、開局当初から中四国地域民放初のテレビスタジオを持っていました。そして、当初から15分の自社制作番組3本を制作するという「地域に根ざした放送活動」を行っていました。この、いわば「物作りスピリット」は、今日まで受け継がれている南海放送の理念だと言えます。1958年3月当時、愛媛県内のNHKテレビの受信契約はわずか3687件に過ぎませんでした。しかし、RNBテレビ（南海放送）の開局により翌年3月には1万1350件に達し、全国でも1960年には受信契約数が500万件を超えるなど、本格的なテレビ時代の幕開けとなりました。

――南海放送のある愛媛県はどのような地域特性を持っているでしょうか。

大西 愛媛は東西に長くて、海があり島があり山があり多様性に富んだ風土が特徴で、番組・コンテンツ作りという観点でいえば、いろいろな種類のものを作ることができるという意味で魅力のある地域です。もちろん山間部・島嶼部ということで、その分電波の中継・送信施設の構築や維持に費用がかかるといったデメリットもありますが。それから、これは愛媛に限ったことではなく、全国の多くの地域でそうだと思いますが、人口減少が進んで産業的にも右肩下がりという状況があります。私が南海放送に入社した昭和57（1982）年には県の人口は約150万だったのが、今では138万になっています。そして、全国的には東京一極集中ということがいわれていますが、愛媛県内でも同様に県庁所在地の松山市に人口が集中するという現象が見られます。よく言われるのですが、愛媛県は全国で最後の民放4局化エリアです。四国でも高知や徳島は4局体制になっていません。つまり、県の力というか規模として、4局体制を維持していけるギリギリの線というようなことになるかもしれません。

——南海放送の現在の取材・放送体制の概要を教えてください。

大西　現在の社員数は111人です。実はこの社員数もずいぶんとスリム化された結果です。かつては360名という時代もありましたから。111人の社員と、系列会社からの40～50人のスタッフで、テレビ、ラジオ、営業、イベント、東京・大阪の支社の体制を支えています。報道がだいたい15～16人体制で、県内には新居浜（にいはま）、今治（いまばり）、八幡浜（やわたはま）、宇和島（うわじま）の四つの支局があり、それぞれ記者が1名ずつ配置されています。報道部が主に夕方のニュースを担当し、制作部がそれ以外のローカル放送番組の制作を担当しています。

——南海放送と地域との関わりにはどのような特徴がありますか。

大西　南海放送は、2014年で開局60年（テレビ開局55年）ですが、その特徴と地域との関わりを表すには3つのキーワードがあると、私は考えています。それは、「地域密着」「地域貢献」「地域発信」です。

まず、「地域密着」についてです。言うまでもなく「地域に根ざした放送活動」は南海放送の開局当初からの経営理念であり、表現の違いがあるにせよ、ほとんどの地方民放が掲げる理念だといえます。しかし実際には、「地域密着」という言葉が、どれほどの具体性と実現性を持ちながら日々の放送活動として実施されていくのかは、各放送局により違いがあるのが現実です。

地方民放が制作する、いわゆる「ローカル番組」は、地域の人による地域の人たちのための情報番組です。より生活に密着した情報、役に立つ実用的な情報が求められると同時に、小さな地域コミュニティーの情報発信、情報の継承といった役割をも担っています。中央のキー局に比べ、制作費予算や人員、受け皿となる制作プロダクションの数など、それぞれが決して財政的に豊かとは言えない地方民放での番組制作には、さまざまな制約があることは否定できません。しかし、各局ともその制約をバネに知恵と工夫、そして地域との距離の近さを武器に、多くの個性的な番組を制作しています。そんな中、南海放送には「地域密着」の理念を如実に表す象徴的な番組があります。毎週日曜日に放送している「もぎたてテレビ」（午前11時45分～12時50分）という番組です。

▶「もぎたてテレビ」——「ド・ローカル」への共感と肯定

——「もぎたてテレビ」とはどのような番組でしょうか。

大西　「もぎたてテレビ」は、1991年4月に週1回放送のローカルテレビ番組としてスタートしました。放送開始以来、現在に至るまで実に22年を超える、全国でも異例のローカル長寿番組です。毎回の基本コンセプトは「愛媛のいいとこ探し」として22年間不変のものとし、番組の進行を務める1人（番組MCは2人）のリポーターが1台のENGカメラ（ビデオカメラ、肩に担ぐスタイルが多い）と共に県内の小さなエリアを歩き、地域の風習や歴史、ユニークな人物などに出会う……という極めてシンプルな番組内容です。

スタートしたときには3％程度に過ぎなかった視聴率は、回数を経るにしたがって上昇していきました。週によっては20％を超える視聴率を記録し、22年を過ぎた今でも15％前後の視聴率を獲得しているという、全国のローカル番組の中でも稀有な存在です。「もぎたてテレビ」は、地方放送局と地域の人々が「地域情報」を媒介にしてある種の濃密な関係性を築いた、ひとつの象徴的な番組であると考えています。放送業界において20％を超える視聴率を生み出す番組はいわば「大ヒット番組」といわれ、全国ネットの番組においてはその多くが、社会的現象を引き起こすまでの影響を社会に及ぼします。ローカル番組で20％を越す視聴率を獲得した経験を持つレギュラー番組は、愛媛地区では少なくてもここ20年以上、「もぎたてテレビ」以外には存在しません。

——「もぎたてテレビ」がそれだけ多くの愛媛の視聴者の支持を得たのはなぜでしょうか。

大西　私はそこには「地域メディアと地域社会」の関係を見る上で多くのヒントが含まれていると思います。「もぎたてテレビ」の取材ポリシーは、ズバリ「ド・ローカル」に徹することです。つまり、単なる掛け声としての「地域密着」を超えて、より徹底して「地域の暮らしに分け入る」ことです。ほぼ毎回、普段カメラが入ることが考えられないような小さな路地裏や、地図にさえ載らない小さな集落（コミュニティー）にまで足を運びます。

取材の基本は歩くことです。リポーターとカメラマン、ディレクターのチームは歩くことで住民と会話をし、小さな発見を繰り返します。それは時に住民でさえも見落としている、もちろん従来のテレビの発想で言えば「ネタにならない」ものの発見です。取材は1回の放送について3日間行います。毎回の取材エリアは、例えば「○○商店街」「○○川沿い」「○○駅から1km」など番組が成立し得る最も小さなエリアを設定して、その地域を「点」として捉えるのではなく「面」＝「エリア」として捉えて、その「エリア」に息付く人、歴史、食、自然などあらゆる物を、あらゆる角度から立体的に、肯定的に描いていきます。

通常の取材活動は、少なくとも私自身の経験では、ある目的地点を訪ね、その取材目的を果たすと帰ってゆく……、いわば点と点を結ぶものになりがちです。そんな中、「もぎたてテレビ」で実践しているこの「面＝エリアを描く」という手法は、「ここまで詳しくこの近所を描いた番組は今までなかった」、「こんな小さな集落までテレビが来るとは思わんかった」、「長年ここに住んどるけど、あのことは知らんかった」、「私らもいいとこに住んどったんじゃな」、「「もぎたてテレビ」のお陰で元気が出たぞ」などの感想をいただいています。地域に根ざしたテレビ番組によって改めて掘り起こされた事実は、自分たちが暮らす集落を魅力的に生き生きと見つめ直すきっかけとなることが多いようです。

「もぎたてテレビ」取材の流れのパターンは、例えば、ある街かどに可愛いお地蔵さんを見つけたリポーター→その謂れをご近所に聞き込む→そのお宅には謂れがありそうな古い井戸が→話を聞くと実はその井戸からくみ出される地下水は代々の名水と評判→実はその水はお隣の和菓子屋さんで使われている→その和菓子屋さんの伝統菓子を味見させていただく……といった風に、何の事件もアクシデントも起きないごく日常を描く代わりに、その集落の意外な事実が連鎖的に掘り起こされていきます。それが「エリア主義」であり「地域を描くこと」なのです。祭りもイベントも何もない素顔の地域社会の中で、「点」の取材では決して掘り起こせない小さな事実の積み重ねが、自分たちの暮らすコミュニティーへの自信と再発見へと繋がっていったのです。こうした取材をコツコツと1回1回積み重ねながら県内20市町をくまなく歩いた蓄積が、地域の方からの「もぎたてテレビ」への息の長い支持となっていると考えています。

——番組で最も重要視していることはどんなことでしょうか。

大西　地域に暮らす「人」を描くことです。それは地方の放送にとって最も大切なテーマであり、不変のテーマでもあります。しかし簡単そうに見えて、実は最も難しいのが「人」を描くことです。「もぎたてテレビ」においても、最も力を入れているのがこの「人」を描くことです。

例えば、今から22年前、「もぎたてテレビ」は愛媛では恐らく初めて本格的に「ローカルグルメ」というジャンルに着目しました。地方にも、私たちが手の届く近所にも「誇るべき味」がある……、そしてその裏に日々研鑽を重ねる「人」がいる。つまり「地域で暮らし頑張っている人間」を描くことへのこだわりです。いわば「人間への応援歌」です。「もぎたてテレビ」以前、愛媛では「食」が重要な情報として扱われたことがあまりなかったように記憶しています。キー局からの東京情報や全国情報が主流の中で、特にこの「食」に関わるジャンルにおいては、地域に暮らす視聴者の実生活から離れたところで情報が存在していたとも言えます。「もぎたてテレビ」を最初に応援してくれたのは、実はそんな小さな町や村で頑張る「食の職人たち」です。「東京や大阪の職人ばかりが凄いんじゃない！」と、地域の食を支える人々の仕事ぶりを丹念に描いた「もぎたてテレビ」に共感してくれたのです。「「もぎたてテレビ」に出演できる機会を励みに頑張る！」そんな声が県内から多く寄せられたこともあります。

その取材方法はあくまでも「ドキュメント」にこだわることでした。つまり、彼らの仕事の流れをリアルにそのまま描いていくことに徹したのです。山里の手造り豆腐店では朝4時からの火起こしの様子を、また薪で炊き上げることにこだわるうどん店では、裏山での薪探しから、といったように時間をかけ、「人」のこだわりに徹底的に寄り添いました。こうした取材手法はグルメの分野だけでなく、ミカン栽培に生きる人、海に生きる漁師、過疎の中で懸命に生きる高齢者など、あらゆる「人」を描く手法の基本となりました。視聴者もまた、番組から伝わってくるそのリアルな人の息使いから、同じ地域に暮らす人々への共感と肯定を実感していったのです。

▶人と地域を掘り起こす――水野広徳・愛媛マラソン・書道ガールズ

――地域民放局の場合、番組以外でも例えばイベントなどさまざまな方法で地域と深い関わりを持つことがありますが、南海放送の場合はいかがでしょうか。

大西　1967（昭和42）年に始めた「南海放送賞」はそうした例に当たると思います。「多年にわたり福祉活動に貢献のあった人々を顕彰し、地域社会の福祉の発展を図ると共に、福祉思想の高揚に資すること」を目的としたもので、日頃、目につくことの少ない地域福祉の最前線で地道な活動を行っている人を対象にしているのが特徴です。過疎・高齢化など厳しい状況の中で地域社会を支える人々を顕彰する「南海放送賞」は、この分野で働く人たちの大きな目標であると同時に励みとなっていて、地域に根ざす民放としての南海放送のバックボーンともいえると思います。

　このように、地域の多様な「人」の掘り起こし、ということも地域メディアの役割だと私たちは考えています。例えば、松山市出身の海軍大佐・水野広徳（1875−1945）は、日露戦争の帰趨を決した日本海海戦を描いたドキュメント『此一戦』（1911年刊）の著者として世界的な名声を博した郷土の人物です。水野は、第一次大戦のヨーロッパ視察を経て思想的大転換をしました。その後水野は「反戦の軍人」として健筆をふるい、架空の日米戦を描き日本の敗戦を予言したことで発禁処分となった『興亡の此一戦』などに顕（あき）らかな、「日米闘うべからず」という反戦・非戦のメッセージが盛り込まれた貴重な書物の刊行を重ねました。しかし戦時下の厳しい言論統制の中で、これらの原稿を秘匿したまま終戦直後に水野は急逝しました。その後、長らく水野の思想は忘れられたままになっていましたが、愛媛県在住の水野の遺族から遺稿の提供を受けた南海放送は、1978（昭和53）年に『反骨の軍人・水野広徳』を刊行しました。その後も番組制作・著作物刊行・講演会実施などを通じて郷土の埋もれた逸材である水野を独自に顕彰し、地域の子どもたちや全国に向けてその存在と思想を発信し続けています[*1]。

これらの活動に加えて、ノンフィクション作家として自著『黒船の世紀　ガイアツと日米未来戦記』(1993年) の中で水野を大きく取り上げた猪瀬直樹東京都知事 (当時) を迎えた講演会「打開か、破滅か!?　水野広徳が一番言いたかったこと」を開催しました。講演会は、500人を超える満員の聴衆で会場は埋まり、改めて郷土が生んだ逸材の知られざる実績に感嘆の声を挙げました。さらにこの講演会の模様をラジオ (全国放送)・テレビ (ローカル放送) で紹介し、大きな反響を得ました。このような郷土の歴史的人物の再評価・掘り起こしは、地方メディアにとって極めて重要な地域貢献であると言えます。

――地域局として地域の活動や文化の活性化につながっている活動として、他にはどのような事例がありますか。

大西　愛媛には今年 (2015年) で52回を迎えるフルマラソン「愛媛マラソン」があります。しかし、市民マラソン全盛の時代を迎え、競技ランナー中心の愛媛マラソンは次第にその魅力を失いつつありました。そこで南海放送は、2009 (平成21) 年・第48回大会から主催者である愛媛陸上競技協会・愛媛県・松山市らとともにその「市民マラソン化」を図りました。松山市中心部の愛媛県庁前をスタートし、松山城など観光スポットを縫うように走る新コースは人気を呼び、今では参加ランナー1万人という大規模な大会になっています。さらに南海放送では市民マラソン化に併せ、スタートから競技終了までの6時間を一挙にテレビ生中継するという長時間放送を実施して、大会の盛り上げと市民ランナーを応援する愛媛の視聴者の期待に応えています。その結果、視聴率も20%近くを記録しています。このイベントは、全国から集まるランナーによる経済効果も大きく、地域社会の活性化・観光客の誘致などさまざまな地域貢献に資する「スポーツコンテンツ」として成長しました。

地域に密着・貢献するとともに、地域の魅力や財産を、広く発信することも、私たちは地域局の重要な役割だと考えています。

そうした発信の成功例としては「書道ガールズ」が挙げられます。ともすれば「暗い文科系部活動」というイメージであった高校の書道部のイメージを大きく変えたのが「書道パフォーマンス」です。これは、10名を超える女子高校生たちが縦4m横10mという大きな紙に好みの音楽に合わせて筆をふるうものです。きっかけは、南海放送が2005年に制作した県立三島高校書道部の番組「書道ガールズ〜高校日本一への軌跡〜」(NNNドキュメント05）でした。三島高校書道部の女子高生たちを「書道ガールズ」とネーミングしたこの番組タイトルが、「書道ガールズ」という名前の始まりです。この番組内で取り上げた三島高校の「書道パフォーマンス」は注目を浴びて、NTV系の「ズームイン!! SUPER」で「書道ガールズ甲子園」として、定期的に全国各校のパフォーマンス競技会の中継（2009年〜）が始まりました。また、これに並行して、書道に打ち込む少女たちを描いたコミックの刊行や他局ドラマ化もあり、一種の書道ブームに繋がっていきました。さらに2010年5月には四国中央市のオール地元ロケによるNTV製作映画『書道ガールズ〜わたしたちの甲子園〜』が封切され、「日本一の紙の町」としての全国発信、故郷への愛情で大きく盛り上がりました。大手製紙会社から中小の製紙会社まで「日本一の紙産業の集積地」としての大きな自負はあったものの、今ひとつ全国的な認知度が不足していた感のある四国中央市では、井原巧市長（当時）を先頭に官民挙げてこの映画ロケを歓迎し、支えました。南海放送が取り組んだ高校書道部への取材という小さな一歩が、映画化へとつながり地域の全国発信へと広がっていったのです。また、四国中央市での「書道パフォーマンス甲子園」も始まり、全国から多くの「書道ガールズ」が、この大会を目指しています。

こうした事例は我々地方民放と地域社会が共に連携し刺激し合いながらお互いを高めていった一例であると思います。このような地域との連携をいかに多く生み出すことができるか。こうしたことが今後、多メディア化の中で地方民放の存在意義として問われていくことになると考えています。

▶地方放送局としての転換点――クロスメディアと海外展開

――また少し歴史的な話に戻りますが、開局から現在までのあいだに地方放送局としては、何か転換点のようなものはあったのでしょうか。

大西　恐らく他放送局と同様、転換点として2つ時期があったと考えています。

1つ目が、愛媛エリア内での民放4局化（多局化）の時期、2つ目が地上デジタル化（設備投資、自立コンテンツ力）が進められた時期です。

1つ目からお話ししますと、開局以来、1局時代（南海放送）、2局時代（南海放送、テレビ愛媛）を経て、1992（平成4）年にはTBS系列局が、そして1995（平成7）年にはテレビ朝日系列局が誕生しました。多局化の時代を迎えたわけです。これにより南海放送は従来のクロスネット（複数のキー局から番組を選択する）編成を廃止して、日本テレビ系列22番目のフルネット（単一のネットワークに加盟する）局として再スタートすることになったのをはじめ、4局化による機械式の視聴率調査導入や、テレビ事業開始以来初の減収など多くの劇的な変化が南海放送に訪れました。こうした中、南海放送では多局化対策委員会を設置して、危機意識を共有することで多くの提言がなされましたが、このときに後の転換点となるデジタル時代へと繋がる、「コンテンツ力強化」が唱えられました。

2つ目の地上デジタル化ですが、2003（平成15）年12月に関東・中京・近畿エリアで地上デジタル放送が開始されて以降、各地放送局は2006（平成18）年10月のデジタル放送開始に向けて設備投資を本格化していきました。南海放送でもデジタル放送を開始するための投資は、本社機能の移転（新マスター設備、デジタルニューススタジオなど）やデジタル親局の新設、デジタル中継局の開局と続き、経営規模に比較すると巨額の設備投資が必要とされました。アナログ周波数変更対策費を全額国の負担とすることや、民間放送事業者に対するさまざまな金融・税制面での優遇措置が行われたものの、巨額のデジタル投資は経営を直撃しました。そこで、南海放送は「デジタルコンテンツ企業としての自立」を大きな目標のひとつに掲げ、訪れたデジタル時代を生き抜く地方放送局としての方向性を模索していくことになりました。

――結果的にどういう方向性が目指されたのでしょうか。

大西　大きなキーワードは「クロスメディア」と「海外展開」であると私は考えています。クロスメディアとは文字通りメディアとメディアを複合し、重ね合わせることにより、そのメディア力・発信力をアップさせることです。南海放送はデジタル時代を迎え、多メディア化が進行してきた状況の中で、このクロスメディアに注目してさまざまな積極施策を行ってきました。

いくつか例を挙げると、第一は「CATV×ラジオ」です。2009（平成21）年4月、愛媛CATVと南海放送ラジオとのコラボレーションがスタートしました。民放では初めてラジオスタジオに映像を付け、CATVとラジオの同時生放送を行う試みです。さらにテレビ部門とラジオ部門の融合を促進して、「クロスメディアへの挑戦」と「ラジオ媒体力強化」を目指し、愛媛CATVと南海放送ラジオの再送信専用チャンネル「ウィットチャンネル」（CATV19ch）をスタートさせました。このチャンネルはラジオの24時間サイマル放送（同時並行放送）を基本としています。受信機の減少などでメディアパワーの低下が懸念されているラジオを、CATVネットワークにより補完・補強することでラジオの媒体力を向上させることを目的としたクロスメディアです。

クロスメディアの第二は、「ワンセグ×ラジオ」です。これは、ワンセグによる独立編成を活用し、ラジオ番組に映像を付けるという日本初の試みを行ないました。

第三は「テレビ×ラジオ」です。2012（平成24）年4月からラジオ番組をベースにしたレギュラー放送の「ラジオ&テレビサイマル番組」をスタートさせ、全国的な注目を浴びた「くまたまラジオPROGRESS」（毎週木曜10時25分～10時55分）は、従来の発想では交わることのないラジオとテレビのコンテンツが双方のメディアを通して放送されることで、情報のマルチユースや、新たなラジオ聴取者・テレビ視聴者相互の開拓、そしてふたつのメディア力の向上を企図した番組です。さらにこの番組では、テレビ制作者とラジオ制作者がそれぞれのメディアの特質から生み出した制作手法を議論し融合させるなど、制作現場での刺激的な試みも続けられています。また、南海放送ラジオは、従来より地域の隠れた人物・歴史を掘り起こす「ラジオドラマ」を制作してきました。その取り組みは、芸術祭や日本放送文化大賞など多くの評価を得ています。そのラジオドラマをベースに、「子規・漱石生誕150年」にあたる2017（平成29）年、テレビドラマ「赤シャツの逆襲」を制作。ラ・テ兼営局ならではのラジオ×テレビのクロスメディアを追求しています。

第四は「テレビ×映画」です。2012（平成24）年9月には、過去に8年にわたって取材活動を継続し、全国放送も含めこれまで8回のテレビ放送を行った「X年後」を再編集し、映画化に踏み切りました。この番組は1954（昭和29）年にアメリカの手により実施されたビキニ環礁での水爆実験により被曝したのは、巷間伝えられてきた第五福竜丸乗組員だけでなく、実はその背後に多くの日本人乗組員たちの被曝があった、という歴史的事実に迫る調査報道です。南海放送は2004（平成16）年からテレビでの取材・放送を開始し、9年にわたる地道な取材を積み重ねての映画化となりました。映画『X年後』は地元松山と東京の映画館で同時上映を開始しました。テレビ番組と映画化との関連はドキュメンタリージャンルにおいていくつかの先例はあるものの、地方民放局による映画化は異例で、公開以来、全国的な注目を集めています。この映画化の狙いは「放送」というメディアの限界を超えて、全国で希望があれば何回でも観ることができる映画というメディアの特質を取り込むことです。そのことで制作者（番組）のメッセージを、関心を持つ人々に明確に、確実に、必要であれば繰り返し伝えることができます。

さらに今回の映画化の特徴は、映画館での上映を終えた後も各地の希望団体による自主上映方式による上映を可能にしたことで、10人、20人という小規模なグループによる上映が現在もなお続いています。こうして上映開始以来1年半で全国の上映館19館、自主上映件数150件、新聞や雑誌、インターネットなどのメディア掲載件数200件、観客動員約2万人を数えるまでに至っています。そしてこの映画化による新しいメディアミックスの形は民放業界でも高く評価され、第50回ギャラクシー賞「報道活動部門」大賞や平成25（2013）年度「日本民間連盟賞・放送と公共性」最優秀など多くの賞を受賞しました。このようなテレビから映画への流れは、今後地方民放のコンテンツの魅力や力を伝える大きな武器となり得るし、その動きも加速しています。映画『X年後』は出版も決定しており「テレビ×出版」のメディアミックスも展開される予定です。

――クロスメディアにかなり積極的な印象です。特にラジオに注力しているというのは、他局と比べても目立つ点ではないでしょうか。

大西　ラ・テ（ラジオ・テレビ）兼営局という特殊事情もあると思いますが、

ラジオをどう活性化していくかということは南海放送にとっては最大の経営課題になっています。2014年からFM補完局という制度（AM番組をFMの電波で放送する）が始まり、南海放送と北日本放送が総務省からの補助金もいただいて真っ先にスタートさせました。ラジオ自体、今は若者が聴かなくなっていて大変厳しい状況ですが、ラ・テ兼営局としてラジオをほったらかしにするわけにはいきません。ラジオはもともとテレビと違って自社制作比率が6割弱とかなり高い。FMの音質の良さを意識しながら、かつ報道部を持つローカル局としての強みも活かしながら、何とかラジオを活性化させるために地元の高校生向けの新番組を始めるなど、いろいろと試行錯誤を行っているところです。

私の個人的な考えでは、このようなラジオ、そしてインターネット、映画などを合わせたメディアミックス、あるいはメディアの境界を超えたチャレンジングな試みは、現在の南海放送を象徴するものです。ラジオとテレビ、テレビと映画、さらにテレビとSNS等々、メディアのさまざまな組み合わせは、それぞれの媒体価値を向上させるだけでなく、そのコンテンツの創り手たちのモチベーションを刺激し、新たなデジタル時代のコンテンツを産み出す可能性に満ちていると言えます。そして何より、これまでの地方民放が抱えていたさまざまな限界と制約を乗り越えられる可能性を持っていると感じています。

――もうひとつの「海外展開」というのはどういうものでしょうか。

大西　地方民放にとって、コンテンツの海外展開は決して容易なことではありません。海外に受け入れられるテーマの選定、海外向けの翻訳作業（ローカライズ）の費用負担、そして海外での展開ルートの開拓など、いずれもハードルの高い作業です。しかし今後地方で創り出される番組コンテンツの在り方を考えた際には避けて通れませんし、またさまざまな可能性を導き出してくれるのが海外展開であると考えています。これについてもいくつかの例を挙げると、第一に、さきほどお話しした「もぎたてテレビ」のハワイレギュラー放送があります。これは2012年7月から始まっています。ハワイの地元ケーブルテレビ局NGN（Nippon Golden Network）で毎週火曜日の夜、ゴールデンタイムに放送されています。愛媛というローカル情報に特化した番組だけに当初不安がありましたが、今では「日本の懐かしい風景が嬉しい」「四季を感じられる」「日本の今が見える」といった好意的な評価が増えています。このハワイでの放送は、愛媛とハワイの姉妹都市提携に伴う文化交流の一環として実施されていて、2013年11月には、「もぎたてテレビ」取材班がハワイを訪れ特別番組を制作、愛媛とハワイとのつながりを掘り起こすさまざまな事象を放送しました。さらにこの特別番組をハワイでも同様に放送する等、徐々にダイナミックな交流が生まれ始めています。

第二は、TIFFCOMへの参加です。TIFFCOM（東京国際映画祭併設マーケット）は、26の国と地域から300を超える出展団体が参加し、登録バイヤー数は1000名を数える国際的なコンテンツマーケットです。南海放送は、中四国地区の同じ日本テレビ系列である広島テレビ・山口放送と共に、3局でブースを出展しました。地方民放としては積極的な試みです。広島テレビは地元の名物「お好み焼き」をテーマにした番組など5番組、山口放送は秀作ドキュメンタリーである「山で最期を迎えたい～ある夫婦の桃源郷～」など3番組を展示しました。そして南海放送は前述したドキュメンタリー映画『X年後』を出品し（いずれも英語版）、アジアを中心とした海外バイヤーとの商談に臨みました。計3日間のイベントにもかかわらず、『X年後』についての商談は26件に及び、海外バイヤーの関心の高さを痛感すると同時に、日本の地方民放が制作したコンテンツへの期待の高さも実感することができました。その根底にあるのは恒常的なアジア地域でのコンテンツ不足で、海外からの視点で言えば、日本国内の中央・地方という区分けはあまり関係がなくて、求められるのは「高い満足度」のみだと思います。その意味で海外展開は、地方民放にとっても中央の放送局と同じ土俵でビジネスを展開することが可能な場であり、戦略次第では、今後新たなマーケットとしても期待できるはずです。

第三は、インドネシアとの国際共同制作です。このような海外展開の流れの中で、南海放送は総務省が取り組んでいる「地域活性化に資する国際共同制作に関する調査研究事業」に企画応募しました。エントリーした「しまなみサイクリング魅力発信」企画は全国101件の応募の中から選ばれた12の選定企画のひとつとなりました。愛媛と広島を結ぶ「しまなみ海道」が日本で唯一の自転車道を有するルートであることから「サイクリングの聖地」と注目を集めていることを盛り込んだ企画です。この国際共同制作のシステムは、国内の放送業者が海外の放送業者と共同でコンテンツを編集・取材するもので、主催者があらかじめ企画に掲げたテーマを勘案し海外の放送局とマッチングし、相手局の取材班が日本を訪れ取材し、海外に発信するというものです。南海放送は、日本、あるいは愛媛と同じようにサイクリングブームが興りつつあるインドネシアの全国ネット放送局メトロテレビとの共同制作となり、2013年10月には、2人のクルーが愛媛を訪れ、日本や愛媛のサイクリング情報を取材しました。2014年2月の番組完成に向けインドネシアでの作業が続いています。この海外企画は愛媛県など関係自治体の注目度も高く、地域経済のグローバル化と併せデジタル時代のキーワードのひとつと言えます。このようなコンテンツの海外展開は、インバウンドを促進する国や地方自治体の取り組みもあり、今後も加速されるのではないかと思っています。

▶地域が抱える問題へのアプローチ――過疎・ミカン・本四架橋

――地域固有の問題や災害などには、これまでどのように取り組んでこられましたか。

大西　地方放送局にとって各局が依って立つエリアが抱える諸課題と向き合うことは大きな使命です。その課題に向き合い、掘り下げ、長期的な視点でさまざまな角度から地元住民に提言を行い、共に考えていくことで住民の意識の喚起を行うことができるからです。愛媛エリアでも全国の地方に共通する課題や固有の課題など、過去から現在までさまざまな課題があって、南海放送でもその解決に向け地域社会と共に取り組んできた歴史があります。

地方放送局が向き合うべき課題として共通の根本的な課題は、「地方の過疎化」であると言っても過言ではないと思います。過疎化は地域経済、地域コミュニティー、地方自治など、さまざまな面に大きな影響を及ぼしますが、そのうちのひとつが地域医療問題です。1972（昭和47）年に愛媛県待望の愛媛大学医学部設置が決定されました。地方の医師不足、さらには僻地医療の充実に向け、県民の期待は高まりました。南海放送では医学部設置に伴い、「果たして大学医学部が地域の医療に向け、開かれたものになるか？　そのためにはどうすればいいか？」を大きなテーマに掲げた「愛大医学部への提言」キャンペーンを始めました。計7回の30分番組を制作・放送し、医学部の首脳陣も大きな関心を示しました[*2]。このうち、特に第5回「へき地の声を聞く」では、医学部長らが島々の町や山間部を訪ね地元住民と座談会を開き、その場で乳幼児や老人の死亡例や、救急体制の不備を訴えるなど僻地医療に関する切実な要望が浮き彫りにされ、大きな成果が得られました。その後、愛媛大学医学部は地域医療においてユニークなカリキュラムを組むなど、地域を支える医学部としての姿勢を明確にしてスタートしました。

ふたつ目はミカン産業です。地域に根ざした放送活動、地域密着は南海放送の使命です。地域社会との結びつきを強めるために、さまざまな面から地域の生活行動・視聴行動など地域民放と地域社会との結びつきを科学的に分析する冊子『地域と民放』が、1966（昭和41）年に愛媛大学教授の指導によって発刊されました（計4冊）[*3]。その第4巻は、「ミカンキャンペーン」を扱っています。地域産業の根幹である農業、なかんずくミカン産業は愛媛にとって常に大きなテーマであり、時の政府の動向は常に地域農業、地域経済の趨勢を左右してきました。愛媛県では1955（昭和30）年頃からミカン栽培が盛んになり、一時は「金のなる木」とまで言われて、「ミカン御殿」があちこちに建った華やかな時代もありました。しかし1968（昭和43）年の全国的な温州ミカンの豊作やグレープフルーツ自由化の動きが愛媛のミカン農家を脅かしていきました。

そうした状況の中で、「曲がり角に来た愛媛のミカン」をテーマにアメリカ・カリフォルニア州とアリゾナ州のグレープフルーツ栽培農家を取材し、企画ニュースとして県下で放送すると共に、アメリカ柑橘農家の実態に関して県下での報告会を行いました。輸入オレンジに対抗するためにはあくまでも「美味しいミカン」作りへのこだわりと、包装などの付加価値を付ける工夫が必要であるなどのキャンペーンを展開し、愛媛の主要産業であるミカンへの的確な情報提供を行いました。その後も1978（昭和53）年にはオレンジ輸入枠拡大をめぐる日米交渉をワシントンで取材する等、地域の主要産業を注視し続けてきました。

第三は、本四架橋です。愛媛県にとって本州との架橋は、時の政治や経済状況に翻弄されながらも、常に県民の関心であり希望でした。1979（昭和54）年5月12日、尾道と今治を結ぶ最初の橋「大三島橋」（全長328メートル）が完成しましたが、これは、石油ショックによる着工延期を乗り越えての架橋の第一歩でした。南海放送では開通式当日に、テレビ特別番組を編成し喜びの表情を伝えました。

このように架橋事業は報道活動の中で一貫したウェートを占めることになりました。歴代スタッフは、架橋建設促進活動や熾烈を極めたルート誘致合戦、架橋事業に対する国民の冷静な声等の取材を続け、地域への発信を継続しました。特別番組は「えひめ21世紀への足音」シリーズとして、1999年の愛媛・今治と広島・尾道を結ぶ「しまなみ海道」開通まで、主だったものだけで7本に及びました。

こうした架橋の動きは中四国民放地方局が共同で報道制作活動を行う「ブロックネット番組」を誕生させました。それぞれが番組テーマを分担し取材するが、時には統一テーマによる共同取材を行いながら、中四国の各エリアで放送するというシステムは、地域の課題や将来像を多面的に捉えることができる貴重な放送システムとなりました。南海放送でも1997（平成9）年から広島テレビと共同制作番組「わが心の瀬戸内海物語」をスタートさせました。これは間近に迫った「しまなみ海道」開通に向け、今一度、瀬戸内海の人・歴史・暮らしを見つめ直そうというシリーズ番組です。3カ月に1回の番組は5回にわたり、放送作家・早坂暁氏、映画監督・大林宣彦氏等の出演を得て、愛媛・広島両県の人々に来るべき新時代に向けての「心のメッセージ」を伝えました。こうして迎えた1999（平成11）年5月1日のしまなみ海道開通の日には、広島テレビとの共同制作番組「これが瀬戸内しまなみ海道だ！」を放送しましたが、この番組は中継車5台、16台のカメラ、120人のスタッフを数える記念碑的な番組となりました。

このような地域の将来像と密接に繋がったテーマは、地方民放にとって大切なものです。政治面や経済面からのアプローチはもちろん、文化面、地域コミュニティなどの生活面や、さらにはそこに暮らす人々の心の在り方といったテーマに及ぶまでさまざまな角度からの取材活動が必要で、地域に密着するが故に冷静、客観的、長期的な放送活動が求められています。

▶地方から全国へ――子どもたちの病理と棄てられた被曝

――全国的に共有されるような課題についての取り組みのようなものはありますか。

大西　はい、いくつかの取り組みを挙げることができます。第一は、「子どもたちの病理」をめぐる取り組みです。ひきこもり、拒食、過食、家庭内暴力など、若さゆえに苦しみもがく子どもたちの「心」を蝕むさまざまな病理が広がっていますが、地方といえどもこうした全国的な問題からは無縁ではいられません。こうした子どもたちの状況に危機感を抱き、「解決へのアプローチをテレビ番組から提案したい」という松山赤十字病院の小児科医師の呼び掛けに賛同して、私たちは「子どもたちの心」をテーマにした番組を制作しました。

毎日、予約の親子で溢れかえるカウンセリングルーム、拒食症で苦しみ骨と皮のみになってしまった14歳の少女、親子の葛藤、繰り返される逃亡といった、まさに戦場となった小児病棟の中で、取材カメラは1年間にわたり小児病棟での定点取材を行ない、子どもたちの心を囲い込む「四角い壁」を描きだしました。「良い子でいたい」「親に心配をかけたくない」「自分は駄目だ」……、こうした真面目で心優しい少年少女たちが自らの心を取り囲むように作り上げてしまう「四角い壁」があります。その壁を壊し、感情を爆発させ自我を出すことこそが彼らを救う第一歩だと医師は言います。医師の粘り強い会話と献身的な治療で、拒食症で苦しむある少女の「四角い壁」が壊わされていく過程を、カメラは追いかけました。そして彼女が手にしたのは医師が作った小さなおにぎりでした。そんなプロセスを克明に描いた番組「こ・わ・れ・る～小児病棟1年の報告～」(2000年) は地方にある病院の小児病棟という小さな入り口から、世界の子どもたちに通じる普遍的な事実を描きだしたドキュメンタリーでした(地方の時代映像祭大賞、世界テレビ映像祭グランプリ)。

このように、地方から、いや地方だからこそ可能なアプローチがあると思います。身の周りの問題に少しでも解決の糸口を提案したいという放送人の願いに対して、こうした地域の人材との連携は大きな可能性を示してくれます。

二番目として、先ほども触れましたが、いわゆる第五福竜丸事件の陰に存在した巨大な被曝事件に対する調査報道もまた、地域の視点からの取り組みです。広島・長崎の被爆を経験した日本ですが、もうひとつ忘れられ、棄てられた被曝事件がありました。1954（昭和29）年にアメリカが行ったビキニ水爆実験です。当時、多くの日本のマグロ漁船が同じ海で操業していました。漁師の数は、およそ2万人もいました。にもかかわらず、第五福竜丸以外の被曝は人々の記憶や歴史から消し去られていました。南海放送はこうした事実を愛媛に隣接する高知県宿毛市に暮らす元高校教師と共に2004（平成16）年から8年にわたり取材し、放送しました。その番組本数は全国放送2回を含む計8本に及びました。広島原爆の1000倍以上の破壊力があるといわれる水爆「ブラボー」など、計6回の水爆実験に遭遇した乗組員たちもいたのです。

ある船では乗組員のほとんどがその後ガン等で死亡していました。また元高校教師たちが行った聞き取り調査や我々の取材でも、被曝を裏付ける証言が続々と出て来ました。「マグロ船に乗ると早死にする」「降ってきた白い灰を手でかき集めた」「その海で取れた魚を食べ、海の水で毎日体を洗った」「船員だった夫も義理の弟も早くにガンで死んだ」「遺体は熱くて抱き上げた手から汗が滴り落ちる程だった」「当時のガイガーカウンターで、船体から6000カウントの放射線が検出された」等といった証言です。水爆実験による被曝は、10年、20年、30年という長い時間をかけ乗組員たちの身体を蝕んでいきました。第五福竜丸事件からおよそ半世紀が経過している中で、被爆国・日本の「棄てられた被曝」が存在しているのです。

この一連の番組を制作中、多くの方から聞かれた質問は「なぜ、この調査報道を愛媛の地方局が？」というものです。もちろんマグロ船の乗組員は愛媛にも存在しているし、被曝船の船籍の多くが隣県・高知県という理由もあります。長年調査を続けている前述の元高校教師も高知在住です。しかしそういった理由よりも、番組を担当した制作者の「地方局なりの方法でこの事実を検証し、世に問う必要がある」という使命感が最も大きい理由です。そして不幸にして起きた2011（平成23）年3月11日東日本大震災に伴う福島第一原発事故でも、我々の調査報道は予期せぬ注目を浴びることになりました。高齢化した乗組員の証言を記録できる残り時間はわずかです。地方からの視点、地方局らしい手法で、これからもこの大きなテーマと対峙してく必要を痛感しています。

▶災害に際して――東日本大震災への対応と南海トラフ地震への備え

――災害への対応についてはいかがですか。

大西　東日本大震災では、南海放送も総力を挙げて対応に取り組みました。震災当初、南海放送が加盟する日本テレビ系列では3月11日の14時57分から緊急特番編成に入り、3日後の3月14日まで76時間の特別編成を継続しました。この間CMなしの放送は61時間を超えました。そして伊方(いかた)原発が立地する愛媛県でも憂慮すべき事態が起こりました。福島第一原発の事故です。3月12日には関東エリアでの愛媛県関連企業の被災状況、14日には岩手県釜石市の被災現場に入り自衛隊の捜索活動、さらに宮城での仮設住宅や行方不明者の合同葬儀など、系列局としての取材に加え、初動での独自報道にも力を注ぎました。

そしてその後は、中長期な視点での報道活動にも取り組みました。大震災発生から3カ月後の6月11日には日本テレビ系列四国4局（南海放送、西日本放送、四国放送、高知放送）が共同制作番組、「大地震から命を守る～東日本大震災から何を学ぶか～」を放送しました。この番組では、南海トラフ地震による多大な被害想定が叫ばれている四国エリアの地元局が、それぞれのエリアからの課題を報告し、四国という大きなブロックで震災対策を検討しようという提言を行いました。愛媛からは伊方原発の安全性の検証を、また県都水没も起こりうるとされる高知からは避難計画の見直しなどの提言をしました。また同時に、南海放送は系列の福島応援取材にもいち早く参加しましたが、これは地元に伊方原発を持つという地域性が大きかったと思います。こうした中、2012（平成24）年1月に伊方原発は全3基が運転を停止しました。2013（平成25）年2月には愛媛県地域防災計画の「原子力災害対策編」が決定し、伊方原発の災害重点区域が半径30キロ圏に拡大され、さらに6月には30キロ圏内の住民約13万人を県内と山口、大分に避難させる広域避難計画が発表されました。

――発生が予測される南海トラフ地震に対しては、どのような対応を考えておられるのでしょうか。

大西　2013（平成25）年1月には系列のほぼ全局が参加し、南海トラフ巨大地震訓練を実施しました。広島・福岡・大阪からのヘリコプターにより四国沿岸をカバーし、津波警報を伝える初動態勢から、安全情報の発信、本社機能停電への対応など、さまざまな局面を想定した連携策を試みました。南海地震では、太平洋や宇和海を中心に数メートルから数十メートルもの津波の到達が見込まれていますから、訓練も津波情報をいかに早く多く伝えるか、そして避難を誘導するかに力点が置かれました。そして生命を救った後は、「生命をつなぐ報道」の内容と質が問われることになります。伊方原発の情報は、身の回りの被害はどの程度なのか、ライフラインは生きているのか、地震速報の画面は、等々、人間が生活を続けていく上でさまざまな情報が必要となります。その生活・生命をつなぐために必要な情報を提供していく、そうした意識が肝要となります。「生命を救い、生命をつなぐ」ために必要な情報を、整理して放送で紹介していく災害報道が極めて高い公共性を有することを再認識しました。

さらに南海放送では、想定されるさまざまな緊急事態（最大級の地震はマグニチュード9クラス、県内20市町での死者数は最大で1万2000人規模想定など）に対処し、報道機関として市民の安心・安全を守る役割を果たすために、事業継続計画（BCP）を2013（平成25）年5月に策定しました。内容的には「報道部門の初動体制を迅速に確立させながら緊急編成を行い、ラジオ・テレビ・ウェブなど南海放送が持つマルチメディア機能をフル活動し、情報の収集・発信にあたる。人員の確保や放送機器の復旧作業、非常用物資の調達など全社的な体制により、電力復旧までの最低3日間は自立放送を可能にする」ということが眼目になっています。まさに地域住民の命を救うための報道活動を行う大前提となる計画で、地域民放としての生命線とも言える内容になっています。

さらに系列の四国4局は、緊急事態発生時に放送を継続するための相互援助を確認する目的で、2013（平成25）年4月に「緊急時の四国4社のラジオ・テレビ放送継続の為の相互援助に関する協定」を締結しました。そこでは、①報道制作部門、②ラジオ・テレビ編成業務部門、③総務部門と、災害発生時に連携が必要と思われる部門での協力を確認し合いました。これは東日本大震災のような複合的大災害の中で、住民の命を救う放送活動を継続するためには、県域を越えたネットワーク相互の支援が必要であるという危機意識から生まれたものです。このように東日本大震災は、地域に立脚する民間放送の意識を大きく前進させましたし、地域に立脚する民放としての危機管理の整備を促進させることになりました。そして、命を救うための放送を継続させるのに必要な放送の安全、信頼性の確保が大きなテーマとして浮かび上がっています。

▶地域民放の可能性——地域プラットホームとして

——地域放送としての南海放送の今後の使命をどう考えておられるか、最後に改めてまとめていただけますか。

大西　急速な人口減少が進んでいる地方の現状を踏まえ、大きく3つ挙げることができるように思います。

ひとつ目は、「地域住民を守る意識」です。東日本大震災は地域に立脚した放送活動の重要性を改めて問いかけました。非常時においては、地域住民の命を救う放送の継続が何よりも求められます。そのための備えを万全とすることが地域民放の大きな使命です。同時に中長期の視点から、地域コミュニティー、福祉、医療、雇用、環境、教育などさまざまな歪みが押し寄せている地方社会をどのように守っていくか、そしてそのための有為な提言や取り組みを継続的に発信していくことができるか。地方民放は、今後ますますその社会的な存在意義を問われることになるのではないかと思います。

二番目は、「地域番組の活性化」です。活性化とは量的な拡充だけを意味しているわけではありません。より地域ニーズにあった視点での番組制作、より地域社会への還元性のある番組フローの確立、さらには他メディアとの連携や海外をも視野に入れた地域番組の発信など、地方局独自の放送活動への試みが改めて問われていると思います。例えば共通の課題を持った地域ごとの共同制作番組の強化や番組の交換、地域住民の参加性の高い番組制作など、従来の発想にとらわれない柔軟で先駆的な試みも求められてきます。その結果としての「地域住民の共有財産となるべき番組」の増加こそが活性化と言えるのではないでしょうか。こうした地域番組の活性化が、多メディア化の中での地方民放のアイデンティティーになるはずだと考えています。

三番目は、「地域プラットフォーム」ということです。地方の放送活動における最大の財産は地域に暮らす「人」です。人はそれぞれが「伝承の森」、つまり、家族、仕事、友人、受け継いだ風習など、数えきれない情報を持つ存在です。私が個人的にイメージする地方民放のイメージは、そういった地域の「人」が集う「駅＝プラットフォーム」のようなものです。人は目的を持ち駅を目指し、集い、目的地に向かっていきます。その駅の役割を地方局が果たすことができればと考えています。農業・漁業従事者、高齢者、大学生、中小企業者、店舗経営者、子育て中の母親等々、あらゆる人がそれぞれの情報を持ち、駅に集まり、そしてその多様な情報を的確に目的地に向け発信していくわけです。中央のメディアでは難しいことですが、より人と近い存在である地方局では、地域住民の放送への参加性を高めること、彼らの持つ情報をきめ細かく収集し発信していくことが可能ではないかと考えています。このようにして、地域と地域民放が互いに刺激し合い、連携し、成長し、より良きパートナーとなることが地方の活性化や存在感の増大に寄与していくと信じています。地域民放、そして地域番組が果たすべき役割はまだまだ大きく、さまざまな可能性があると思います。

注――――

＊1　水野広徳について、南海放送が発信した代表的なものは、以下のとおりである。
　テレビ番組「剣を解く～反骨の軍人水野広徳～」（ローカル放送、1979年）
　テレビ番組「悲劇の予言者～海軍大佐・水野広徳の戦い～」（全国放送、1995年）
　『水野広徳著作集』（全8巻、1995年）
　小中学生向け読本『水野広徳自伝　平和を訴え続けた軍人の半生』（2010年）
　「水野広徳～軍服を脱いだ平和主義者展～」（松山市・子規記念博物館、2012年）

＊2　「愛大医学部への提言」キャンペーンの全7回の内容は、以下のとおりである。
　第1回「愛媛大学首脳陣に聞く」
　第2回「医師不足の現状」
　第3回「期待される医師像」
　第4回「公害に取り組む医学部」
　第5回「へき地の声を聞く」
　第6回「外国から見た日本の医療」

第7回「総集編・私達の医学部に」

＊3 『地域と民放』全4冊のラインナップは以下のとおりである。

第1巻『地域と民放　地域社会は民放に何を期待するか』（1966年）
第2巻『地域と民放Ⅱ　番組とCMの課題を巡って』（1968年）
第3巻『地域と民放Ⅲ　テレビ選挙への出発』（1970年）
第4巻『地域と民放Ⅳ　ミカンキャンペーン』（1970年）

大西康司（おおにし・こうじ）

執行役員テレビ局長
1959年愛媛県生まれ。1982年入社。制作者として、地域レギュラー番組、ドキュメンタリーなど多くのテレビ番組に携わる。ドキュメンタリー映画『X年後』、地元情報番組「もぎたてテレビ」などをプロデュース。

高知放送

社　名　　　：株式会社高知放送
略　称　　　：RKC（Kochi Broadcasting Co., Ltd.）
本社所在地　：高知県高知市本町三丁目2番15号
資本金　　　：2億2000万円
社員数　　　：132人

コールサイン：JOZR（ラジオ）／JOZR-DTV（テレビ）
開局年月日　：1953年9月1日（ラジオ）／1959年4月1日（テレビ）
放送対象地域：高知県
ニュース系列：NNN・NNS
番組供給系列：JRN・NRN（ラジオ）／NNS（テレビ）

山岡 博　（専務取締役）

聞き手：米倉 律
インタビュー日：2015年12月15日

▶高知県の特徴――山の多い地形と少子高齢化

――本日は高知放送と高知県との関わりについて、設立からの経緯やその後の歴史、地域放送番組、地域社会との関係性、経営に関連する諸課題などについて順に伺いたいと思います。最初に、高知県の放送業界の特徴、独自性についてお聞かせください。

山岡　高知県は東西長が約190kmと長い県です。海岸線が長いだけでなく、山間エリアが多いですから、放送をやっていく上でも電波の中継局を数多く設置する必要があるということが最大のエリア特性だと言えるでしょう。デジタル放送時代になって事情は少し変わりましたが、アナログ時代には、親局を含めて86局ありました。

デジタル放送時代の今は52局になっています。しかも他局との共同です。高知県は民放3局地区ですが、この3社で共同で設置しているわけです。これは全国的にもあまり例のない形ですが、お互いに経営的な負担が大きいということはわかっていましたし、後発の高知さんさんテレビ（フジテレビ系列）は平成新局として当時設立されたばかりでしたので、できるだけ経費の負担を少なくしたいというような事情もありましたから、3社社長の意見が一致し、さらに弊社が音頭を取る形で話をまとめて進めていきました。

それから、これは後の話に関係してくると思いますが、高知県は人口減少、少子高齢化が全国的にみてもかなり急速に進んでいます。高知県で人口の自然減が始まったのは平成2（1990）年で、これは全国平均よりも15年も早く、高齢化率は31.1%（2013年現在）で秋田県に次いで全国で2番目の高さです。こうした人口減少、過疎化、少子高齢化といった状況は、言うまでもなく放送業界にとってもかなり大きな問題となっています。

▶ラジオ放送からテレビ放送へ――高度成長の波に乗って

――では、開局の経緯からお聞かせください。

山岡　高知放送がラジオ局として誕生したのは1953（昭和28）年です。サンフランシスコ講和条約が締結され、日本が国際社会に復帰した年ですが、当時は朝鮮戦争特需後のデフレ不況下でしたから、スタートを切るのにあまり良い年ではなかったかもしれません。開局を主導したのは高知新聞社の福田義郎（当時・専務取締役）という人でした。当時、高知新聞社内でも福田氏以外の各取締役は全員がラジオ事業に対して反対だったようです。それは敗戦後の混乱からまだ立ち直っておらず、経済的にも不況の中で本業がようやく安定しかけたばかりなのに、そういう中で新しい事業に手を出すのは危険なのではないかという理由でした。

しかし、福田氏は、当時中央の新聞社の攻勢にさらされていた地方紙の事業を守るうえでも、また地域社会の中で報道機関としての主導権を握っていくためにも、ラジオ局の設立が必要だと強く主張し、開局へとこぎつけました。予備免許が下りたのが1953（昭和28）年8月1日、コールサインはJOZR、本放送開始が9月1日、全国で20番目のラジオ放送局としてスタートしました。この年は全国で15社、22局の地方民放局が開局しています。四国では徳島の四国放送が前年の1952（昭和27）年に開局しており、高知放送はそれに次ぐ2局目でした。

——初期の局内の状況はどうだったんでしょうか。

山岡　当時のラジオ高知の組織は、総務、業務、編成、技術の4局に加え、東京と大阪に支局を置くという体制で、総務、業務の両局長には元高知新聞取締役編集局長の中平正明氏が、編成と技術局長には同盟通信社記者だった矢部順太郎氏が就任しました。社員51人での船出でした。

もちろん、開局当初から順風満帆というわけにはいかなかったようです。設備投資に多額の資金を投じたうえに、番組制作にはお金がかかりますし、資金繰りは苦労の連続で、当時の経理担当者は「毎日毎日が手形をおとすのに四苦八苦した」と証言しています。給料も安く、飲み屋も食堂もラジオ高知の従業員は「ツケ、お断り」だったという話です。

当時の資料によれば、開局当初の1週間で、一日平均65本、18時間分の番組を制作して、「スポンサーあり」がそのうち一日平均わずか25分でした。言い換えれば、一日17時間35分は儲からない商売をしていたことになります。

そういう苦しい状況が1950年代半ばあたりまで続くわけですが、その後、日本経済全体が上向きになり、いわゆる「神武景気」が到来すると、ラジオ高知も1956（昭和31）年9月期の決算で初めて配当を行うなど、次第に状況は改善されていきます。翌1957年には中村市にラジオ中村放送局を建設するにあたって1千万円の増資を行っています。この頃ようやく決算で利益を確保することができるようになっていたわけです。そうした中で、テレビ開局に向けた準備も始まっていきました。

——テレビの開局は1959（昭和34）年ですね。

山岡　総務省が高知地区のチャンネルプランを発表したのが1957（昭和32）年の6月です。そこでは、割り当て局が2局、チャンネル番号は4と8、うち1局はNHK、残る1局は民放ということになっていました。当初はラジオ高知に加えて、高知県交通を中心としたグループを母体とする高知テレビが名乗りをあげていて、競合する形になっていました。高知テレビ側の主張は、「高知新聞社がラジオだけでなくテレビまで地域で独占的に展開することになれば、地域社会への影響力が大きくなりすぎ、言論・報道の自由の観点からも望ましくない」というものでした。一方、ラジオ高知側としては、自分たちは多大な犠牲を払ってラジオ事業を開拓したパイオニアであって、ラジオ事業もようやく軌道に乗り始めたばかりで、ラジオよりも有望視されているテレビ事業が別法人に認可されるということは、どうしても避けなければなりませんでした。

水面下でいろいろな運動が展開され、ようやく田中角栄郵政大臣（当時）の裁定によって、ラジオ高知に仮免許が与えられることになります。ただし、その時にはいくつかの条件が付けられていました。それは、①ラジオ高知は、高知テレビを中心として広く地元有力者を参加させること、②ラジオ高知は新規計画分の8千万円のうち3千万円をラジオ高知の株式、残りの5千万円を高知テレビ放送および地元有力者に割り当てること、③役員の構成は増資後の総資本に対する出資比率によること、④新聞社の出資が10分の1以上にならないこと、④新聞社の代表権を持つ役員がラジオ高知の代表権を持つ役員を兼ねないこと、⑤一新聞社の役員数がラジオ高知の総数の5分の1を超えないこと、などです。こうしたことが仮免許交付の条件となっていたわけです。

1957（昭和32）年10月に、全国の民放テレビ34社30局に予備免許が出され、高知県ではラジオ高知に免許が下りることになりました。ラジオ高知へのテレビの予備免許交付は1958（昭和33）年の3月、本放送の開始が翌1959（昭和34）年の4月1日です。テレビ開局にあたっては、本社社屋が増改築されて、4階に主調整室、テレシネ室、スタジオなどが作られ、屋上にパラボラアンテナが設置されたほか、五台山送信所にテレビアンテナが作られました。また、四国では初めてのテレビ中継車「むろと」も導入されました。

——テレビ放送は、当初、どういう内容だったのでしょうか。

山岡　ニュース系列は日本テレビをキー局とするNNN系列でした。正午には「日本テレビニュース」、午後0時45分「婦人ニュース」、午後6時45分「RKCニュースフラッシュ」、6時55分「国際ニュース」、午後9時「きょうの出来事とスポーツニュース」、9時45分「高知新聞ニュース」と1日6本のニュースを放送していました。当時の人気番組は、「月光仮面」「怪人二十面相」「鉄腕アトム」「プロレス中継」などですね。

NHK高知放送局が開局した1958（昭和33）年当時、受像機登録数はわずか32台、ラジオ高知がテレビ放送を始めた1959（昭和34）年4月の登録台数も7000台弱という状況でのスタートでしたが、高度成長の波にも乗って、その後、テレビ放送は順調に成長していきました。テレビ時代になっていったわけです。そして1962（昭和37）年1月、「株式会社ラジオ高知」は、「株式会社高知放送」と社名を変更しました。

1961年度の決算によると、ラジオは前期比で3.7％減少でしたが、テレビの売り上げは前期よりも2024万円（17.7％）増加で、営業収入全体では1億9160万円と11％増となっていました。当時は所得倍増政策の時代で、高知県でも多くの家庭にテレビが普及していきました。テレビを見たいという要望が強く、1962（昭和37）年には中村中継局、11月には須崎中継局、1963（昭和38）年には佐川中継局が相次いで完成し、県内多くの地域でテレビ放送が見られるようになっていきました。

▶競争時代のはじまりとネットワーク紛争

高知放送は、開局時からネットワークは日本テレビ系列に参加しましたが、これは当時四国にはマイクロウェーブが民放用には1系列しかなく、四国では先行して徳島でスタートしていた四国放送と同じ系列（＝日本テレビ系列）にならざるを得ないという物理的な事情がありました。当時、日本テレビのプロレス中継やプロ野球中継の人気が高かったこともありました。社内には「ラジオ・テレビ兼営局は同じ経営形態のラジオ東京（のちのTBS東京放送）の系列に」という声があったのですが、それをおさえる形になったわけです。

ただし、当時の地方民放局は程度の差はあっても多くが混合ネットで、安定したネットワークとはいえない状況でした。その後、UHFチャンネルの割り当てを受けた大量のテレビ開局を受け、1966（昭和41）年4月に、日本テレビを代表として、札幌テレビ、青森放送、仙台放送、秋田放送、山形放送、福島テレビ、山梨放送、北日本放送、福井放送、名古屋放送、読売テレビ、日本海テレビ、広島テレビ、山口放送、西日本放送、四国放送、南海放送、高知放送の計19社によるNNN協定日本ニュースネットワークが成立しました。

――1970年代に入ると、他社との競争が始まるわけですね。

山岡　そうですね。1967（昭和42）年に、それまでのVHF（超短波）からUHF（極超短波）に移行し、民放が1局しかない地域にもUHF帯チャンネルを追加割り当てしようという動きが始まります。この年の12月には高知地区にも割り当てがあり、9社が名乗りを上げました。調整の結果、1970（昭和45）年4月にテレビ高知（KUTV、TBS系列）が開局し、もともと市場の大きくない高知県で激しいシェア争いが始まりました。

それと同時に、ネットワーク関係でも問題が複雑になっていきます。高知放送は開局から10年ほどのあいだは、ニュースはNNN系列、ニュース以外の番組は買い手市場で、TBS、CX、ANBから視聴率のよい番組を編成することができていました。しかし、高知地区にも2局目ができることになって状況は難しくなります。

1969（昭和44）年、高知放送はTBSの朝7時のニュース導入を決めて、日本テレビに通告します。当時のネット戦略として新しい局はフジテレビ系列として、高知放送はNTV、TBS、NETの3局の番組を網羅して対抗するという考え方だったのです。そのためにNNN協定でマストバイ（キー局が全国ネット指定する番組）になっていなかった朝のニュースをTBSに乗り換えようとしたわけです。しかし、この件は日本テレビとのあいだで大きな問題になり、さらに後発のUHF局テレビ高知が紆余曲折を経てTBS系列に入ることになったため、最終的には高知放送はNNN系列へということで落着しました。

――地域向けのニュースや番組の制作はどのような形で始まったのでしょうか。

山岡　高知放送の企業理念は、「地域に根差し地域とともに歩む」というものです。これはラジオ高知時代からの理念で、ラジオ高知の「プログラムポリシー」は徹底的な「ローカリティの追求」でした。送り手は、「土佐人」であることが求められ、開局当初から、NHKでもニュースは1日6回の放送だったのに対して、ラジオ高知は1日18回のニュースを放送していました。

当時、ニュースの原稿は、共同通信社から送られてくる国内外のニュースを文字電送機で受け、高知新聞社の記者が取材した県内外のニュースを生原稿、もしくはゲラ刷りからリライトして作成するというようなやり方でした。当時は「老舗のNHKに負けるな」を合言葉にして、放送回数の多さ、ニュース時間の長さなどで対抗したわけです。ラジオ高知としてローカルニュースを本格的に自社で取材し、放送し始めたのはテレビ開局の1959（昭和34）年からです。

草創期のニュース報道のユニークな試みとしては、民放には珍しい報道委員室の設置（1963年）が挙げられます。これは6人の報道委員によってローカルニュースの解説を行うというもので、四国運輸の倒産や大雨災害、農民の決起集会といった大きなニュースを、夜のニュースを中心に解説するコーナーが作られました。ニュースキャスターとコメンテーターという形式の原型のようなものです。そして、1963（昭和38）年9月には、全編顔出しによる委員の解説やゲスト対談で構成する「RKCテレビスコープ」がスタートします。一般ニュースのほかにその日の焦点のニュースを掘り下げようというのが狙いでした。この番組自体は長続きこそしませんでしたが、こうした試行錯誤の中で地域向けの報道番組のノウハウや下地が作られていったわけです。

▶災害報道の歴史――台風による浸水と土砂崩れ

――高知県は台風などの自然災害が多いですから、災害報道にも当初からいろいろと意欲的に取り組まれていたのではないでしょうか。

山岡　そうですね。高知は台風の災害が多く、幾度も大きな被害を経験してきました。戦前で有名なのは室戸台風ですが、戦後の代表的なものとしては、1970（昭和45）年8月に幡多（はた）郡佐賀町に上陸した台風10号があります。このとき室戸岬で最大瞬間風速64.3メートル、高知地方気象台で54.3メートルという気象台開設以来最大の風速を記録、気圧低下と暴風で土佐湾一帯に高潮が発生し、満潮と重なった不運もあって高知市内ではゼロメートル地帯を中心に軒下まで水没する住宅が相次ぎ、市内の実に80％が浸水するという大きな被害を受けました。被害は、県内で死者13人、負傷者491人、全半壊1万8759世帯、床上浸水1万7110世帯という未曾有の大災害でした。

このとき県内各地が停電となり、高知放送本社も停波、ラジオだけが残る形となって「RKCホームアワー」の生放送だけが情報を伝え続けました。番組は実に21時間にわたって災害情報を伝え、のちに「災害時における新しい情報網のあり方を示唆するもの」として高い評価を受け、高知県文化賞や内閣総理大臣賞（1971年）を受賞しました。

また、1972（昭和47）年7月には、香美（かみ）郡土佐山田町繁藤（しげとう）で土砂崩れが発生、一瞬にして60人もの犠牲者を出す惨事がありました。このときは1次災害がまずあって、そこに出動していた消防団員、地元の人たち、国鉄職員、役場職員、高校生らが2次災害に巻き込まれてしまいました。高知新聞社からも記者一人が殉職しました。このとき、高知放送の大型中継車は土砂をぬって現地入りし、特別番組、全国放送番組で生々しい映像を送り続けました。さらに、そのわずか2カ月後の9月にも高知市の比島（ひじま）山で土砂崩れが発生して10人が犠牲になったほか、各地で土石流などの被害が相次いで発生しました。

このとき、開局20周年という節目だったこともあり、災害報道からさらに一歩進んで防災報道、防災キャンペーンが本格化する転機になりました。

——本当に災害が多いのですね。他局、他機関との横の連携などは図られているのでしょうか。

山岡　はい。その後も、1975（昭和50）年（台風5号）、1976（昭和51）年（台風17号）と、集中豪雨、河川の決壊などで大きな被害がありました。75年の5号台風では、仁淀川沿いなど高知県中西部で山津波や河川の決壊などが起き、77人が犠牲になりました。翌76年の台風17号では高知地方気象台開設以来の豪雨を記録、高知市内の半数近い4万7000戸が浸水被害にあいました。高知放送では台風接近に備えて全社体制で臨んだわけですが、とくに高知市内の浸水が始まった日の夜には、ゴールデンタイムにテレビも全面災害放送を行いました。

1970年の台風10号災害でラジオではすでに経験済みでしたが、テレビでは初めてのことです。浸水被害のピーク時には、高知市の坂本昭市長が高知放送のスタジオに飛び込んで、「自分の命は自分で守ってほしい」と述べ非常事態宣言を行っています。浸水被害が夜間に集中すると人的被害が多く出ることが少なくありませんが、このときは停電がなく、テレビが情報提供と避難の呼びかけを続けたこともあって、犠牲者は最小限に止めることができました。

他社、他機関との連携などはこうした経緯の中からさまざまな形で進めてきました。現在までに、四国の同系列4社で「緊急事態発生時の放送継続のための相互援助に関する協定」を締結しているほか、災害時に高知公園を放送のために使用できるようにする県とのあいだの協定、高知新聞等の関連企業と合同での四国電力とのあいだの復電連絡体制についての申し合わせなど、いろいろな形の体制をとっています。

▶地域情報番組の展開——テレビ高知との視聴率争い

——地域民放局はどの局でも、夕方の地域情報番組を主戦場としていますね。高知放送の場合、夕方の時間帯の番組はどのように開発され、どのように展開してきたのでしょうか。

山岡　高知放送でも他局同様、夕方のローカルワイドニュース、地域情報番組が大きな意味を持っています。現在は、「こうちeye」という番組を放送しています。この番組のルーツは、1979（昭和54）年に始まった「テレビレポートRKC6時です」（18時～18時30分）という番組です。当時は多くの地域、局でローカルワイドニュースを放送することがブームになりつつあった時期です。背景には、ニュース取材における技術革新がありました。つまり、それまでのフィルム時代から、軽量で機動性に優れた小型のVTRカメラを活用するENG

(Electric News Gathering) 時代の到来です。高知放送では1979 (昭和54) 年3月に、このENGシステムを採用しました。

そして、ちょうど同じ年、開局25周年を迎えた高知放送では、ライバル社のテレビ高知の「イブニングKOCHI」に対抗して夕方のローカルワイドニュースを放送しようという機運が高まっていました。ENGシステム導入のほか、この年には新しいニューススタジオの完成や、地域の情報員の配置なども進んで、「テレビレポートRKC6時です」が始まったわけです。番組では、地域のニュースを掘り下げて伝えるということのほかに、視聴者と局を結ぶやり方として「テレフォンアンケート」を行いました。これは、視聴者の意見や考えを番組に反映させようということで考えられたコーナーで、毎回多くの視聴者から回答が寄せられ、放送局と視聴者の関係性を強化する双方向番組の草分け的な試みとして評価されました。

その後、1981 (昭和56) 年には、ラジオ高知の開局以来使われてきた旧社屋が老朽化のため取り壊され、テレビマスター関係、ラジオ副調整室関係などの機器類は全面更新されました。その結果、長年の悲願だったクロマキーやカラースーパーなどの新しい映像表現が可能となり、取材はすべてENGに切り替えられ、ニュースの速報性は増していきました。翌年からは4分の3インチVTR編集機が増設され、ほとんどの番組の送出が4分の3インチになりました。

こうした技術革新、設備投資を背景に、民放他局、NHKを巻き込んだ形での、夕方の時間帯のローカルニュース、情報番組の激しい競争が展開されるようになっていくわけです。

——その後、夕方の番組はどのように発展していったのですか。

山岡　1985 (昭和60) 年4月、「テレビレポートRKC6時です」は、「こうちTODAY」に衣替えします。そして、1987 (昭和62) 年からは「プラス1こうち」、1988 (昭和63) 年から「こうちNOW」とタイトルが変わっていきます。

このようにタイトルがしばしば変わった背景には、夕方の時間帯では先行していたライバル局のテレビ高知の番組「イブニングKOCHI」との視聴率競争がありました。

「イブニングKOCHI」は1970 (昭和45) 年のテレビ高知開局から続く番組で、

1970～80年代を通じたほとんどの時期において視聴率競争では高知放送は後塵を拝していました。したがって、この頃の夕方のローカル情報番組では、「イブニングKOCHI」にどう勝つかということが大きな課題でした。

「テレビレポートRKC6時です」が始まった当時の「社内報」を見ると、その時の意気込みがいろいろと伝わってきます。特に、この時には、番組タイトルの決定にあたっては、社内公募を行って195もの案が寄せられ、その中から決められたようです。そして、そのうえで、①キャスターの交代、②ニュースフォーマットの変革、③取材上の新たな試み、④美術・技術・演出上の変革、⑤土曜日もニュース枠増設、といったことが検討されました。そして、記者リポートを多用して、視聴者に理解されやすいニュースの伝達に努めること、県民の関心の高い問題は時間を多くさいて深く追究すること、それまでのニュース스タイルにとらわれない方法で、時には大胆に切り口を変える、といったことが目指されました。

月曜～金曜は、デイリーニュース、企画もの、町や村の楽しい話題、生活情報、スポーツ、気象情報などで構成し、土曜日は週末情報としてレジャーなど楽しい情報も取り入れていきました。また、この「テレビレポートRKC6時です」で大きく刷新されたのが、気象情報のコーナーでした。当時普及が進みつつあったコンピューターグラフィック（CG）を使って、気象情報をどう楽しいコーナーにするかの試行錯誤が行われました。県内主要地の最高最低気温、翌日の予想最高最低気温の表示、週間天気予報や注意報、警報もCG化して見やすくしたほか、主婦層をターゲットに洗濯指数を導入したのもこの時でした。

こうした成果でしょうか、1989（昭和64／平成元）年を境に夕方の情報番組枠で高知放送が他局を圧倒するようになっていきます。そして、1990年代の「こうちNOW」は、時には週の平均視聴率が20%を超えるような看板番組に成長していきました。1992（平成4）年に行われたある県民意識調査では、「ローカルニュースに力を入れている放送局」として、高知放送はテレビ高知やNHKに大差をつけて高い評価を獲得しており、県民のあいだでの評価も定着していったことがうかがわれます。

――現在は、この夕方の枠はどんな状況になっていますか。

山岡　この時間帯は、「こうちeye」（月～金、18時15分～18時55分）という番組を放送しています。2014年度の年間平均視聴率が12.1%、2015年上期平均13.3%で、おかげさまで高知県内1位の視聴率です。番組のコンセプトは、「愛・生活・地域密着・感動」というもので、毎日、地域に密着したコーナー企画で特色を出しています。

代表的なものとしては、月～金で毎日やっている「めばえ～こうちの希望～」という企画があります。これは1歳までの赤ちゃんとその家族を紹介する3～4分程度の企画ですが、コーナータイトルのタイトルバックで、県内各地の幼稚園児たちに「め・ば・え」と言ってもらう、ということをやっていまして、こういうのも人気の理由だと思います。

——面白そうですね。少しでもそういう形で参加している感じがあると、視聴者も楽しみにするようになりますよね。

山岡　このほか、コーナー企画としては、県内の旬の食材をクイズを交えながら学んで味わうという「こうちのQ食」（月曜）、モノの値段から高知の「今」を探るという「あの値それは値」（火曜）、高知を元気にしようと活動する人たちを紹介する「土佐人力」（木曜）などがあります。いずれもクイズ性や双方向性を取り入れて楽しく見てもらうという意図で作られている企画です。

また、金曜日は「こうちeye」のほかに、「こうちeye＋（プラス）」という番組を15時50分～16時50分の枠で放送しています。これは2014（平成26）年4月にスタートした番組で、高知の問題点を掘り下げるスペシャル企画のほか、地域のグルメ、週末のレジャー・イベント情報などを伝えるニュース情報番組です。この週末の情報番組にもいろいろと歴史的な変遷があります。もともと土曜日に、1987（昭和62）年から「週刊テレポートライフこうち」という番組をやったあと、1991（平成3）年から2009（平成21）年まで長く続いた番組として、毎週土曜の17～18時に放送していた「公園通りのウィークエンド」という番組がありました。

——土曜日にローカル情報番組をやるというのは珍しいことではないですか。

山岡　いいえ、当時は週休二日制ではなく土曜は半ドンという時代ですから、土曜日の昼から生放送で情報番組を編成するというのは理に適っていたのです。

この「公園通りのウィークエンド」では、イベント情報、レジャー情報、グルメ情報などを中心に放送し、かなり定着していました。特に人気のコーナーとして中継車で県内各地に出て行って、現場に各ご家庭の晩御飯を持ってきてもらって紹介する「晩ご飯なーに」というコーナーがありました。それから、地域で人気の女性を探す「マドンナを探せ」というコーナーも人気でした。楽しい企画、コーナーが多かったこの番組はすっかり定着して、スタートから6年後の1997（平成9）年には民放連番組コンクールのテレビ娯楽部門で優秀賞をいただきました。結局、2009（平成21）年まで続く長寿番組になりました。

——地域や地域の人々との関わりでは、他にはどういうことがありますか。

山岡　情報番組とは別に、ドキュメンタリー番組でも地域の話題やテーマを積極的に取り上げてきました。特に、日本テレビ系列の「NNNドキュメント」の制作に参加する中で優れた作品が放送されてきました。精力的に制作されていた1980～90年代あたりのもので代表的な番組をいくつか挙げると、「500分の1の縮図～老人集落土佐池川からの便り～」（1983年）、「母さんどこへ行ったの～愛童園日記～」（1984年）、「故郷への伝言～白滝鉱山閉山から13年～」（1985年）、「126震洋隊～元特攻兵の戦後処理～」（1986年）、「遠ざかる自立～さくら作業所からの報告～」（1988年）などがあります。

このうち「遠ざかる自立」は福祉の切り捨ての問題を取り上げた番組で、国の補助を受けている通所授産施設で働く障害者から、そこでの工賃を上回る費用（場所利用費）を徴収するという不条理を問題にしました。高知放送初のギャラクシー賞月間賞のほか、NNNドキュメント年間最優秀賞、民放連番組コンクール賞などを受賞しました。

▶地域との結びつき——イベント・キャンペーン・NPO

山岡　また、これは高知放送だけでなく多くの地域民放局が行っていることかと思いますが、イベントなどにも力を入れて、放送番組以外でも地域との結びつきの強化を図ってきました。

主催イベントの代表的なものとして「フェスティバル土佐、ふるさと祭り」があります。これは1971（昭和46）年に始まったイベントで、45年の歴史があります。もともと高知市の中心部を流れる鏡川の清流を守ろうという機運の高まりを受けて「鏡川まつり」として始まったものですが、この「鏡川まつり」の会場内に設営された「ふるさとコーナー」が原点となって現在の「フェスティバル土佐、ふるさと祭り」になりました。

このイベントの基本コンセプトは、①故郷の産物を媒体として、日頃絶たれた故郷の人々との結びつきを強め、心を通わす広場にする、②「過疎の農民・漁民」の問題、「生産と消費・流通」の問題について生産者と消費者がともに考える広場にしたい、③「消費者ニーズ」を把握し、一次産業品を商品として開発研究する広場としたい、というものです。毎年10月下旬の金曜～日曜の3日間、参加団体は県内22の市町村および3団体、来場者数は約10万人と、一放送局のイベントを超えて県内最大規模のイベントに成長しました。

イベントが始まった1970年代といえば、放送局は基本的には殿様商売みたいなもので、放送だけで十分に経営が成り立っていた時代です。無理にイベントにお金をかけたり、知恵を出し合ったりしなくてもよかった、そういう時代にイベントを行ってスポンサー小間（こま）（売店）を出したりするという販売促進のやり方には一部で反発もあったようなのですが、こういうやり方がある意味で功を奏した形で今日の姿に繋がっているのだと思います。

――イベントとは異なりますが、高知放送は「高知放送エヌ・ピー・オー・高齢者支援基金」というものを作られていますね。これも地域との関係性の形成という文脈で理解してよろしいのでしょうか。

山岡　そうですね。最初にお話ししたように、高知県は少子高齢化・人口減少が進んでいます。そういう地域の課題に向き合う取り組みもいろいろな形で展開しています。このNPOもそうした取り組みのひとつです。

この高齢者支援基金は1979（昭和54）年、高知放送の開局25周年を記念して老人福祉基金として設立されたものが母体になっています。目的は一人暮らしの高齢者、寝たきりの高齢者、高齢者に関連するボランティア組織を対象にした援助、助成事業、高齢者福祉のボランティアに功労があった個人や団体に対する顕彰などです。2001（平成13）年4月にNPO化し、高齢者福祉に寄与するNPOやボランティア組織の活動を支援し助成するという目的も今では加わっています。昨年度（2014年度）は、10団体に総額200万円強を贈呈しました。
——放送局がこうした基金を作って助成活動を行うというのは珍しいようにも思います。

山岡　ただ、日本テレビ系列ではご存じのように「24時間テレビ」をやっていますね。これは巨大なチャリティイベントです。私たちの取り組みは、こうしたものをいわば高齢者向けに特化した形だと言えるでしょう。

高齢者を対象とした取り組みとしては、ほかにもラジオ番組を通じたキャンペーンですが、「ご長寿応援団！」というものもあります。これは、RKCラジオの「ぱわらじ」（15時15分～16時25分）という午後の番組の中のコーナーとして、2014（平成26）年10月から行っているキャンペーン型のミニ番組のようなものです。県内の高齢化率が30%を超えて、高齢者が充実した毎日を過ごすことが社会全体の活性化に繋がる、お年寄りが生き生きと暮らせる社会は、誰もが楽しく暮らせる社会だ、という考え方のもと、このコーナーは生涯現役で頑張っている高齢者の話を聞いたり、専門家のアドバイスなどを通じてシニアライフを楽しく送るためのアイデアやパワーを届けようとしています。

また、「よどやドラッグpresentsごきげんキャラバン」というものもあります。これは、ラジオパーソナリティが県内の特別養護老人ホームやデイサービスセンター、介護老人保健施設、ケアハウスなどを訪ね、高齢者と交流する模様を伝えるというものです。
——少子化というところでは何かあるでしょうか。

山岡　少子化に関してもいくつかのキャンペーンを行っています。そのひとつが「子育て応援団すこやか」です。これは、高知放送と協賛企業とで行っているもので、2005（平成17）年にスタートしてすでに11回を数えるイベントになっています。子どもたちへの遊び場の提供、子育て世代への情報提供を目的として毎年7月下旬に2日間にわたって行っていて、40以上の参加団体、来場者数は約3万人となっています。また、「社会貢献キャンペーン子育て応援団」も同種のキャンペーンです。子どもがのびのびと成長できる環境づくりを応援するというコンセプトで、協賛企業を募って、収益金の中から読み聞かせボランティアサークルへ絵本を贈呈したり、月1回、高知放送のアナウンサーによる「絵本読み聞かせキャラバン」を県内の幼稚園、保育園で実施したりしていて、その模様をテレビ番組、ラジオ番組で紹介しています。こうしたキャンペーンも少子高齢化という地域の問題に向き合って、地域の人たちと共に考えていこうという取り組みだと言えます。

▶ローカル局としての使命――地域社会への貢献

――少子高齢化、人口減少という地域の課題は、放送局としての経営課題にもなっていると思います。他方で、ますます多様化、複雑化する地域の諸問題を取り上げ、伝えていくという地域ジャーナリズムの担い手としての役割・使命をどのように果たし続けるかという課題もあります。そうした経営上の課題、ジャーナリズム上の課題についての現状と今後の見通しについてもお聞かせください。

山岡　経営的には確かに環境が非常に厳しくなってきているのは事実です。少しさかのぼると、地上デジタル放送のスタートに伴うデジタル化投資が大きな重荷になりました。2006（平成18）年から5年連続で赤字決算が続き、2012（平成24）年から5カ年の「中期経営計画2012」を策定、支出面で聖域なき見直しと業務の徹底的な効率化をはかり、何とかして安定的な経営基盤を確立しようとしてきました。

幸い、日本テレビ系列の好調にも助けられ、視聴率は3年連続の年間・年度3冠王（「全日」「ゴールデン」「プライム」の3つの時間帯すべての平均視聴率が1位になること）と好調で、テレビでは増収が続いています。しかしラジオ収入は減少傾向が続き、10年連続の減収となっていて、どのようにテコ入れをするのかが大きな課題となっています。

――経営の問題への対応は、やはりなかなかこれといった切り札がない状態なのでしょうか。

山岡　そうですね。どうしても現状では、高知放送の場合、東京中心の売り上げにならざるを得ない部分がありますね。地元には地場産業らしい産業が観光以外にあまりありません。大企業もありません。もちろん東京中心から地元中心、地域中心という形にシフトしたいのは山々ですが、そういう足場が次第に弱ってきている。製造業で世界的なシェアを持つ企業がいくつかありますが、ところがそうした企業というのは、コンデンサーを作ったり、銃を作っているとか、「知る人ぞ知る」というような企業だったり、いわゆるBtoB型の企業だったりして、テレビCMをあまり必要としない企業ばかりなんですね（笑）。

こうした経営上の課題は、言うまでもなく放送活動、ジャーナリズム活動にとって足かせとなる恐れがあります。ただ、高知放送では特に報道部門については、できるだけその体制を維持する形でやってきています。例えば、記者の配置ですが、現場、デスクを含めて13人ですが、この人数は昔と比べて少しは減っていますが、あまり変わっていません。高知放送の社員数ということでいうと、いまは最盛期の半分くらいに減っているわけですが、やはり現場の記者とか制作の部分というのは簡単に減らすことはできませんから。

採用も、不況のあおりを受けて2年に1回くらいしか行わないという時期が続いてきたのですが、ここ数年ようやく毎年1～2名ではありますが定期採用ができるようになっています。そうしないと長い目で見た場合には社員の年齢構成が歪になりますし、将来の担い手を着実に育てていく必要もあります。

経営環境が今後ますます厳しくなることが予想されるわけですが、そうした中で、私たちは社是である「地域に根差し地域とともに歩む」という原点が最も大切だと考えています。地域の人たちに有用な情報を早く、きめ細かく、正確に送り届けるということ、それから地域にある観光資源、物産、組織、人物などの魅力を県外、海外に発信していくということ、そういうことを地道に続けることで地域の人たちからの信頼を勝ち取り、地域社会に貢献する存在であり続ける以外にないのではないでしょうか。

――本日は、長時間にわたってありがとうございました。

山岡 博（やまおか・ひろし）

専務取締役

1951年高知県生まれ。1974年入社。総括・報道制作・ラジオ・技術担当。

▶まとめと解説——中国・四国編

中国・四国地方では中国放送（広島県)、南海放送（愛媛県)、高知放送（高知県）の3局から証言を得ることができた。中国・四国地方には、山間部・島嶼部が多いこと、気候は温暖である一方で台風等による大雨・土砂災害が多いこと、また県庁所在地を除くと多くの市町村で人口減少が進み、過疎化・高齢化が深刻化しているエリアが多いこと、などの共通した特徴が見られる。

証言を読むと、3つの局がそれぞれの地域の特性や実情を反映しながら独自の地域放送サービスを展開し発展を遂げてきたことが分かるが、他方3つの局のあいだにはいくつかの共通点があることが分かる。

第一は、地域情報番組を中心とした独自の番組・コンテンツを開発しながら、地域ジャーナリズムの拠点としての機能をはたしてきたという点である。全国の民放局が夕方の時間帯にローカル情報番組を帯で放送するようになったのは1970年代後半から80年代にかけてであるが、3局も同様である。中国放送は1976年に広島県では初となる夕方のローカルニュース番組「RCCニュース6」をスタート、南海放送も同じく1976年に「なんかいワイドニュース」をスタートさせている。高知放送は1979年に「テレビレポートRKC6時です」をスタートさせている。また、南海放送には毎週日曜の昼前後（午前11時45分～午後0時50分）に放送される「もぎたてテレビ」という地域情報番組がある。この番組は1991年に放送が開始されてから今も続く長寿番組であるとともに、「週によっては20％を超える視聴率を記録し、22年を過ぎた今でも15％前後の視聴率を獲得しているという、全国のローカル番組の中でも稀有」な番組である（222頁)。こうした地域情報番組の存在こそが、中国放送の金井宏一郎氏のいう「情報の地方分権」を担ってきたことは言うまでもない。

第二の共通点として、放送とは別に事業（イベント）を実施することで地域社会と深い関係を築いてきたことが挙げられる。中国放送のイベントとしては、「ひろしまフラワーフェスティバル」（1977年～）がある。これは毎年5月の連休（3日間）に広島市中心部で行われ、ゴールデンウィーク期間としては日本で3番目に多い150～160万人を動員する大イベントとして定着している。南海放送は、参加ランナーが1万人を超える「愛媛マラソン」（1963年～）を主催している。また、「書道ガールズ甲子園」「書道パフォーマンス甲子園」などのイベントを通じた書道ブームのきっかけは南海放送のドキュメンタリー番組（「NNNドキュメント 書道ガールズ～高校日本一への軌跡～」）であった。高知放送も、50年近い歴史を持つ「フェスティバル土佐、ふるさと祭り」（1971年～）を主催してきた。放送だけでなく、こうしたイベント展開も民放局による「ローカリティの追及」（高知放送・山岡博氏）の一環として位置づけられてきたものであり、「文化の地方分権」（中国放送・金井宏一郎氏）に貢献してきたものであるといえる。

他にも、メディア環境が大きく変化するなかで、ラ・テ兼営局としてラジオの可能性を改めて追求しようとするなど、いくつもの共通点が存在するが、その一方で、各局は地元地域の風土や特性を反映しながら独特の取り組みを展開し、それぞれの仕方で課題に向き合ってきたことが分かる。

中国放送は、広島に投下された原爆の問題に取り組み続け、数多くの番組を制作し続けてきた。中国放送の金井氏によれば、それは中国放送を含む在広島のメディアの「レゾンデートル（存在意義）」にほかならない。原爆の問題は「各社揃ってそれをやり続けているのですが、収支計算するとこれぐらいお金にならない取材活動はないのです。しかし広島のメディアが、オーバーに言いますと、ヒロシマに対して沈黙するようなことになったら、もう我々はそれでおしまいではないか」と言う（214頁）。

南海放送は、その積極的なクロスメディア戦略と海外展開に大きな特徴がある。クロスメディア戦略は、異なる種類のメディアのあいだを横断的に展開する戦略で、例えば南海放送では、継続的に取材を続けてきたドキュメンタリー番組「X年後」を再編集し、映画化を行っている。「X年後」は、1954年のビキニ環礁での水爆実験による日本人乗組員の被曝の実態に迫る調査報道番組で、映画化したことによって全国19館で上映されたほか、150件以上の自主上映も行われて2万人の観客動員があったという。この取り組みは、新しいメディアミックスのあり方として注目を集め、数多くの賞を受賞した。海外展開においても、地域情報番組をハワイのケーブルテレビで放送する、インドネシアのテレビ局との国際共同制作番組を手がけるなど、様々な試みを進めている。

高知放送のある高知県は高齢化率が30％を超えて、秋田県に次いで全国で2番目に高い水準になっており、人口減少、過疎化、少子高齢化が深刻化している。高知放送では、それらの地域の問題に番組やイベントを通じて積極的に取り組んでいる。生涯現役で頑張っている高齢者の話を聞くラジオ番組「ご長寿応援団！」、子供たちへの遊び場の提供、子育て世代への情報提供を目的としたキャンペーン・イベントである「子育て応援団」や局のアナウンサーが幼稚園や保育園で絵本の読み聞かせをし、その模様を番組で紹介するという「絵本読み聞かせキャラバン」などである。

［米倉 律］

Ⅳ　九州・沖縄編

熊本放送

社　名　　　：株式会社熊本放送
略　称　　　：RKK（RKK Kumamoto Broadcasting Co., Ltd.）
本社所在地　：熊本県熊本市中央区山崎町30番地
資本金　　　：2億円
社員数　　　：117人

コールサイン：JOBF（ラジオ）／JOBF-DTV（テレビ）
開局年月日　：1953年10月1日（ラジオ）／1959年4月1日（テレビ）
放送対象地域：熊本県
ニュース系列：JNN
番組供給系列：JRN・NRN（ラジオ）／TBSネットワーク各社（テレビ）

上野 淳　（技術局長兼経営戦略室長）

筬島一也　（報道制作局長）

沼野修一　（テレビ局長）

井上佳子　（報道制作局チーフディレクター）

聞き手：佐幸信介

インタビュー日：2013年11月11日

▶熊本放送の設立とネットワーク

――熊本には、水俣病やハンセン病、三池炭鉱などの問題があります。そういった地域の社会問題への取り組みも含めて、これまでの沿革や歴史を振り返っていただきながら、地方民放が果たした役割、あるいは今後の展望についてお聞きしたいと考えています。社史を拝見すると、RKK（熊本放送）は熊本日日新聞が設立した放送局で、昭和28（1953）年開局のラジオ局から始まっています。この年は、NHKのテレビ放送が始まった年にあたります。RKKは、たとえば劇団をつくって、番組のコンテンツを制作するなど当初から非常にユニークな取り組みをされています。その後、昭和34（1959）年にテレビが開局するわけですが、改めて初期の頃からのお話をお伺いしたいと思います。

上野　当時、新聞社を中心に設立したわけですが、民間放送局というのはいわばベンチャー企業のようなものだったと聞いています。免許事業ですので、ある程度のビジネスにはなるだろうというイメージはあったでしょうが、うまく軌道に乗るかわからない中でのスタートだったのでしょう。

沼野　現在キー局はTBSです。当初は、クロスネット（複数のキー局から番組を選択して編成する形態）で、日テレやテレ朝の番組も放送していました。

上野　TBSとネットワーク協定を結んだのが昭和42（1967）年です。熊本では、昭和44（1969）年にフジ系列が2局目としてできました。

沼野　テレ朝系列のKAB（熊本朝日放送）が開局する1989（平成元）年に「モーニングショー」等の5番組がTBSの番組に変わりました。このときにTBS系列一本になりました。それまではテレ朝の番組も取っていました。

――クロスネットがしばらく続いたということですが、社史を拝見するとTBSのネットワークの中で報道に関する賞をとっていらっしゃいますが、報道に関してはTBSのラインだったということでしょうか。

筬島　各系列でそれぞれニュース協定があります。私どもはTBS系列のJNNニュース協定というのを結んでいます。その協定によって、他社のニュースは基本的に供給してもらえなくなります。ニュースに関しては非常に縛りが強い協定内容ですね。TBSとはネットワーク協定を昭和42（1967）年、ニュース協定を昭和46（1971）年に結んでいます。

―― TBS系列だと、地方の民放局がTBSの番組を作るケースもあると思います。そういう相互関係は実際のところどうなのでしょうか。

筬島　ニュースに関してはあります。例えば先日では、ディレクターの井上佳子がTBSの報道特集のコーナーを受けもって、そこで企画、取材、編集、出演という形の制作を行いました。こうしたケースは結構あります。ただし、それ以外の番組、例えばゴールデン（19～22時の放送時間）のような形になると体力的な問題もあり、なかなか難しいかと思います。

ニュースを「上（のぼ）らせる」と言うのですが、例えば水俣病ですとか、それ以前であれば三井三池の争議や下筌（しもうけ）ダム闘争などの熊本で発生したニュースは、こちらからTBSのネットを通じて全国に流す形になります。つまり、JNNのニュースというのはJNNの系列28局全社で作っているというのが基本的な考え方です。

上野　他には、例えば「ザ・ベストテン」のコーナー上りとか、「オーケストラがやってきた」のような番組は地方からもネットで出していたと思います。

――系列に関してのお話になりましたが、熊本では、民放が2局体制から3局体制、あるいは4局体制になっていきます。その変わり目というのは大きな転換点だったのでしょうか。といいますのも、社史には熊本に4局は多いのではないかというニュアンスでの記述があります。実際のところ、民放が増えていった時に、熊本放送ではその状況をどのように認識し、どのような戦略をとっていったのでしょうか。

上野　熊本は「1％経済」といわれます。つまり全国の1％強の経済力なのですが、それ以上の経済力があって4局という地域が、全国で4、5カ所ぐらいなのです。ということは、それ以下の経済力で4局というところはまだたくさんあるわけで、その意味では4局が多いとはいえないことになります。

しかし、振り返ってみると、2局、3局となるときにかなり危機感があって、経営的にその状況へ対応するために、何々委員会というものができたりしました。2局目ができた後は、主に技術面の合理化や放送の自動化が進むことになりました。3局目がスタートした前後は、営業力の強化が行われました。例えば、営放システムの導入やCMバンクなど、主に設備面での技術の進歩を活用しながら進められました。4局目は平成に入ってからですが、この頃には報道力の強化が行われました。報道用の設備が入ってくるとか、報道のワンマン送出などの対応がなされました。
――報道力の強化がなされたのは、いわゆる営業的な側面ではなく、別の理由があったのでしょうか。
上野　そのときどきの経営者の考え方に影響されるのですが、局数が増えてくると、地域との密着度合や制作力を売りにするという流れになります。RKKであれば、例えば、ラ・テ（ラジオ・テレビ）兼営であることを強調したり。つまり、時代の要請の中で考えていたということです。
――時系列を経営的な側面からたどりたいのですが、RKKの売り上げの変遷を見ると、基本的に、45期、平成10（1998）年ぐらいまでずっと売り上げを伸ばしています。バブルの崩壊、あるいはその前のオイルショック以降の低成長期においても、時代状況とは無関係に売り上げを伸ばしていますが、そこにはどのような背景があったのでしょうか。
筬島　テレビメディアが広告媒体として非常に強かった時代でした。この数年前まで、その状況は続いていたのではないでしょうか。各企業にとってもマス媒体、広告媒体として、テレビを使うことがマーケティング的に一番優れていたのだと思います。それが、最近はインターネットやSNSなどの発展に伴って、テレビの広告媒体としての価値が相対的に低下し、結果として広告出稿が減っているということなのだと思います。
――広告の営業エリアは、主に九州一円なのでしょうか。それとも東京、大阪の割合も大きいですか。
沼野　基本的には熊本が主なのですが、東京・大阪・福岡にも支社を置いております。
――これはテレビだけではなく新聞もそうなのですが、昭和40年代に多角化経営を展開する社が増えました。ちょうどその頃、RKKも事業展開を放送だけではなく多角化されていますね。
上野　熊本に民放の2局目ができた昭和44（1969）年からの10年間は、関連企業に力を入れました。RKKサービスという関連会社を作ったり、不動産関係のRKK開発など、いろいろと立ち上げる時期に当たります。はやりだったのだと思いますが、この頃の地方の民放は、電気製品の販売店だったり、有名なところではエビの養殖など、さまざまな多角化に手を出していました。現在残っているのは、制作関係のプロダクションやカルチャーセンター的なものなどですね。今でも持っていらっしゃるところは多いと思います。

筬島 ちょうど昭和50年代ぐらいですか、我々の学生時代には、テレビというのは時間を売る商売である以上、24時間という限界産業であると言われていました。限界産業のテレビだけではどうしてもそれ以上の時間を増やすことはできないので、いろいろな事業展開を民放各社は図っているんだというようなことを教わった記憶があります。

――熊本日日新聞との関係は、今どのような形でしょうか。資本の関係はあると思いますが、報道取材などの場面での関係は実質的にあるのでしょうか。

筬島 ラジオのニュースの編集権は熊日さんにありますが、現在、熊日さんとの関係はそれだけです。テレビについては「熊日ニュース」というタイトルは使っていますが、これは全てRKKの著作制作によるものです。ですから、現場では、抜いた抜かれたの世界、つまりライバル、競争関係にあります。番組への出演関係もありません。基本的に株主というだけのことでしょう。

▶地域に根ざしたローカル局の役割――経済・文化・スポーツへの寄与

――社史には、平成12(2000)～13(2001)年頃、今から10年以上前からインターネット配信をされていることが書かれています。今でこそネットに取り組んでいる民放も多いですが、RKKはかなり早くから始めているという印象です。阿蘇の監視カメラのネット配信が最初だったと思いますが、先見の明というか、戦略的なものがあったんでしょうか。

上野 私は技術担当なのですが、RKKは、歴史的に設備投資に積極的というか、設備が充実する傾向がありました。もちろん以前は制作設備、送出設備等でしたが、その流れでいろいろな機械を自社内に置くのが当たり前だという環境がありました。ですから、インターネット関係のメールサーバーであるとか、ウェブサーバーであるとか、そういった機器も比較的置きやすかった。その上、ネット関係が好きだという人間も何人かいたものですから、勝手連的に立ち上げていたものが社のホームページになり、それが発展してきたということでしょう。最初は趣味的に始まり、そこで試行錯誤している中で、これはもう使えるのではないかということになったわけですね。

——そうした勝手連的な試みを受け止める土壌、自由な社風というのを、RKKは組織として持っているということでしょうか。

上野　きちんと公認されて、「よし、やれ」というような形ではなかったように思います。まずは、こういう試みをやってみようということで、部内承認ぐらいのところで技術の方でスタートし、それが徐々に社内的に認知されるということはよくあります。

特にインターネットの分野というのは、経営の上ほうは、幸か不幸かあまり理解できていなかったように思います。制作部門や営業まで含めて、いろいろやってみようという精神はあると思います。

沼野　私は、営業の現場が長いのですが、営業部門でも常に新しい企画をやったり、新たなイベントを作ったりしていました。ある程度お金がかかっても、回収できるのならばやりましょうということですね。今でもそうだと思いますが、企画はいろいろと自由にできたように思います。どんどん新しいものにチャレンジしようという社風は、先輩から受け継いできたのでしょう。全国的に見ても、単発のイベントや番組は多いと思います。現在でも毎月5〜6本ぐらいの特別番組やイベントを行っています。ですから年間では70本ぐらいになり、会社規模からすればちょっと多すぎるくらいかなという気もします。例えば今からの季節だと、駅伝関係は小学校、中学校、高校駅伝、それに女子駅伝をやって、マラソンは熊本城マラソンを生中継したりしています。野球でも、小学校、中学校、そして高校ではRKK旗招待野球という大会を行っています。文化催事では、全県下から小学校、中学校を集めた器楽合奏コンクールをやったりしています。このコンクールは50年ほどの歴史があります。

筬島　RKKには、地域経済に寄与する、地域の文化芸術に寄与するという基本的綱領がありますので、それが脈々と受け継がれてきて今に至っているのではないかと思います。

キー局と違ってローカル局というのは、その地域に根ざして企業活動をしなければならない、せざるを得ないという使命にあります。地域経済が悪くなったから、「じゃあ、東京行こう、大阪行こう」というわけにはいきません。地域が活性化、発展しないことには我々の企業はあり得ないわけですから、どれだけ地域に根づくかということで、我々は、経済はもちろんですが、文化やスポーツ、芸術などにも寄与しないといけませんし、同時にそれはローカル放送局にとっては非常に大きなコンテンツにもなるわけです。だから諸イベントについても、途中でいろいろな議論はありましたが、やり続けているというところだと思います。コストや人的な面での負担も、非常に大きくはあるのですが。

たとえば、プロサッカーチームの「ロアッソ熊本」がありますが、J2に上がってからはずっと、年間22本の試合を私どもで制作しています。地元のホームゲームは全部制作して、それをスカパーに上げています。今年（2013年）からはバスケットボールのプロチーム（熊本ヴォルターズ）もできましたが、こうした地域のスポーツを応援するために番組を作って、継続してやっていく方向性でいます。先ほども言いましたように、熊本経済の活性化のためにできることをやっていくということです。

地元の経済に寄与するといっても、経済界等を単に「よいしょ」するのではなく、当然報道機関としてのアプローチの仕方がありますので、社独特のやり方、考え方で取り組んでいます。

沼野　以前からラジオの公開録音にしろ、テレビの番組にしろ、地域を細かく回っていました。地元タレントのばってん荒川さんなどを中心にして、県内をくまなく回ってきていました。地域の放送局として地域を大事にしなくてはいけないという思いは当初からあったのでしょう。

沼野　特に地域で一番早くできた老舗の局であるならば、地域で一番信頼できる放送局でなければならない。そして、それを目指して各局がやってきていると思います。

——熊本県内の他の局との差異化は、自ずとなのでしょうか、それとも意識的なものなのでしょうか。

沼野　現状でいえば、キー局の視聴率に非常に影響される部分があります。ネット番組が半分以上を占めますので。ただ、自社制作番組の比率は12～13％となっていて、この数字は全国でも上位です。この自社制作率の高いことが差異化につながるものだと思います。

自社制作が多い場合、経営的には厳しい面がありますが、視聴者としての県民の皆さんが求める番組を作ったり、イベントを作ったりして、どれだけ信頼を得ることができるかが何よりも重要になります。地元の放送局として何を目指していくのかといえば、それは、エリア情報を一番知っている放送局であるか、ロイヤリティーが一番高いか、どれだけ県民の暮らしの目線で情報を発信しているかなど、県民の生活に本当に機能し、県民との距離が近い内容を発信できるかだと思います。このあたりをしっかり考えていかなくてはならないと思っています。

筬島　差異化を図るためにどうしなければいけないのかということを、私たちは常に模索しているということだと思います。そのためには新たなコンテンツをまず考え出さなければなりません。その意味では各局間の競争だと思います。

例えば、TKU（テレビ熊本）さんは午前中に情報の生の番組をこの秋から始めましたが、こうしたやり方もひとつの方法でしょう。私どもはずっと、他の系列ではなかなかできないゴールデンでのローカルの自社制作枠というのを持っていますので、例えば、この枠を増やす取り組みといったことをやり続けなければいけないと思います。

▶ネットワークと地方民放のオリジナリティ――九州というエリア

――そうすると、構造としては、キー局の視聴率に制約を受けつつも、かつ独自色をどう出していくのかということですね。キー局からの影響というのは大きいですか。

筬島　かなり大きいと思います。

―― TBS系列内でもTBSを中心に、「こうすべきだ」というような議論はあると思いますが、TBSとの交渉や議論というのは実際のところどうなのでしょうか。

筬島　意見は申し上げるけれども、最終的に決めるのはキー局という形になります。それぞれ編成会議ですとか、JNNの報道であれば報道の会議ですとか、あるいは社長会などもあるのでしょうけれども、あくまでも決めるのはTBSです。あるいはTBSを中心とするTBS、毎日放送、準キー局を含めた5社あたりで決まっていく。

ただ、現状では、キー局は非常に巨大なコンテンツ企業になって、テレビ、あるいは報道でいえばジャーナリズム性の割合というのは当然低くなるわけです。巨大コンテンツ企業ですから、映画を作ったりいろいろやっています。TBSの場合も不動産収入は非常に大きい。その点、ローカルはどうしても番組によらざるを得ないし、比重的には報道部門、ジャーナリズム性は非常に高くなっているというのは間違いないと思います。

だから、今、民放をみると、キー局でもドキュメンタリー番組を作る機会は少なくなっています。どちらかというとそれを作っているのはローカルです。ローカルはやはり地域に根ざして、地域の目線でものを見なければいけないので、それゆえ会社の中に占める報道性の割合というのは非常に高くなります。まさにそれが県民との信頼関係の深さになるということだと思います。

沼野　JNNで、ローカル局からも企画を出して、よい案があったらTBSと各地方局とで共同制作をしましょうという企画が、今年（2013年）からスタートしました。熊本放送でも「こうのとりのゆりかご」という番組を企画提案し、今年11月にドラマとして全国ネットで放送することになっています。

筬島　TBSが「テレビ未来遺産」というシリーズをやっており、その中で我が社が「こうのとりのゆりかご」というドラマの企画を出しました。「こうのとりのゆりかご」は5～6年前にスタートし、ずっと取材をし追いかけていました。ドキュメンタリーとしては秘密保持の問題等があるので、それをフィクションという形でドラマ化して、このテーマをぜひを皆で考えてもらおうという企画提案が通りました。RKKからもプロデューサーとして1人出してドラマを作り、11月25日に2時間ドラマとして放送されることになっており、今回初めて日の目を見ることになりました。

沼野　ローカルでは単独でドラマを作ることはまずないし、ローカルの番組を全国ネットする機会もなかなかありません。JNNの各局でコンペを毎年やっており、そうした企画コンペで通った作品を全国ネットするといったケースもありますが、我々ローカル局では滅多にできないことです。

特に九州では、JNN系列の放送局がラジオ局からスタートしておりますし、九州というまとまりがありますから、九州内でコンペをして、いろいろな番組を九州ネットで作ったりする流れは以前からあります。例えば、九州電力さんの番組とか、西部ガスさんの番組とか、JR九州さんの番組とか、地域のお得意様に支援していただいて、若いディレクターを育てていただいております。お互いが切磋琢磨して、レベルが向上したということもあるかもしれません。

——単なる東京や準キーの大阪との関係だけではなく、九州というひとつのまとまり、エリアの中で相互交流し、お互いに活性化していくということが昔からあったわけですね。

筬島　九州はそれがあると思います。そのはじまりは、中央に対する対抗というよりも、お互い切磋琢磨して、いいものを作っていこうという純粋な制作者集団の思いだったと思います。

上野　危機感みたいなものもあったのかもしれません。キー局にいつまでもおんぶにだっこでは駄目じゃないかという発想ですね。

▶インターネットと新たな戦略——企業価値を高める一手段として

——今度は技術的な面に視点を変えたいと思います。いわゆるBS、CSが入ってきた80年代の後半、その後、地デジの問題、それから先ほどもお聞きしたインターネットの問題、今はおそらくインターネットの問題に直面されていると思いますが、こうしたそれぞれのポイントで何か大きく変わった、あるいは大きく変えようとしたということはあったのでしょうか。

上野　特に衛星が普及するにつれて、インターネットに意識がいったというのもあると思います。2000年ぐらいからインターネットによる発信を強化して、他よりも少し先行する形でやっています。

特にラジオとの関係に目を付けています。ラジオはインターネットと親和性が高いと思っているのです。スタジオの画像配信であるとか、今はU-Stream

等も使っています。最近ではSNSです。そういったものを手掛けたのは、キー局を除いたローカルでは、熊本放送はトップクラスだろうと思います。

そういった画像配信を含めて、Twitterだけでスポンサーに付いていただいたこともあります。「福ミミらじお」という番組で、番組の映像を流して、食品メーカーさんにスポンサーに付いていただいたのです。しかし他方では、ネットだけでは商売にならないということも同時にわかってきまして、今はあくまで放送の方に引っ張ってくるための補完メディアという発想をしています。

ラジオについては、かなりの番組がU-Stream配信をしていますし、動画配信が今後スマートテレビのハイブリッドキャストのセカンドスクリーン等につながっていくか否かという点は、現在検討しているという段階です。

最初は、インターネットは放送の敵対メディアという想定で研究がスタートし、次にこれがビジネスにならないかということを検証して、今はそれが難しいということがわかってきました。それなら、放送をバックアップする手段としていこうという認識で、今は落ち着いています。インターネットのいろいろな取り組みで先行することで、インターネットそれ自体というよりも、話題性という点で我が社のステータスを上げ、放送局にとってはメリットになるという考え方もあります。

筬島　企業価値を高めるひとつの手段としてそういった手法を取り入れていますが、なかなかビジネスモデルとしては確立できないところが悩ましいと感じています。

ただ、ネットだとかSNSに関しては、報道の視点からも考えています。一次情報としてのTwitterの例にみられるように、このメディアの情報の流通というのは、ものすごく早くて量が多いんですね。だから、その一次情報を取り入れて、それが事実かどうかを確認した上で放送にのせていくという作業を我々はやらなければいけないと思います。通信社あたりですと24時間Twitterを監視するセクションを作っているところがあります。NHKもスクープBOXといって、視聴者が映像を投稿できるウェブページを作っています。当然、投稿する人は氏名や誰なのかが特定されるような形にしなければいけません。一次情報を得た上できちんと確認して、それをオンエアする形式、また生情報に加えて我々が別途取材に行ってから放送するというような形式は、これから増えていくのではないかと思います。

2カ月ほど前、関東地方で竜巻が発生しましたね。そのとき、TBSの方で膨大なTwitterの情報の場所と時間をずっとチェックしていったんです。それを地図上に落としていきますと、どこをどのように竜巻が通ったということも検証できるわけです。Twitter情報が正確かどうかということに関しては、例えば停電情報であればそこの電力会社に確認を取り、ちゃんと裏を取っていくようにしています。TwitterなどのSNSを含めて、我々がこのメディアとどのように上手に付き合っていくかを考慮することが必要だと思っています。

昔は、素人の映像、つまりプロ仕様のカメラではないとなかなか放送にたえられないと考えられていましたが、今は全くそんなことはありません。普通の携帯の映像でいいから、とにかく発生から一番早くて近いところの映像を出すというのが、NHKも含め基本になっていますので、テレビの報道のあり方というのは変わっていくと思っています。この変化が突きつけているのは、特に地上波の優位性というのは、生できちんと信頼できる情報を出し続けることができるか否かにかかっているということです。

特に東日本大震災以降、ローカル局の一番の特徴は、キー局と違って、放送がライフラインになっているということです。ライフラインとして放送局があるということは、普段から地域とのしっかりとした信頼関係を築いておかなくてはなりません。情報の入手経路も確保しておく、ネットワークを作っておく必要があるということです。それがまた他局との差異化につながるのではないでしょうか。

――SNSが取材の対象になっているということですね。

筬島　なっています。キー局にしろ通信社にしろ、非常に大切なものとして扱っています。やっぱり一次情報としてはとにかく早いんですよ。

ただ、その信憑性の問題がありますので、きちんと情報の裏を取るかどうかが既存メディアの最も大きな責務であるわけです。公共性、公益性という部分と照らし合わせて、出すべきかどうかという判断は当然あるわけですから。

――インターネットが普及しはじめた当初は、マスメディアは、インターネットに対して敵対的メディアであるという認識、あるいはアレルギーを強く持っていたと思います。しかし、今のお話を聞いていると、テクノロジーは戦略的な対象になっていると感じました。SNSが情報源というよりも、もう取材対象になっている。そうすると、記者のそれまでの習慣というか、身に付けてきたものが、どこかで変わってくるのではないかという感じもしますが、こうした点についてはいかがでしょうか。

筬島　変わっていくでしょうね。変わっていかないといけないと思います。例えば新聞社、ローカルの地方紙あたりの編集部門というのは、写真といえばやはり1枚写真なんです。今、デジカメというのは動画も撮れるようになっていますが、ただ、現場の記者は動画を撮ろうとはまずしない。ただ、通信社の若い人の記者研修では必ず動画の訓練をやっています。このように通信社では現場で動画を撮れるという能力を徹底的に教育していますので、いずれローカルの地方紙においてもそういった形になると思います。

そうすると、今度は我々との競合関係、競争関係になるのかもしれません。あるいは地元の熊本日日新聞社であれば、熊本放送との資本関係がありますので、新聞の情報入手をうまくテレビ局との相乗効果につなげることもできます。いわゆるメディアミックス的な出し方、やり方を模索することも必要になってくると思います。

たまに熊日や他の地元紙などで、1枚、ぽっと面白い写真があったときに、うちに教えてくれれば動画で撮ってものすごく面白いのにと思うことも多いのですね。例えば、天草で普段捕れない巨大なマグロが上がったというときに、1枚写真で終わらせるのではなく、こちらに電話してくれれば、カメラで撮影することができますよね。それ以前に支局の記者が動画モードで撮ってくれれば、随分と違ったものになり、いくらでも利用価値があるわけです。

一度にはすべては変わらないので、少しずつ変わらざるを得ないのではないでしょうか。やはり視聴者、県民が何を望んでいるのかに応じて、どういう出し方をすればいいのかを考えなければならない。我々が「これを見てくれ」だとか、「これを出したい」というやり方ももちろん必要なときはありますが、テレビ・ラジオの視聴者や新聞の読者が何を望んでいるのかというところからのアプローチは、当然やっていかなければいけないと思います。
――すでに、さまざまなところで言われていますが、日本人は旧来型のマスメディアからだんだん離脱する傾向があります。テレビに関しては録画視聴もありますし、YouTubeでの視聴も生じています。そうすると、放送のニュースやコンテンツは、メディアに規定されるのではなくて、メディアを選択するという形に変わってきているともいえます。こうした、マスメディアをめぐる変化について、どのようにお考えになっているかお聞かせ下さい。
沼野　スマホを使って、例えば生放送の野球を見ながらいろいろなクイズに参加するといった仕掛けをキー局でも行っていますが、ローカルとしても今後必要であろうと思っています。生放送が基本であるという点は重要で、そこにソーシャルメディアを組み合わせ番組を見てもらうということになると思います。
筬島　昨年（2012年）のデータですが、経済広報センターが出している資料を見ると、50歳以上の人は8割以上が情報をテレビや新聞から取るのですが、これが20代になると5割を切るような状況になっています。ただ、それは、何が起こったかを知るための情報という側面です。ローカルのメディア、ローカルのテレビ局が発信するのは、単に情報だけではなくて、そこに人々の喜怒哀楽があるわけです。つまり、その喜怒哀楽をきちんと出していくことができるコンテンツを作れるのが放送局だと思いますので、それをやっていかなければいけないと思います。
　今、沼野が申し上げましたように、地上波の最大の強みというのは生で番組を出せる、その番組から今の熊本が見える、わかるということに尽きると思います。そこにSNSや新聞といった、いろいろなメディアの特性を生かした内容を上手にミックスしてやっていくことが求められると思います。それがビジネスモデルとして、どう成り立っていくのかというのは、考えなければいけないことだと思いますが。

▶地域メディアと公共性

――先ほど指摘されていましたが、ミックスしていったときに、インターネットは単体では儲からないメディア、ツールですか。

上野　今までの経験で言うと、単体でもうけようとするとローカルの場合は非常に難しいです。市場が小さい上に単価が安く、全てが手作りなので制作に非常に手間がかかる面もあります。SNSの、例えばTwitterの中身をチェックしなければいけません。放送に出してはいけない言葉、ふさわしくない言葉というのは、やはり人間がチェックして判断しなければいけないわけです。放送禁止用語を設定して、これをある程度まで自動的に選別するソフトを作って、TBS系列の技術賞をいただきましたが、これに全て頼って機械任せにするわけにはいかないので、非常に手間がかかります。

総務省も言っていますが、せっかくデジタル化してもデジタル放送らしいコンテンツ、サービスがなかなか出てきません。当初は、例えばデータ放送やマルチチャンネル、ワンセグなど、そういった試みをしてくださいとよく言われたので、一通りは試しました。ワンセグで別プログラムというのも2回ほどやりました。ただ、別のスポンサーに付いていただいて二重で売れるかというと、なかなかそれは難しいということで、結局手間だけかかるということがはっきりしてきました。

ただし、データ放送については、ある程度ビジネスモデルらしきものができまして、自治体情報を提供するようなシステムを現在実際に運用しており、3自治体にそれを採用していただいています。実際にビジネス契約が成立しているのは1つの自治体だけですが、あとの2つも恐らく予算さえ取れれば乗ってくださるだろうと思っています。

技術先行では、そうしたビジネスモデルというのはなかなか作りにくく、そこに制作的なセンスとか、営業の知識とかが入ってこないとなかなか難しいようです。熊本放送ではメディア広報部というのを立ち上げて、ビジネスモデルについては、技術出身者と、営業や制作的な感覚を持っている人たちが一緒になって、商売にするための挑戦をしています。自治体情報のデータ放送については、こうした作業が功を奏したのではないでしょうか。

——今の話で興味深いのは、もうほぼ姿を消しつつある市町村の有線放送や、あるいはケーブルテレビが担っていたような、いわゆる公共性が高い広報、Public Relationに近い部分をむしろ地デジや民放が担っているという点です。

たぶんNHK地方局ではできないですね。

上野　まさにそのとおりですね。最初は防災情報という形で、そういう部署に売り込みに行ったんですが、反応は芳しくありませんでした。売り込みを広報部に切り替えてそちらの方に行ってみますと、市政だよりとか、町のたよりといった、これまで紙媒体で作っていた内容をデータ放送に置きかえるという発想で、それらのセクションが乗ってくださったことが結構ありました。

小さい事柄でいえば、いわゆるお悔み情報もあります。これは伝え方に非常に苦労されていて、これまでは有線放送や紙だったのですが、データ放送は非常に重宝するとおっしゃる方がいます。お悔み情報は、熊本では私どもだけですが、九州内の他県ではいくつかはやっています。

――ところで、今のお話のような地デジの可能性の一方で、設備投資には大きな資金が必要で、減価償却の時間が非常に長くかかると言われていますが、この点についてはいかがでしょうか。

上野　テレビ局1局作るぐらいのコストがかかっていますし、その投資は15年後にまた繰り返すことになります。送信設備はそれほどライフサイクルが短くないのでもう少し先になるでしょうけれど。ただ、それで経営が傾いたということはありません。しかし、その負の副産物といいますか、皆、テレビを地デジに買い替えましたよね。そのときにBSとかCSのチューナーがもれなく付いてきますから、衛星放送が見える可能性のある世帯が75％くらいにまで増えてしまいました。それは地上波の我々にとっては、ちょっと脅威だなとは思っています。

――２番目の大きな質問です。地域に根づいた放送局にならなければいけないということで、報道を重視するという話がありました。地域の問題に対して、具体的にこれまでどのように取り組んでこられたのか、さらに今後その取り組みをどのように進めていくのかをお聞きしたいと思います。例えば水俣の問題に関しては、定期的にドキュメンタリーを作っていくというようなサイクルになっていたりするのでしょうか。

井上　特にそういう決まりはないのですが、水俣の問題についてはやはり節目節目でまとめるということは心掛けております。節目節目というのは、例えば今回のような条約会議、その前で言えば特措法の申請が締め切られたりとか、溝口裁判で勝ったりなど、そういうポイントでまとめ、熊本の放送局としてコンテンツを残すということです。

——水俣の番組を作るチームなどがあり、そこで取り組んでいらっしゃるのでしょうか。

筬島　特定のチームを作ることはありません。異動もありますし、そのときどきの担当の人間が作っています。ただ、過去のいろいろな番組の蓄積もありますし、資料やデータなどは他局に比べて私どもが量的、質的に最も多く持っていると思っています。それを基に新たな人が作っていくことで、継続性につながっていくと思います。1人だけにやらせると、その担当が異動になったりしたら終わってしまいますので。

——その点では、RKKは人を育成する独自の仕組みを持っていらっしゃるということでしょうか。

筬島　なかったと思います。その本人の資質に頼る部分が非常に強かったのです。基本的に放送局というのはそういう側面があると思います。好きか嫌いかとか、向き不向きなど、いろいろありますので。

ただ、人材の育成というのは今後必要になってくるでしょう。これまでは250人ぐらいの社員で全部処理していたわけですが、今後、それを外部スタッフに任せて、社員が120人ぐらいまで減っていくことになると、教育をして社員の質を維持しないと、放送局としていいものを出し続けることはできないと私個人は思っています。我が社は幸か不幸か先発局で、番組は自分で作るという意識が歴史的に染み付いていて、いわゆる外注化に乗り遅れています。編成局も最初から非常に少人数でスタートしています。当初から制作組織の外部の受け皿が、技術も含めてなかったという経験が今では幸いして、まだそれなりの社員の人数を抱えていられる。ただし、経営効率を考えると、今後は現状の人数を維持できないだろうと見ています。社員は恐らく、さらに減っていくことになると思います。その中でどのようにして制作力を維持していくのかという点は、今後の大きな課題です。

筬島　制作者としての人材を育てるのには時間がかかります。ですから番組を作ることは実は一番時間がかかるのではないかと思います。営業マンだとか報道の記者だとかは、ある程度の期間の経験でそれなりの成果がみられるようになりますが、番組を作るというのはなかなか難しいのです。
上野　番組制作は、制作に向いた素質を持ったやる気のある人たちが集まってくるのがスタートです。熊本放送の場合は、いろいろな受賞や、現在でもたくさんの自社制作番組を作っているという実績を知って、受験してくださる学生さんもまだ多いのですが、全体的傾向として、民放が斜陽産業だという意識が大学生の中にも広がりつつあります。私が知る範囲はそんなに長くはないのですが、数年のスパンでも明らかに受験人数は減っている。それで人を確保できるのかという点については、非常に危機感を感じています。
――「現場で鍛える」という言い方がしばしばなされますが、人材育成をそれ以外の新しい形で考えていらっしゃるところはありますか。
筬島　番組を作るという点では、現場で鍛えるしかないのではないでしょうか。他にはないと思います。
上野　人を育てるということに関しては、優秀な人でないと先輩の教えも理解できないという気がしています。熊本放送の歴史を見ていると、そんなにシステマティックに人材育成をしてきたわけでもなく、指導するといっても非常に体育会的な、古いタイプの教え方、教わり方でしょう。その中で、これだけの人材が育ってきたというのは、本人の資質によるところが随分あったのではないかと思います。だから、教育のシステムというよりは素材の良し悪しに相当左右されるのではないかというのが実感です。だからこそ、素材をたくさん集めて、そこから優秀な人を採用したいわけで、その意味では受験人数が減っている現状には危機感を感じています。

▶記録し続ける使命と信頼の構築――過ちを繰り返さないために

――最後の質問にさせていただきたいのですが、三池炭鉱や水俣病に代表される地域社会の問題は、地方民放であるRKKにとって、どういう位置付け、存在なのかでしょうか。
筬島　我々の使命というのは記録し続けることだと思うんですね。ですから、水俣病患者やハンセン病の患者の方々がいらっしゃるかぎりは、当然記録していかなければいけない。それから、地域に起こってしまったことは、ひとつの教訓として、今後同じような間違い、被害者を出さないという意図を持って番組を作り残していく。ローカル局というメディアのジャーナリズム性といいますか、使命はまさにそこにあると思いますので、永遠にやり続けるということです。

井上 作る側からすると、やはり制作費は、キー局に比べたら格段に落ちるわけです。その状況の中で、足元にあるこうした素材というのは、私たちにとって大事なものなのです。長期間追えば追うほど、掘れば掘るほど、より磨かれ、普遍性が増す、つまり水俣だけの問題、ハンセン病だけの問題ではなくなっていきます。ですから、このような取り組みはローカルにしかできないと言えます。番組制作の最初は、社会の問題の側面から入ることもあるし、特定の人物に魅せられて入ることもあります。

筬島 やはり基本的には人です。

——番組制作の上で、対象となった人との信頼関係構築に当たって苦労されるのはどのあたりでしょうか。

井上 取材対象者が撮ってほしくないところを撮らなければならないので、たとえば30分番組を作るための取材のなかで、1回や2回は必ず「まだ撮るんですか」という雰囲気になります。しかし、そこを乗り越えるとかなり信頼関係が深まっていきます。精神的な葛藤はかなりあるので大変ですが、終わったときにはしっかりとした人間的な結び付きが作られています。

筬島 先だって、私は東北に行く機会があって、被災者の方と話す時間がありました。その方々がおっしゃるのは、やはり地域の局や新聞社の方は被災者に非常に気を使ってくれるということでした。何時に取材に行けばいいかを確認し、朝早く来てくれたり、夜遅く来てくれたり、あるいは自分が話したくない時は何も聞かずにずっと黙っていてくれて、何回も何回も訪ねてきてくれるというのです。その記者と話すことで、自分のストレスを解消できた側面もあるとおっしゃっていました。

こうしたあり方がローカル局です。キー局の方々は取材に来られても、もうはじめからテーマ、ストーリーが決まっている。それに合うようなインタビューを撮りたがろうとする。時間の制約もあるというキー局の取材を何回も受けると、もう二度とキー局の取材は受けたくなくなるとおっしゃっていました。地元の局にこそ我々の気持ちをきちんと伝えたいと、非常に強い思いを持ったということを話してくださいました。

やはり、ローカル局で大事なのは、地域の人たちとの関係をどれだけ持ち続けることができるかということです。それを熊本では、TKU（テレビ熊本）さん、KKT（熊本県民テレビ）さん、KAB（熊本朝日放送）さんと競いながら、番組制作や、取材している記者が信頼関係を深めていくというのが、地域に根ざしてくためには必要なのではないかと思います。そのために、県民のいろいろな喜怒哀楽や事象を放送し続けていかなければならないし、その信頼関係があれば、いざというときのライフラインとしての機能も、我々はきちんと果たすことができるのではないかと思います。

単に情報の発信だけだったら、放送局でなくてもいいわけですからね。既にいろいろなツール、媒体はあるわけです。その中で埋没してしまわないためには、放送局の企業価値とは何なのかを模索し続けなければいけないと思いますし、だからこそ、さまざまな取り組みをやっていかなければいけません。

ただ、テレビの広告媒体としての価値が下がっているのが現状で、売り上げ的には減っていくかもしれません。その状況の中にあって、どういうやり方でやっていくのかという手法の部分に関しては、変わっていくのだろうと思います。ですから、かつてのように、テレビ記者がいて、カメラがいて、音声さんがいてという取材ではなく、もう記者が1人で全てを完結するようなやり方も求められてくる可能性が高いのではないかと思います。

商品というのは、安いものの方が売れるわけですね。番組というのはやはり商品なわけですから、であれば我々もいい商品を安く作るというのは、企業努力としてやらなければいけないことなのかなと思います。

上野 淳（うえの・じゅん）

技術局長兼経営戦略室長
1955年大阪府生まれ。1977年入社。ラジオ・テレビ制作技術、送出、システム部門などを経て、2010年経営戦略室長。ラジオオーディオファイル開発、地デジ化、インターネットサーバー導入等を担当。

筬島一也（おさじま・かずや）

報道制作局長
1956年熊本県生まれ。1978年入社。報道部、東京支社、ラジオ編成制作などを経て、2012年報道制作局長。

沼野修一（ぬまの・しゅういち）

テレビ局長
1955年熊本県生まれ。1979年入社。経理、ラジオ・テレビ営業、福岡支社、東京支社などを経て、2012年テレビ局長。

井上佳子（いのうえ・けいこ）

報道制作局チーフディレクター
1960年熊本県生まれ。1983年入社。アナウンサー、報道記者、ラジオ制作部ディレクターを経て、2000年からテレビ制作部。

南日本放送

社　名　　　：株式会社南日本放送
略　称　　　：MBC（Minaminihon Broadcasting Co., Ltd.）
本社所在地　：鹿児島県鹿児島市高麗町5番25号
資本金　　　：2億円
社員数　　　：112人

コールサイン：JOCF（ラジオ）／JOCF-DTV（テレビ）
開局年月日　：1953年10月10日（ラジオ）／1959年4月1日（テレビ）
放送対象地域：鹿児島県
ニュース系列：JNN
番組供給系列：JRN・NRN（ラジオ）／TBSネットワーク（テレビ）

丸山健太郎　（常務取締役・経営企画局長）

聞き手：小林聡明

インタビュー日：2015年10月20日

▶テレビ業界での歩み

――南日本放送の社史によれば、1953（昭和28）年10月10日の開局時に、畠中季隆社長は、「民放といえども、その理想とするところは地方文化の向上と公の福祉の増進にあります」というふうにおっしゃておられます。これはおそらく、南日本放送がどのように地域に関わっていくかという点について、明確に方向性をお示しになられたのだと、私は理解いたしました。

本日は、南日本放送の60年を越える歩みについてお聞きできればと思います。特に、地域社会との関わりについてお話を伺いたいと考えております。といいますのも、おそらく南日本放送の歩みには、単に鹿児島の放送ジャーナリズムだけの問題ではなくて、日本全国の民放にも通じるさまざまな問題が、たたみ込まれているように感じるからです。

こうした関心にそって、本日は8つほどの質問を準備させていただきましたので、ひとつずつお伺いするという形で、進めさせていただきたいと思います。

まず、丸山常務がなぜ放送局を目指されたのか、そして入社後に報道や経営など、どのような業務を担当されてきたのかからお伺いできればと存じます。

丸山　私は学生時代にミニコミ誌を発行したりしており、マスコミ志望でした。新聞にも興味がありましたが、テレビが面白そうだと思って放送局に入社しました。

最初に配属されたのは、テレビ制作部でした。ここでディレクターとして、情報番組や音楽番組を担当しました。入社4年目に報道部に異動となり、社会部の記者として取材したほか、環境担当として、鹿児島の環境問題を取材しました。その後、薩摩川内市の駐在記者や、本社のデスクを経て、2000年に総合企画本部に異動し、デジタル放送に向けた準備やプロモーションを担当することになりました。2004年に総務部長となり、2011（平成23）年から経営企画局長、今年（2015年）6月からは常務取締役経営企画局長を務めています。

▶鹿児島の放送局としての特徴――南北600キロの県の「県民局」

――ありがとうございます。それでは、2つ目の質問です。鹿児島の放送業界、放送界の特徴はどのようなものでしょうか。鹿児島は離島を多くを抱えているなど、ほかの地域には見られない、ある種の地理的な特徴というようなものがあるように思います。まず鹿児島の放送界の特徴、そしてその中での南日本放送の特徴というのをお教えいただきたいと思います。

丸山　鹿児島の地理的な特徴として、まず鹿児島県自体が南北600キロに及んでいるということがあります。県本土は温帯ですが、奄美群島は亜熱帯で、そのことが生物の多様性につながっています。南北600キロと一口に言いますが、鹿児島の北端は長島町というところで、南端は沖縄の手前の与論(よろん)島です。この600キロという距離は鹿児島市を中心にしてコンパスをあてると、神戸市に届きます。兵庫県から鹿児島県の間には、岡山、広島、山口、福岡、熊本といくつもの県がありますが、それだけのエリアを1放送事業者がカバーしなければならないというのが宿命です。それは中継局の数に反映されていますし、そういう設備投資をしていかなければならないというのが、鹿児島の放送局の特徴でしょうね。

――離島へは海底ケーブルを使って送っているんでしょうか。

丸山　マイクロ波で地上波を繋いでやっています。ですから、与論島に電波を届けるには、鹿児島市の親局から木床(こどこ)、枕崎(まくらざき)、南種子(みなみたね)、中之島(なかのしま)、名瀬(なぜ)、瀬戸内(せとうち)、徳之島(とくのしま)、知名(ちな)、与論(よろん)というふうにつないでいって、8段中継でようやく電波が届いています。

――離島に取材拠点はありますか。

丸山　奄美市の記者が奄美大島を含む周辺の離島、徳之島、沖永良部島(おきのえらぶじま)、喜界島(きかいじま)、与論島あたりをカバーしています。

――何人ぐらいいらっしゃるんですか。

丸山　奄美市は1人です。

――現在、社全体に、報道担当の記者は何人ぐらいいらっしゃるんでしょうか。

丸山　報道部は、部長以下、キャスター、記者、カメラマンなどを含めて27人です。

――男女比率ではどのくらいですか。

丸山　女性が5人ですね。

――制作は？

丸山　テレビの制作部は、部長以下、プロデューサーやディレクター、CGタイトル部門まで入れて、24人ですね。

――南日本放送は、どのようなところを特徴として打ち出されておられるのでしょうか。

丸山　まず、当社は1953（昭和28）年にラジオ南日本としてスタートしましたが、当時、アメリカの軍政下にあった奄美群島を除く全ての市町村と鹿児島県が、鹿児島に民間放送が必要だとして、出資してくださいました。

自治体の出資は構成比率の25％を越えます。自治体に出資をしていただくということは、基本的にそれは税金からまかなわれているわけですから、鹿児島県民が株主であるというふうに言ってもいいと思います。そういう生い立ちから、私たちは県民局であるという意識を強く持っています。

――開局当初から県民局であるという位置づけだったのでしょうか。

丸山　当時、鹿児島ではNHKがラジオの放送を始めていましたが、民間放送はありませんでした。県民の皆さんはコマーシャルが流れる民間放送というものに、あまりイメージがわかなかったんだと思います。そのような状況の中で民間の放送があることは大事なんだということを、各市町村の議会の方々にもわかっていただき、それぞれの議会で設立、出資を決議していただいています。

――県民局という位置づけ、そして自治体からの出資というのは、おそらく鹿児島の中だけの特徴にとどまらず、全国的にも珍しいと思います。県、地方自治体が放送内容、あるいは放送のあり方に対して、ある種の意見を申し述べるというようなことはございますか。

丸山　それはないですね。

――それでは、お金だけ出してくれているということになりますか。

丸山　設立にあたって出資をしてくださったという意味ではそうですね。

▶テレビ放送の開始、その経緯――戦後復興の中の必然の道

――すでに３番目の質問にも関わってきているのですが、南日本放送の開局、そしてテレビ放送の開始の経緯について、もう少しお話をお伺いできればと思

います。

丸山　ラジオが事業として軌道に乗ったタイミングでテレビ放送を始めるわけですね。東京を含む大都市ではテレビの放送が始まっていて、民間のテレビ放送というのは、次の事業としては必然だったわけで、そこはスムーズに進出していったと思います。

――ただ、この時のテレビ受像機というのは非常に高価であったわけで、普及という面では、あまりというか、ほとんど進んでいなかったわけですよね。その中で、テレビ放送を開始するというのは、かなり勇気の要る決断であったと思います。実際、社史には「畠中社長の英断によってテレビ開局へのゴーサインがでた」とあるのですが。

丸山　テレビ開局のタイミングは皇太子、今の天皇陛下の御成婚のタイミングです。そういうことを背景に爆発的にテレビが普及していきますが、戦後復興の活気がある時代ですから、テレビに進出することについては、悩みはしたと思いますが、必然の道だったと思います。テレビ事業を手掛けない選択はなかったんじゃないですかね。

――地元財界、産業界の支援というのは、どのようなものだったのでしょうか。

丸山　テレビ事業を開局するにあたって増資し、そのお金でテレビの機器の設備投資をしています。そのタイミングで地元の財界の支援というか、出資を仰いでいます。

――テレビへの進出にあたって、番組をつくるノウハウは、ラジオ南日本放送の中にはなかったように思われますが、番組制作については、キー局などからの支援を受けたんでしょうか。

丸山　放送開始の前年には、すでにテレビ放送を始めていたTBSや福岡のRKBに研修にいって、テレビ放送のノウハウを学んでいます。ニュースもテレビ開局の当時から放送していますが、ニュース枠はごく短いものでした。

――当時のニュース担当、つまり報道担当の記者の人数はわかりますか。

丸山　ラジオの単営局だった時代から報道部はありましたが、テレビを始めるにあたり、カメラマンを2名採用しています。記者は部長を含めて3～4人で、報道部の陣容としては数名程度でした。

――こういう人たちというのは、全国から集めたわけではなくて、基本的には鹿児島での募集ですか。

丸山　ラジオの放送を開始した時は、アナウンサーは、NHKから招いたりしています。テレビの開局の前後に、技術陣を含めて40人程度採用した年もあります。アナウンサーは県外の方も多くおられましたが、それ以外のセクションは県内の人が多いですね。

――やはり鹿児島大学の出身者などでしょうか。

丸山　そうとは限らないですね。東京の大学に進んでいた人が戻ってきたり。

――初期に入局された方というのは、技術的な部分を担当する方が多かったのですか。

丸山　多いですね。

――例えばカメラマンは映画撮影の経験者ということになりますでしょうか。まったくの素人を採用したわけではないと思うんですが。

丸山　最初の方は、スチールカメラマンでした。入社してからフィルムの勉強をされたんだと思います。当時は映画館でニュースをやっている時代で、鹿児島県も県政ニュースを映画館で上映していました。鹿児島県にはそういうカメラマンがおられましたし、原稿を書くような方々もいて、そういう人たちから習ったりしていたという話は聞いたことあります。

――番組制作を行う人というのは、どういう人だったのでしょうか。

丸山　初期の時代に中心になったのは報道記者です。皇太子ご夫妻のご旅行を記録した番組とか、ドキュメンタリー番組を制作しています。

――『南日本放送35年』という古いほうの年史がありますね。あちらを拝見しましたら、当初、番組を集めてくるのにも必死だったという話が出てきました。アメリカ大使館にお願いしてUSIS映画を入れるなど、安いフィルムを探し求めて奔走したとありました。アメリカのUSIA（アメリカ合衆国情報局）などからも買いつけたのでしょうか。アメリカからの番組提供については、何かご存じのことはないでしょうか。

丸山　よく知りません。

――テレビの開局初期には、先ほど申し上げましたように、受像機の普及があまり進んでいなかったと思います。テレビ局として受像機を普及するための特別割引料金やプロモーション、要するに販売促進は何か試みられたんですか。

丸山　ラジオ商組合というのがあるんですが、それが発展した電気商組合があり、そういうところの方々を組織化してプロモーションしていく。その方々に販売促進をしていただくということがひとつ。それから電化製品を販売する子会社を設立していますが、これはテレビの普及が大きなミッションでした。

また、中継局を建設して、新たにテレビが見られるようになった地区では、街頭パレードをしたり、そのエリアでラジオの公開録音の番組を収録しながら、テレビってこういうものですよというようなプロモーションをしていって、理解を深めてもらいました。

それから児童福祉施設にテレビをプレゼントして、見ていただくようなこともやっています。

――例えば日本テレビの場合、街頭テレビという戦略が有名ですけれど、南日本放送では街なかのどこかにテレビを設置するといったことはされましたか。

丸山　そういうのはないですね。

――開局初期に売りだったのはキー局の番組だと思いますが、具体的にどういう番組が人気を博したのでしょうか。

丸山　プロレスの人気が高くて、視聴率86％という記録が残っています。ほかには「月光仮面」「怪人二十面相」「新吾十番勝負」といった番組ですね。また、巨人―中日戦が60％、「名犬ラッシー」が59.9％、「ベン・ケーシー」が52％という記録があります。

――鹿児島だと、野球ファンというのはどこになるんでしょうか。

丸山　昔は圧倒的に巨人ファンが多かったです。テレビ局は1局しかないわけですから、どこからネットを取ってもよかったわけで、日テレからプロレスや野球をネットする。それ以外、自由に編成しているわけですから、その人気は高かったんじゃないですか。

▶「報道のMBC」としての取り組み――災害報道・選挙報道は最大の責務

――４つ目の質問は、これまで具体的にどのような報道に力を入れてきたのかということです。社史では「報道のMBC」というふうに記されております。

私の関心から申し上げますと、3つぐらいあるのかなと思っております。1つ目は選挙報道ですね。1968（昭和43）年7月の参議院選挙の時に、全国に先駆けて立会演説会生中継をしたということで、政治報道に非常に力を入れていたのではないでしょうか。

2点目は、やはり鹿児島の地理的特徴にもなりますが、台風の通り道であるということで、災害報道はいかがだったのでしょうか。鹿児島には桜島もあります。

3つ目は、ロケット打ち上げなどの報道についてです。宇宙センターのある種子島が鹿児島県に入っていますから、ロケットの打ち上げなど、東京ではできない中継が鹿児島県でできるはずです。

私の関心からは、これら3つの点が想起されたのですが、具体的にどのような報道にこれまで力を入れてこられたのか、お伺いできればと思います。

丸山　災害報道と選挙報道は、放送メディアにとって最大の責務だと思っています。やはり電波という公共財を扱っている以上、公共の福祉、特に県民の生命・財産に直接影響がある災害についての報道、あるいは防災のための報道は、最大の使命です。

それから社会を支える民主主義に関わる選挙報道というのも重要で、選挙の結果だけではなくて、今何が話題なのか、論点なのかを伝える努力をしています。場合によっては放送による公開討論会もやってきました。また、投票率が低かった時には、私たちの世論の喚起の仕方に力が足りないところがあったのではないかとも考え、選挙への関心をより高めるために私たちは何ができるのかを課題とし、力を入れて取り組んできました。

防災報道については、1993（平成5）年8月6日に8・6水害という、鹿児島の中心部が水没するという大きな災害がありました。その際には、ネットワークのドラマを中断して、災害報道に切り替えました。ラジオは終日、安否情報を流し続け、大勢の市民からは安否を伝えたいと情報が寄せられました。それを終夜やったわけです。災害後に、気象台の警報をもっとリアルに実感として感じられる情報を発信できていたのか、本当に防災的な報道ができたのだろうかという反省があり、それ以降、防災報道については、どこよりもきちんとやりたいという意識をずっともっています。

そのために全国の民放に先駆けて、気象事業所の許可を得て、気象庁の予報課長をしていた人をヘッドハンティングするなど気象予報業務ができる陣容・スタッフをそろえて、防災報道については特に力を入れてきました。それはこれからも揺るがない会社のスタンスです。

——気象予報を非常に重視されておられること、また、今後、さらに県民の生命・安全に直結する防災報道について力を入れていかれることも、大変よくわかりました。

選挙報道についてもう少しお伺いしたいんですが、世論を喚起するという時に、公開討論会などある種の仕掛けもされるとのことですが、選挙報道の際に気をつけている点はございますか。

丸山　公平・公正ということは、当然ながら大切にしていかなければいけないことで、一番気をつけていますね。

——いくら、公平・公正に気をつけたとしても、やはり視聴者からのクレームというのはあるのではと思うのですが、クレームがあった際には、どのように対応されておられますか。例えば放送時間を、厳密に秒単位まで計って公平・公正を期しているとか……。

丸山　そんなことはしていないです。

——となりますと、公平・公正といった時に、具体的には何をもってその基準とされているのでしょうか。

丸山　印象として、著しく不公平だなということがなければよしとしています。

——例えば視聴者から、この政党の映像がやたらと長いんじゃないかというようなクレームがあったりはしませんか。

丸山　あまり聞いたことがないです。

——科学技術、つまりロケットなどの生中継に力を入れてきたということはないでしょうか。

丸山　ロケット打ち上げというのは、全国的にも注目され、必ず「上(のぼ)り」（ローカル局の制作で全国発信される）ニュースになります。このため専門記者を養成していますし、中継体制も取らなければいけませんので、力は入れています。

▶「地方文化の向上」と「公の福祉の増進」を目指して

——次の5番目の質問に移らせていただきます。当時の社長が「地方文化の向上」、そして「公の福祉の増進」を掲げられて開局に至ったわけですが、具体的に今までの60年を超えるあゆみの中で、「地方文化の向上」「公の福祉の増進」のために、どのような試みがなされてきたのでしょうか。

丸山　放送というのは、教養や娯楽に関する情報や話題を提供する、あるいはニュースという形で全国のニュースや世界のニュース、ローカルニュースを提供するということだけでも、まずは十分に文化の向上に資していると思います。それとは別に、放送に隣接した分野にイベントがあって、いろいろな展覧会を開催したり、コンサートを催したり、バレエや演劇を呼んだりといったことを通じて文化の向上に貢献しています。

また私たちは、メセナ事業（企業が資金を提供し、文化・芸術活動を支援する事業）としてユースオーケストラというものを持っています。青少年のためのオーケストラですが、その運営を通じて、音楽に向き合う子どもたちを養成していく。年に1回はプロの指揮者に指揮してもらって定期演奏会を開く。そういう活動を通じて、子どもたちを育てているという意味では、これもある種の文化でしょうね。

もうひとつ、メセナ事業として、鹿児島の産業、地域の発展に貢献した人に対して、MBC賞という賞を差し上げています。47回目になりますが、今年も1団体、2個人を顕彰しました。これもやはり鹿児島の文化の向上に、いささかなりとも貢献しているのではないかと自負しています。

——鹿児島という地方の文化を、東京に向けて、あるいは鹿児島県外に向けて発信していくという試みはされていますか。

丸山　南日本放送もネットワークの一員ですから、いろいろな機会にそれを行なっています。例えば屋久島が世界遺産になった時には、TBSの「世界遺産」という番組を私たちが屋久島バージョンでつくりました。それは屋久島の文化の発信になりますよね。いわゆる「上り」のニュース以外でも、ネットワークという機能を通じて、私たちがつくったものが全国に発信されていくという展開はあります。

——地方のドキュメンタリーに対しての賞もありますが、ドキュメンタリーを制作する専属の班といいますか、そういう人たちはいらっしゃるんでしょうか。

丸山　専属の班をおけるほどのゆとりはありません。

——それでは、報道の人たちが……。

丸山　とは限りません。報道であったりテレビ制作部のディレクターであったり、アナウンサーでも挑む人がいます。

▶経営の多角化に向けて——県民との距離の近さ

——６番目の質問として、経営の多角化についてお伺いしたいと思います。昭和62（1987）年発行の社史（『未来を拓く MBC 35年のあゆみ』）では「これからの放送は、放送だけを主力産業と考えない多角的な経営戦略の時代に入るものと見られる」というふうに書かれていますが、その後、具体的にどのような多角的な経営が試みられてきたのでしょうか。

丸山　私たちの会社の収入の柱は、テレビとラジオとイベントの3つで、それ以上の多角化が図られているかといえば、うまくいっているとは言えません。ただ、関連の子会社としては、不動産、建設、養殖、保険、広告代理店、旅行取り次ぎといったようなものまでありますし、それらはもう売上でいうと親会社を超えていて、社員の数も倍ぐらいいます。その意味では多角的ですね。

ただ、放送は相変わらずテレビとラジオで、イベントが中心ですね。

——社史を見ますと、MBC は異業種交流のオルガナイザーであると書かれております。放送局が、異なる業種の人たちを結び付ける役割を担っているという記述が見られるのですが、このあたりはいかがでしょうか。

丸山　経営として、放送が異業種に参入していったということはあまりありません。ただ、地方の放送局というのは、キー局と違って、視聴者、聴視者との距離が近いということがありますね。

私たちは視聴者、聴視者と距離が近いために、メディアスクラム的なことには与しません。例えば口永良部（くちのえらぶ）島でこの前大きな噴火があって、全島避難になった時に、何十人という取材班がやってきて、集中豪雨的に報道がなされます。避難している方々に「何か困っていることはありますか」と聞くと、「あなたたちだよ」といわれるんです。メディアスクラムが非常に迷惑なんだと。

キー局から来ている取材クルーがサーッと潮が引いたように引き上げたあとに、地元の記者やカメラマンは最後まで残ることになるんですが、そこは被災した方たちもわかってくださって、「あなたたちには最後まで伝えてもらわなければいけないからね」と言っていただいて、懐に入って取材ができるということがありますね。

地方局というのは、視聴者、聴視者と距離が近くて、信頼されている存在だと思います。だから、懐に入って取材させていただける。その信頼があるからこそ、ＡさんとＢさんを繋いで、そこから新しいムーブメントを起こしていくといった、触媒の役目というのが果たしやすいのかなという気はしています。

▶マルチメディア時代の生き残り――地域密着に徹する

――多チャンネル化、そしてマルチメディア化は、これからますます進んでいくことになると思います。これも経営の多角化につながってくる問題だと思うのですが、７番目の質問として、そういった時代に向けた放送のあり方、つまり、インターネット配信などについてお伺いしたいと思います。

丸山　私たちの自社制作率は、テレビが15％、ラジオが52％なんです。テレビ15％というのは、同じ規模のローカルの放送局からすると、ちょっと多いほうだとは思いますが、70％はTBSの番組だし、残り30％のうちの半分を自分たちでつくっているに過ぎないわけですね。キー局は、例えばアニメとかドラマとか、お笑いのタレントがいっぱい出てくるような番組をコンテンツとして持っているので、それを動画でネット配信しようとすると、10万ヒット、20万ヒットとなるわけですね。それがマネタイズされていく。ネット配信というのは、そういう方向に進んでいくんだと思います。

しかし、私たちの15％の番組をネット配信でどんどん出したからといって見てもらえるか、マネタイズできるかというと、それはかなり難しいだろうなと思っています。そこに生き残りの道があるようには思わないですね。

ただ、動画配信していく流れ、見逃し視聴だったり、NHKの同時再送信の動きは、止められないだろうと思いますね。止められない中で、マルチメディア時代をどう生きていくかというと、原点回帰だと思います。

地域密着に徹する。私たちは「ふるさとたっぷり」を社是にしていますけれども、つまりは鹿児島に住んでいる皆さんにとって、なくてはならないメディアになることです。どんな多チャンネルな時代であっても、県域というサイズに発信できるメディアの存在は、一定程度は必要だと思います。地域の情報を地域に発信するメディアとして、地域の一体感を共有していく。そのメディアで取り上げられることよって、地域の人たちが勇気づけられたり、地域の話題になったりしていくメディアというのは、絶対にいくつかは必要だろうと。私たちはだから原点回帰というか、この「ふるさとたっぷり」という路線を、これからもしっかり守っていくべきではないかなと思いますね。

――地域密着のために試みられていることは、具体的に何かありますか。

丸山　自社制作の番組が多いということは、それだけ視聴者・聴取者に接触する面積が広いということですね。それがまず一番です。そこで伝える内容は、やはり地域の人たちにとって話題になったり、地域の人たちがそれを見て愉快になったり勇気づけられたりするもの、あるいは地域への提言だったりです。そういうものにこだわっています。

――地域密着の話は非常に大事だと思います。違った観点からの地域密着ですが、現在東京に住んでいる鹿児島県出身者が、鹿児島のローカルニュースを知りたいという場合もあるように思います。そういう人たちには、例えばラジコ（radiko）がありますよね。県外に住んでいても、お金を月に数百円払えば、鹿児島の放送を東京でも聴けるインターネットのサービスです。県外の人たちも、ローカルニュースを見たい、聴きたいという需要はがあるように思うのですが、そのあたりの手応えはあまり感じられませんか。

丸山　鹿児島はもともと人材輩出県で、高校を卒業して7～8割ぐらいは県外に出て、そのうち帰ってくる人は半分に満たない。ですから関東県人会なんてものすごくたくさんの人たちがいるし、関西県人会は何百万人という人たちがいます。そういう人たちが一定の層としてはそこにある。

ただ、そういう方々が毎日、MBCとラジコや動画の配信を通じて接触してくれるかというと、そういうことはないですね。何か思い出した時にちょっと、ということだと思いますね。

そうすると、ラジコや動画の配信に対して、きちんと回路を持っているというのは大事だと思いますが、そこに注力していって、逆に、鹿児島にいる方々に対して放送しているという基本的なスタンスを見失うと、道を間違ってしまうのではないか。やはり今鹿児島にいる方々にきちんと見ていただく。よそから見られたり聴けたりする仕組みには乗るけど、本筋は踏み外さないというスタンスが大切なんじゃないかなと。

——ラジコはあまり収益にならないんですね。

丸山　あまりならないですね。

——実際に、ラジコで南日本放送を聴いているということはわかるんですか。

丸山　わかります。リクエストがありますから。

——ユーザーが、例えば1カ月にどのくらいいたかということもわかりますか。

丸山　ユニーク・ユーザ数（ウェブサイトに訪れた人の数）も、どの番組にどれくらいというのも、それはわかります。

——それに応じて収益が上がるという仕組みではないのですね。

丸山　一定程度返ってきますが、見られた、聴かれたものに応じてではなくて、一律で分配する仕組みになっていますので。

▶地域に必要とされるメディアとなるために——「上から目線」ではなく

——最後の質問に移らせていただきたいと思います。本日のお話全体に通じることでもありますが、南日本放送が鹿児島という地域社会に向けてどのような貢献を行おうとするのか、その見通しをお聞かせください。先ほどからの地域密着の路線、原点回帰というお話を補っていただいてもかまいませんし、またそれとは違う方向性がもしございましたら、そちらについても。

丸山　「地域に貢献しましょう」という、上から目線の話ではありません。私たちが地域にとって必要とされるメディアになろうとしているわけで、それはむしろ「お役に立つメディアであり続けます」ということなので、それを貢献という言葉でいうのはちょっと違う気がします。

——例えばきわめて極端な仮定の話ですが、地域の人たちから「娯楽がもっとほしい」「もう政治報道はいい」という声があがってきて、それを受けてテレビ局でも娯楽番組が必要だというふうになれば、番組の編成の比率を変えていくこともあり得るのでしょうか。

丸山 娯楽番組を増やしてほしいという声が上がってきたからといって、編成をいじるという話ではない気がしますね。もちろん、見ておられる方のニーズ、期待の総和が視聴率という形であらわれるわけですが、例えば選挙報道をすると視聴率が下がるから、これはニーズがない、別のものに切り替えましょうという発想にはならないですね。選挙報道は、しなければいけない、私たちの責務だと思っているので。そこは視聴率と関係なくやらなければいけません。

——わかりました。本日は、これからの「地域とテレビ」の有り様を考えていく意義を、改めて強く認識することができました。ありがとうございました。

丸山健太郎（まるやま・けんたろう）

常務取締役・経営企画局長

1960年鹿児島県生まれ。1984年入社。テレビ制作部ディレクターを経て、1988年から報道部記者。環境担当として世界自然遺産に登録される前後の屋久島の環境問題や川内原子力発電所の増設問題などを取材。総務部長を経て2015年から現職。

沖縄テレビ放送

社　名　　　：沖縄テレビ放送株式会社
略　称　　　：OTV（Okinawa Television Broadcasting Co., Ltd.）
本社所在地　：沖縄県那覇市久茂地一丁目2番地20号
資本金　　　：2億8800万円
社員数　　　：105人

コールサイン：JOOF-DTV
開局年月日　：1959年11月1日
放送対象地域：沖縄県
ニュース系列：FNN
番組供給系列：FNS

山里孫存　（報道制作局次長、報道推進部長）

聞き手：佐幸信介
インタビュー日：2013年11月27日

▶沖縄テレビの開局と本土復帰まで──スポンサー付きの「紅白歌合戦」

──沖縄テレビは、本土復帰の1972（昭和47）年よりも10年以上前に開局しています。NHKよりも前に民放が開局しているのは、キー局も含めて日本では唯一沖縄だけです。このことはいうまでもなく、日本と沖縄、そしてアメリカとの戦後の政治的な関係の中で生じているわけですが、その意味でも今回は放送の現場のひとつの現代史としてお聞きしたいと考えております。さっそくですが、まず、開局当時のことについてお聞かせください。

山里　開局当初は、僕は入社していなかったので、その点については先輩から聞いている話がベースになります。入社後の展開については、ずっと報道制作現場にいましたので実感を含めてお話できればと思います。

沖縄地区のテレビ局として、NHKとの関係という点からお話すると、他の局と決定的に違うのは、沖縄地区においてNHKは後発局であるということです。電波そのものに関して言えば、上陸した米軍が1945（昭和20）年の5月くらいからは兵士向けに戦場放送局のようなものをやり始め、その後、「AKAR」と呼ばれた米軍のラジオ放送があり、そして琉球放送（RBC）が引き継いでいきながら、1956（昭和31）年にラジオの日本語放送局としてスタートしました。

沖縄テレビ（OTV）は、RBCのラジオ開局の直後からいろいろ準備を始めて、1959（昭和34）年11月に、沖縄初のテレビ局として開局しました。OTVの開局に至っては、世界中でどこを探してもそんなテレビ局はないと思いますが、電波法について、「沖縄が果たしてどこに属しているのだ？」という不安的な状態だったので、琉球政府に伺いを立て、さらにアメリカ民政府との協議も必要でした。当時の法規にはテレビに関する条項はなく、テレビという新しいメディアに対応するルールをどうするのかということで、だいぶ時間がかかったと聞いています。そのようなすったもんだがあって、ようやく免許が交付されて1959年11月にスタートしました。

その時は、もちろんNHKはありません。余談ですが、沖縄では今もNHKの受信料が日本でいちばん払われていないであろうと思うのです（笑）。なぜなら、沖縄の人にとってテレビはそもそも無料でしたから。復帰後、NHKが集金に回って、「何言ってるんだ！」となったというのは、今でも語り草になっています。

あれから40年もたったので状況は変わりつつありますが、当初は無料で電波が享受できるというのがスタートラインで、NHKが開局したのは、正式には復帰の年の1972（昭和47）年です。ただし、その準備段階で、沖縄放送協会（OHK）と呼ばれる準備局というか前身があって、そこの放送開始が1968（昭和43）年の暮れです。

OHKがスタートするまでの時期は、沖縄テレビは、限られた時間だけの短い放送時間をカバーしながら、徐々に放送を増やしていったようです。当初、沖縄は日本ではありませんから、キー局のどこかの系列でもなく、ソフトが不足していました。一方で、NHKは将来的に沖縄に進出するということもあって、未開拓の土地である沖縄地区で番組を流したいという思いがありました。このNHKの思惑と沖縄テレビのソフトが欲しいという要望がマッチして、当初からNHKの番組をフィルムで空輸して、番販として買って放送するような状態があったようです。今では信じられませんが、NHKの紅白歌合戦が正月番組として、スポンサーのCM入りで流れていたという時代もあったと聞いております。当時は派手にスポンサー入りで「紅白」を放送していたようです（笑）。

その時代には、日本ではなかったがためにいろいろなところとのお付き合いができたりしましたが、その反面、苦労もあったと聞きます。番販とかスポンサー獲得などの拠点にするべく東京支社を作ろうとしたら、外資系あつかいで大変だったようです。フジテレビとの合弁会社のような形をとって、東京支社をスタートさせたと先輩から聞きました。とにかく、まだ日本ではなかったことで、いろいろなことが起きていたという感じです。

NHKとの関係ということでいえば、準備段階の社員研修でもかなりお世話になったようです。スタート前の実地教育や、現場でいろいろ経験を積む段階では、沖縄テレビの新入社員をフジテレビやNHKに派遣して、3、4カ月鍛えてもらってから放送を開始したという記録が残っております。その後、NHKは本土復帰前にOHKを開局しますが、その際には今度は逆に沖縄テレビから技術者がヘッドハンティングされて、何人か持っていかれたというような話も聞きました。

OTVでは、番組を空輸で運んでもらって放送している時代がずいぶん長かったですが、開局の5年後、1964年のオリンピックのちょっと前にマイクロがようやく開通し、それからは生で受けられたり、少しの時差で受けてすぐ放送できたりという状況になりました。OHKがスタートするまでの4年間くらいは、逆にNHKの番組が沖縄テレビでは増えたらしく、「太閤記」など、NHKの伝説のドラマも沖縄地区では沖縄テレビが放送していました。リアルタイムで番組を受けて、隙間で何とかCMを入れたりする時代であったようです。

ある先輩が書いていた文章によると、当時、NHKの番組をマイクロで受けて、そこに強引にCMを入れられるかと、東京支社の社員が恐る恐る交渉をしに行ったところ、逆に東京の大手広告代理店の人たちが面白がって、「すごいね、NHKの番組にスポンサー入れられるんだ!」と、すごく一生懸命やってくれたそうです。面白い時代ですね。

私は映像を見ていませんが、沖縄テレビの技術者が現場に入って、NHKの番組を協同制作したこともあったそうです。例えばNHK交響楽団が沖縄に来て、沖縄で収録する時にはOTVが一緒に作っていたと聞きます。沖縄では沖縄テレビが放送して、全国向けにはNHKで「沖縄テレビ制作協力」というような番組もあったらしいです。

そんな時代を経て、ようやく日本復帰となります。僕は東京オリンピックの年、1964(昭和39)年生まれだから、沖縄でのマイクロの導入と同級生なんです。僕が子どもの頃、復帰前の沖縄テレビのコールサインはKSDW-TVだったのが、復帰後にJOOF-TVになり、チャンネルも10から8へと変わりました。僕自身の子どもの頃の記憶でも、沖縄テレビは10でした。

日本への復帰前は、NHKとは蜜月のような非常に親密な時代があったのですが、復帰後に関係性は変わっていきました。復帰と同時に開局したNHKは、日本のテレビ局、内地の会社というイメージが大きかったようです。

僕は働き始めて25年ですが、駆け出しの頃、ある選対事務所に中継に入っていた時の話ですが、RBCが最初に「当確」を打ち、次にOTVが「当確」を打って、NHKがまだという状態でした。当確候補者のばんざいも済んで、樽酒も割ろうとしているところでしたが、そこにNHKのディレクターが土下座して、「うちはまだ当確を出していないので、これだけは何とか残しといてください！」と頼んできました。そうしたら、選対本部長が「地元の局がもう当選確実打ったんだからもういいんだ」と言って、相当もめたことがありました。20年くらい前の段階でも、NHKは相当「よそ者視」されていたと思います。よそ者というか、沖縄では「ナイチャー」（内地の人）というのですが、「本土から来て、何言ってるんだ、地元のテレビ局じゃないでしょ」という感じはすごくありました。

——やはり内地からきた局という感じなんですね。

山里　はい。受信料をとって回ったというのも非常に印象が悪かったと思います。後から来て、ナイチャーが偉そうにお金集めて回ってというアウェイな雰囲気ですね。だから、NHKの人たちも相当困ったと思います。

▶錯綜するネットワークと独自性

山里　沖縄テレビは、ネットワークで言うとフジ系列です。先輩たちが書き残しているものを見て信じられないのですが、開局した11月1日の祝賀パーティに、フジの鹿内（しかない）信隆さんがみえていて、そこで直談判やいろいろと交渉をして、その日に「系列」の覚え書きを交わしたらしいです。

だから、フジのネットワークに入ることが事前に決まっていたわけではなかった。開局するまでは、対日本に対しては特にどうということは明確に決まっておらず、直前まで日本テレビにも話をしていたらしいです。もちろん事前の根回しはいろいろあったかと思いますが、フジテレビ系列へ入る、将来的には経営参画もするといったような覚え書きを交わしたのは、まさに開局の日の11月1日で、そこまでは本決まりではなかったということになります。

——沖縄テレビを開局した時の出資は琉球新報や地元の企業ですね。

山里　地元の企業で集めたはずです。しかし、相当難産、難航したようです。フジテレビとの合弁で、東京支社がきちんとできるのが1960（昭和35）年4月で、開局から半年後くらいです。フジテレビの中では、当時、アジアビジョンというか、アジア展開をするスケールの大きいイメージを持っていたようですが、その中で沖縄を押さえておいたほうが、いろいろとフジテレビとしても夢が描けると考えていたのではないでしょうか。日テレは沖縄のネット化については二の足を踏んだらしいです。

沖縄は、OTVがフジテレビ系列で、RBCがTBS系列ですから、主にこの2系列、2つのチャンネルという時代が続きました。3局目の話は随分とあったのですが、最終的に1994（平成7）年にテレ朝系のQAB（琉球朝日放送）が開局し、それから沖縄は3局体制になりました。ですから、いまだに日テレの番組は、主にOTVとRBCで視聴率の取れそうなものを番販で奪い合っているという状況です。

そんな状態なので、沖縄に住んでいる人たちは、系列の意味がいまだによくわかっていないのではないでしょうか。東京などでテレビ見ていると、各キー局の色がはっきりしているなかで視聴者も観ていると思うのですが、沖縄の場合は、特に日テレの番組というのがあっち行ったりこっち行ったりしているので、あやふやな印象を与えていると思います。例えば「エンタの神様」という一世を風靡した番組がありましたが、この番組の全盛期は、レギュラー放送はRBCが放送し、2時間スペシャルはOTVで放送したりしていました。

――そうした番組の番販売の交渉は、東京の営業の仕事になるのですか。

山里　そうです。編成と東京の出先との連携になります。テレ東の「開運！ なんでも鑑定団」も最初はうちが日曜の朝10時にずっと放送していました。沖縄地区の日曜の朝の時間帯で最も視聴率が高いときには20数％取るような番組だったのですが、東京から、「今、「行列のできる法律相談所」がすごいよ」という話がきて、「鑑定団」を「法律相談所」と入れ替えたのです。手放した途端に今度はRBCが「鑑定団」を買って、同じ時間帯の裏番組として放送し始めました。そういうことがしばしば起きています。

今RBCでは、TBS系列でありながら、ゴールデン帯で「秘密のケンミンSHOW」などの日テレの番組も放送されています。土曜日や日曜日の午前とか昼間といった、比較的フリーなところで日テレ番組は沖縄地区で放送されていたのですが、2、3年前からゴールデンタイムにも入ってくるようになったので、余計にネットワーク系列のイメージは錯綜しています。

歴史的にいうと、沖縄テレビがクロス局だったという関係があり、日テレの高校サッカーや高校生クイズなどいわゆる全国中継ものは、今でもいくつか制作に関わっています。かつては、OTVが日テレ準キーのような状態があったのですが、今では番販でRBC側の日テレ率が高くなってさえいます。

▶独自の番組づくり――ウチナーグチを未来に継承する

――本土ではNHKのテレビの開局が1953（昭和28）年です。沖縄テレビは、全国的にみても非常に早い1959（昭和34）年に開局しています。これは、アメリカとの関係があったのでしょうか。

山里　そうですね。当然英語の放送ではありますが、アメリカの放送をかなり鮮明に見ることができた時代がありました。僕が子どもの頃でも、「セサミストリート」「宇宙家族ロビンソン」「ザ・ルーシーショー」などや、アメフトの中継なんかもしょっちゅう見ていました。軍の関係で、アメリカ人が沖縄に何万人も暮らしているので、おそらくOTVが開局する以前にも、そこに向けた放送、テレビがあり、アメリカの文化が身近にあって、テレビを早く開局しようという社会的な機運があったのではないでしょうか。

そういう意味では、黎明期というか創成期には系列の縛りの意識もなく、一国一城といった感じで、自分たちでテレビ局を運営して番組を作る、というのが沖縄テレビのスタートでした。現在、沖縄テレビにいる人間にも、この時のエネルギーは受け継がれていると思います。

――番組表をみると、「郷土劇場」という名前が目を引くのですが、この番組は長く放送されているものですか。

山里　そうですね。「郷土劇場」は今でもなんとか続けている番組です。放送枠の移動やちょっと休止をしたことなどはありますが、開局以来継続して55年間放送している、「日本一の長寿番組」と公言している番組です。民放連から表彰も受けたことがあります。

先ほどお話したように、開局当初はソフト不足で、日本本土から買ってくる番組も限られていたとき、OTVは沖縄芝居に目をつけました。沖縄には沖縄の言葉「ウチナーグチ」を使ったお芝居をする劇団がいくつもあって、戦前は娯楽の花形でした。その後、映画に押され、華やかだった時代から衰退気味になったとき、ちょうどテレビ放送が始まり、「沖縄芝居」はテレビ番組として再生を果たすことになりました。

戦後の沖縄芝居は、捕虜収容所から始まっています。石川という場所に、沖縄戦で傷ついた人たちの多くが集められた収容所がありました。当時ハンナ少佐という沖縄に理解のある人がいて、「沖縄の復興は芸能から」と、戦前にお芝居や踊りといった芸能に携わっていた人を意識的に石川に集め、松・竹・梅と劇団を3つ作らせたのです。今でいえば、公務員。アメリカ軍が給料をあげて慰問団を作り、トラックと機材を用意して、沖縄各地の収容所に巡回し上演していたといいます。その後、沖縄芝居の劇団は大人気となっていくのですが、沖縄に映画館ができはじめると、だんだん勢いがなくなっていきました。そんな時期に沖縄テレビがスタートし、ソフト不足の解決策として苦し紛れ気味に沖縄芝居を生中継し始めたら、これが当時びっくりするくらいの視聴率をとったらしいのです。どういう調査かわかりませんが、視聴率80％近かったといいます。放送時間には、本当に町から人が消えてしまったと聞いています。その放送が水曜の夜でしたので、長い間「水曜郷土劇場」として、水曜の夜は沖縄芝居というイメージが、沖縄ではずいぶん定着していました。

しかし、最近では視聴率も厳しく、スポンサー面でも難しくなっています。視聴している方々もどんどん高齢になっていますから、なかなか僕らも思うようにならないのですが、それでも沖縄テレビの歴史そのものですから、制作現場としては「これは沖縄テレビの魂でしょ」と、月に1本の放送を守り、舞台中継を継続させてもらっているのです。

「郷土劇場」は今でも人気の劇団があり、収録会場には観客がいっぱい入ったりはしますが、ほとんどが、おばあちゃん、おじいちゃんと付添の人たちです。「郷土劇場」にしても、沖縄の劇団にしても、今が転換期、ぎりぎり崖っぷちのようなところに立っていて、この大切な沖縄文化をどう次に伝えるのかというのが、僕らテレビ局としてもひとつの大きい課題となっています。

そこで、月にもう一本、同じ枠で、自分たちで新しいものを作ろうと、30代、

40代の芸人と一緒に「新しい郷土劇場」を制作しています。よしもとさんの花月劇場の沖縄版のような番組を、公開録画で放送しています。

それと、3年前から、沖縄の言葉があまりわからない人たちに向けて、普段使っている沖縄のイントネーションとニュアンスが駆使されるバラエティー「ゆがふぅふぅ」という番組も作っています。この「ゆがふぅふぅ」という番組は、コンセプトが「ウチナーグチを未来に継承するバラエティ番組」ということで、沖縄の言葉でコントをやったり、トークも意識的に沖縄の言い回しなどを入れて、さらにスーパーで言葉の説明をテンポよく入れたりするようなタイプの番組です。沖縄の言葉が、もっと耳から入ってくるような日常を作り、何とかそこから沖縄の言葉に興味を持ってもらおうと、あの手この手でバラエティを制作しています。

——若い世代の言葉が変わってきたという背景があるのでしょうか。

山里　若い世代というよりも、おそらく僕ら40代後半から50代前半の世代が、本土復帰前後の小学生で、学校で沖縄の言葉は使ってはだめだと言われた世代なのです。

「復帰」を体験した僕らの体験談をそのまま「ゆがふぅふぅ」の中でコントにもしています。それが「方言札1972」という教室コント。帰りのホームルームで女の子が告げ口します。「先生！　今日、山里君が私にフラー（ウチナーグチで「バカ」）と言いました」。先生はいいます。「そうなの山里君。だめじゃないの、方言使っちゃ！　明日からなんて言ったらいいんですか」「わかりました。明日からはフラーと言わずに、ばかと言います」……復帰までの半年、1年というのは、沖縄の言葉を使ったら怒られるという世界で、「ウチナーグチ空白世代」がうまれ、言葉の溝ができました。

そこにはテレビの果たした役割もすごく大きいと思います。学校では道徳の時間に、子どもたちが出てくる「♪口笛吹いて、空き地へ行った」「♪みんな仲間だ、仲良しなんだ」といったNHKのドラマ仕立ての映像を授業で毎回見せられたりしました。テレビの影響で、僕らの世代は標準語がちゃんとしゃべれるようになっていき、逆に、沖縄の言葉はどんどん語学力としては低下していく状態になっています。

それが、平成元（1989）年くらいから、「沖縄の言葉も文化も面白いよねっ！」という、沖縄の再発見に皆の目が向きだしたのです。

沖縄テレビでいうと、平成2（1990）年から「ウチナー待夢（タイム）」という情報バラエティ番組が始まりました。これは沖縄文化の特集がメインで、そのテーマにまつわるコントを、「笑築過激団」という当時一世を風靡していた沖縄のお笑い劇団が演じていました。あるいは、今、パーシャクラブというバンドで、歌い手として全国的にも人気がある新良幸人が、新世代の島唄の歌い手として歌を披露するコーナーも放送しました。それ以降、今放送している「ゆがふぅふぅ」に至るまで、沖縄テレビは、「沖縄が面白い！」というメッセージを若者に向けて発信するような番組を作り続けているのです。

OTVは、ローカルとしては自社制作が多い方だと思います。ゴールデンに自社制作番組を編成してもいます。毎週土曜日の夕方6時には「ひーぷー☆ホップ」という、おそらく全国探しても珍しいタイプの生番組も作っています。ラジオのようなテレビ番組という合言葉で、視聴者から来るメールをラジオのように読んだり、取材にはディレクターやタレントが行っても、あえて写真を撮って紙芝居でやるというように、極力動画を使わないイメージでやっています。低予算ながら人気番組で、視聴率も15～16％ほど取っています。

▶沖縄テレビが作るムーブメント――媚びずに沖縄にこだわる

――例えば、安室奈美恵やSPEEDが東京に進出し、その後NHKで「ちゅらさん」などが放送され、本土のほうから沖縄をすくいとっていくメディアの沖縄ブームがありますが、そういうブームとは一線を画すということでしょうか。

山里　逆に、相乗効果と言った方がよいと思います。僕らが「沖縄っていいよね」と沖縄で番組を作っていた時に、例えば宮沢和史さんが三線を持って「島唄」でブレイク。当時、大人気だったTHE BOOMがスタイリッシュに沖縄の三線を持って歌ったことで、逆に沖縄の方で「すごーい、やっぱり間違ってないじゃん」という感覚がありました。

その後にSPEEDや安室奈美恵などアクターズスクール全盛が来て、ますます加速していきました。安室奈美恵が、東京のファッションの中心になり、渋谷の女の子たちが沖縄の子のファッションを真似しているということに対して、沖縄の人間は決定的に自信を持ったのだと思います。自分たちは「好きにやっていいんだ！」と。

僕は90年代後半に、沖縄アクターズスクールと一緒に番組を作っていました。「BOOM BOOM」というのですが、沖縄アクターズスクールの子どもたちの厳しいレッスンをドキュメント風に追いかけて、その結果をスタジオで歌って踊るという、今でいう「リアリティ系」の番組です。スタート当時は、安室奈美恵とMAX（SUPER MONKEYS）が人気出始めの頃くらいで、SPEEDをはじめ、それに続く子どもたちは皆この番組に出演していたのです。DA PUMPもいたし、山田優とか、三浦大知、黒木メイサもここにいました。

この時代としては画期的で、沖縄の若いタレントを追ったドキュメント番組は、サンテレビ（神戸）やTVK（テレビ神奈川）など都市部の周辺にあるテレビ局14局くらいが番販で買って放送していました。

沖縄という場所は、沖縄芝居、歌、民謡、お笑いなど、さまざまなジャンルで、「自己表現する人」がとにかくたくさん生まれてきます。沖縄で活動している芸能人をゲストに1年間、52回分のローカル番組がしっかり制作できる状況です。そういう意味では、日本の他の地方局と比べると幸せな環境だと思っています。

――今90年代以降のお話をお聞きしましたが、少し戻って80年代にはBSやCSなどの多チャンネル化の問題があります。その際に経営の問題なども含め、なんらかの影響はあったのでしょうか。

山里　僕らはずっと独自路線といいますか、あまり流行(はや)り廃(すた)りではなくやってきました。沖縄に特化するしか作りようがないと言った方がよいかもしれません。沖縄にこだわった番組作りをずっとやってきているので、多チャンネル化に対しては、特に戦略があったり、大きな影響があったりしたわけでもないと思います。

沖縄という土地そのものが、エリアとして人気があるし、「沖縄で作ったものです」と言えば、コンテンツとしてはそれだけですごくエネルギーがあるはずだと思っています。逆に「多チャンネル化」はチャンスではないかと、根拠のない自信もあって、媚びずに沖縄にこだわって作ればいいのではないかとずっとやってきました。

例えば、「ゆがふぅふぅ」というウチナーグチをテーマにしたバラエティー番組は、「スカパー！」や「ひかりTV」などのチャンネルで視聴できる「ホームドラマチャンネル」の「インターローカルアワー」という枠で放送されています。「インターローカルアワー」は、もともと九州各地の人気ローカル番組などを放送していた専門チャンネル。「ゆがふぅふぅ」のほかにも、沖縄テレビ制作の番組としては、「郷土劇場」「Oh！ 笑いけんさんぴん」などは日本中で観ることが可能なのです。

当初は全国で観られているということをあまり意識せず、沖縄の視聴者だけを想定して、ウチナーグチに関心をもってもらうために字幕を入れたのですが、沖縄だけでなく日本中から応援のメールが来るようになりました。先日、東京で企画された沖縄のPRイベントが代々木公園であって、OTVからも「ゆがふぅふぅ」のメンバーが参加してちょっとしたミニショーをやりました。そのときに、「東京へ行きます」と、Facebookやメールなどで情報をばらまいていたら、3、40人の東京の視聴者がこのステージをちゃんと待ってくれていて、コントのキャラクターのうちわを作ってきている方もいるほど、熱烈な応援をいただきました。

——内地に行っている沖縄出身の人が集まったのでしょうか。

山里　沖縄出身の人もいましたが、それ以外の沖縄ファンの人がほとんどでした。ひと月遅れのインターローカルアワーでの放送を、「毎回楽しみにしてます」という方々が、じわじわ増えています。「ゆがふぅふぅ」に関しては、ちょっと全国ネットのつもりで説明文を書き直すことなどもやり始めました。テレビに限らず、ラジオの世界でも、今はもうエリア関係なくアプリで日本中のFMの番組がチョイスできる時代になってきましたから。

——今までのお話では、沖縄の言葉がひとつのキーワードだと思いますが、キー局の番組で沖縄出身のタレントがたまに「沖縄の方言」という表現をすると、違和感を覚えることがあります。そのことを学生と話しても反応が悪く、「違和感のある／なし」から議論を始めたりしますが、メディアの言葉が歴史性や政治性をもっていることについて、本土ではあまり顕在化していないように思います。

山里　そのタレントは、おそらく面倒くさいから「方言」と言ったのだと思うのです。ウチナーグチ、沖縄の言葉について、日本の一地方の言葉、つまり「方言」ではなくて、沖縄独自の言語なのですよと説明しないといけない。けれども「沖縄の方言」と言うほうがテレビ的には楽ですから、そうなってしまうのだと思います。しかし、沖縄テレビでは、現在「方言」という表現はなるべく避けるようにしています。いま沖縄の中でも、「沖縄の言語」は、「ユネスコも認めた独立した言葉」という認識が広がってきていて、「琉球諸語」と表現する人たちもずいぶん出てきています。テレビで「沖縄の方言」と言ってしまうと、クレームの電話がかかってきたりするような状況になっています。

逆に、中途半端な知識で「ウチナーグチ」をテレビで使うと、「そんな言い方はしない」、「イントネーションが間違っている」といった電話もあり、そういう時は改めて、沖縄の人々は「ウチナーグチ」を愛しているのだなということを実感します。

「ウチナーグチ数え歌」という「ゆがふぅふぅ」のテーマソングを作ったときは、視聴者からの指摘でレコーディングし直すことまで起こりました。「ゆがふぅふぅ」のMCはアイモコという夫婦の音楽ユニットで、彼らに曲を発注して相談しながら作った歌が「ウチナーグチ数え歌」です。

「♪てぃーち、てぃーだが、太陽が、お空に1つ」、「♪たーち、ターンム（田芋）2つ取れました」という感じで、「てぃーち、たーち、みーち……」という、沖縄の言葉で1から10まで数えられるようにしようというコンセプトの歌を作って番組のテーマソングとして発表したのです。この歌をレコーディングして放送したら、すぐその日に電話がかかってきました。「10」は厳密には「とぅー」と発音するのですが、「とお」のほうが語呂もよく歌詞を作りやすかったので「とおで、とうとう、いしがんとおー（石敢當）」と放送したら、「間違ってる。「とぅー」だ」という電話がたくさんかかってきました。そこで、すぐレコーディングし直し、3週目からはちゃんと「とぅー」で放送しました。

しかも、その歌はCDがバカ売れして、いまでは沖縄中の幼稚園や保育園のお遊戯会などで振り付けを楽しみながら、子どもたちが歌っています。そういう意味ではすごい成果があり、この番組以後に、1から10まで沖縄の言葉で数えられる子どもたちは圧倒的に多くなったと思います。僕らもちょっと自信を深めて、今、第二弾として挨拶の歌を作ろうとしているところです。

――お話を聞いていると、単に番組を作るのではなく、メディアでムーブメントを作っているイメージですね。

山里　そうですね。いろいろなことを表現したくてたまらない人が沖縄にはたくさんいるので、僕らもその一員だと思っていると言ったらよいでしょうか。単に何かを紹介するだけではなくて、僕らもやはりクリエイトしながら沖縄に関わっていきたい。「何とか復興」ではないですが、「ウチナーグチ面白いね」という沖縄の言葉のムーブメントを、一生懸命作ろうとしています。

▶地デジ化の影響とインターネット

――そうすると、地デジになった場合にも、逆にそれをうまく使えないかという発想なのでしょうか。

山里　そうですね。地デジで何が変わったかというと、何も変わっていない気もします。リモコンに付いている4つのボタンを使うための設備投資が必要で、双方向といいながら、たぶん日本中のローカル局であのボタンが使える局はそうはないと思います。

毎週土曜日の夕方6時から生放送している「ひーぷー☆ホップ」という番組は、将来いつかこの地デジ双方向に対応していくための準備番組だと思っています。「ラジオみたいなテレビ番組」というコンセプトで、視聴者とキャッチボールするための番組を作ろうとしています。今は、この地デジのリモコンにある4つのボタンは沖縄ローカルでは全然活用できないので、いちばん身近で使えるツールとして、携帯のメールを使って視聴者とやり取りをしているところです。つい最近、フジテレビの技術部門の「あんたが大賞」というコンテストで、携帯メールから番組のMCへ連動していくシステムが評価され、特別賞をいただきました。

スマホとテレビとの連動については、まだ可能性を探っていく必要があり、スマホのアプリをダウンロードしてからテレビを見る実験があったりしますが、私たちもアプリを放送で活用できないかと、今、専門業者といろいろ実験を始めているところです。このスマホの可能性がどこに進むのかはわからないですが、ただスマホだけで完結してしまうと、おじいちゃん、おばあちゃんは置いてきぼりになってしまうので、どういうやり方がテレビを見ている人たちといちばんつながれるのかなと、いろいろ考えています。

——先ほどCSや「ひかりTV」の話がありましたが、スマホ以外のインターネットとの関わりはいかがですか。

山里　今、Facebookの取り組みを一生懸命やっています。Facebook上で動画を発信する実験も始めています。公式にはYouTubeはまだですが、「ひーぷー☆ホップ」にしても「ゆがふぅふぅ」にしてもすでに非公式に、あちこちからYouTubeにはアップされています。例えば、ウチナーグチ数え歌の振り付けもかなりいろいろな方がアップしてくれていて、何万再生とかとなって、それなりに見られていたりします。

——視聴者が自分で撮影したものをYouTubeにアップしているということですね。

山里　はい。番組でも、YouTubeにアップされている「ウチナーグチ数え歌」で子どもが踊っている映像を、たどって連絡して、承諾をもらって使ったりしています。こういうことは無視はできないし、逆にいい形で連動していったほうがテレビにも有益なのだろうと思います。

ただ、視聴率はリアルタイム視聴しか数字に出ないので、それだけを指標にされると制作者としてはかなり辛い状況が生まれています。特に「ゆがふぅふぅ」のような番組は、「言葉を学ぶ」イメージで録画して何回も見るという視聴習慣の視聴者も多くいて、実際にはもっと多くの人に楽しんでもらっていると思っています。現在の日本のテレビの仕組みの中ではなかなか難しいのかもしれないですが、もっと違う指標があってほしいなと思います。

▶沖縄発のドキュメンタリーへの想い——沖縄を全国へ届ける

——ドキュメンタリーについてはいかがでしょうか。山里さんもドキュメンタリーで賞をとっていらっしゃいますが。

山里　沖縄テレビでは、ドキュメンタリーはとても大切なジャンルと認識しています。FNS系列の九州8局で何とかドキュメントの枠を続けようと、「ドキュメント九州」という番組を、いろいろ変遷はあるものの20数年間頑張ってやってきました。テレビ西日本が幹事局です。20年以上前は、「We Love 九州」という日曜日の午前中の1時間枠で、NTTの提供で毎週皆頑張って作っていた時代がありました。その後、だんだん状況が変わり、スポンサーがなかなか提供につけられないような中、それでも踏ん張って30分のドキュメンタリー枠を協力して作っています。

九州は比較的ドキュメンタリーに強くて、日本のいろいろなコンテストでも賞をとったりする番組がどんどん生まれています。この「ドキュメント九州」に参加している九州各局では、1回この枠で足掛かりを作って、その後は自前でどうにか制作費を捻出して追加取材をし、1時間ドキュメントに仕上げて特番化するということを繰り返しています。

全国のFNS系列ですと、ドキュメンタリーの制作能力を伸ばしていくねらいで、コンテスト形式の「FNSドキュメンタリー大賞」という枠があります。系列各局が毎年代表作品の1時間ドキュメントを制作して、それをフジテレビが全国ネットの深夜に流しているドキュメント枠です。優秀作品は表彰され賞金も出ます。

ほかにも民教協で、「日本！　食紀行」というタイトルで、全国の民教協加盟局が持ち回りで作っているドキュメント枠があり、ここも年に1本くらい参加させてもらっています。

ドキュメンタリーについては、編成とのかねあいから視聴率がどうしても優先されて時間枠が設定されてしまう側面があります。しかし、ローカル局としてのプライドや名前を全国にとどろかす方法として一番可能性が高いのは、ドキュメンタリーで大きな賞をとることです。

おそらく日本中のローカル局がそうだと思うのですが、いい素材を見つけて、いいドキュメンタリーを作り、コンスタントに全国規模の賞を獲得して、「頑張ってるね」と世間に認知させるというのが、ローカルテレビ局のスタイルでしょうね。僕もずいぶん沖縄戦のことや、沖縄ならではのネタでドキュメンタリーを作らせてもらってきました。

報道でも、OTVはローカル局の報道部としてこんなに忙しいテレビ局があるのかというくらい忙しいですよ。普通に基地問題だけでも大変なのに、この数年、北朝鮮のミサイルや尖閣などにずっと振り回されているのです。しかし、沖縄ローカルでの大問題が、全国ネットでは大問題にならないので、そういうジレンマをすごく抱えながら、ドキュメンタリーも日々の報道も制作しています。「どうやって沖縄問題を全国に届けるか」という意味ではなかなか難しい現状があり、日々闘っています。

――6月23日の慰霊の日は、沖縄ではNHKローカルも含め、特番を組んでいますが、全国ネットで報道されることは非常に少ないですね。以前、沖縄の慰霊の日の式典の番組を全国ネットのニュースと比較して観たことがあるのですが、アナウンサーの原稿だけでなく、カメラワークも含め、沖縄という視点が前面に出ていることを実感したことがあります。

山里　そうですね。たぶん、いろいろな批判もあるでしょうけれど、沖縄にとってのニュートラルは、そもそも水平の軸が傾いているので、他の地方から見ると「偏っている」と思われるくらいではないと、沖縄ではバランス取れている感じがしないですね。

僕も、ちょうど報道に所属していた頃に、沖縄国際大に米軍のヘリコプターが墜落炎上した事故が起きました。2004（平成16）年の8月13日のことです。沖縄は当然大騒ぎだったのですが、生中継でトップニュースだろうと思って沖縄では全局が構えていたら、キー局からは「中継いらないから撤収」と言われ愕然としました。「これが全国トップニュースじゃないの？」とぶつぶつ言いながら片づけ作業する僕らの目に飛び込んできたその日の全国のトップニュースは、なんと「ナベツネ辞任！」でした。ヘリ墜落のニュースは、「負傷者はありませんでした」というだけのフラッシュニュース枠の40秒。あまりのギャップ、沖縄と本土との温度差に呆れました。

そんなことが繰り返されてくると、どんなに大事なことも見てもらえないのであれば放送としては全く成立しないなという認識が強くなってきます。だからこそ手を替え品を替えではありませんが、何とか興味をもって最後まで見てもらうような工夫をしています。沖縄戦を扱っても、大上段に何か言うのではなく、どうにか飽きさせないように、全国ネットにしろ、沖縄向けにしろ、テレビ番組として面白くなるような工夫を一生懸命ほどこしながら作っています。
——あのヘリの事件の時は、知り合いから携帯で撮った墜落の写メが送られてきたことを今でも覚えています。携帯の写真がネットで回ってくるというのが、僕にとっては最初の経験でした。
山里　そうですね、確かに。東京で暮らしているウチナーンチュ（沖縄人）も、沖縄の知り合いから「沖縄はすごいことになっている」とメールやら写真が届くのに、東京でどんなにチャンネルを回してもニュースで報道されていない。「本当かーっ！」という経験をしたウチナーンチュも多かったと思います。
　沖縄のお笑い芸人の小波津（こはつ）正光（まーちゃん）という、東京へ進出して頑張ってやっていた男がいます。彼は、沖国大にヘリが落ちた日に東京にいたのですが、まさに友達からジャンジャン連絡が来るのに、東京のどのチャンネルをつけても何も情報が入ってこない。そのギャップと苛立ちから、沖縄にその後帰ってきて、沖縄で「お笑い米軍基地」という、沖縄の基地問題を全部笑いにしてしまえというパロディの舞台を始めました。当初は「基地問題をコントにして、怒られないか……」と恐る恐るやったらしいのですが、今やすごい人気舞台で、市民会館レベルの1000人、2000人入る劇場が満杯になっています。
　沖縄の人は、彼らの「お笑い米軍基地」を見て大笑いするんですよ。タブーだから。普段、皆、眉間にしわ寄せて話しているようなことをコントにされるから、本当にヒーヒー言って笑ってるんです。ただ、ネタの半分くらいは過激すぎてテレビでは流せません。
——地デジに関して改めてお伺いしたいのですが、社史の資料を見ると経常利益が下がっている年がありますが、これは地デジの設備投資の影響でしょうか。
山里　そうです、地デジの設備投資です。経済情勢で売り上げや経常利益は多少浮き沈みはあると思うのですが、地デジの設備投資は、特に沖縄では離島の問題もありますので、大きく影響してきます。どこまで国が補助してくれるのかというところはずいぶんせめぎ合っていたと思います。

大東島でも開局しましたから、地デジの普及率は現在、離島も含めてほぼ100％になっています。実は、沖縄地区の端っこに位置する大東島（沖縄本島から約340km東、北大東島と南大東島の2島からなる）は、地デジ開局するまでは、沖縄県でありながら沖縄の放送を見ることができなかったのです。地上波は届かず東京寄りのBSを視聴していました。だから、沖縄でありながら沖縄のローカル放送をずっと見ていなくて、沖縄本島の知り合いから「郷土劇場」などのビデオを送ってもらって見ていたという人たちが多くいました。地デジ開局の時にようやく海底ケーブルが開通して、その記念式典のための事前取材で、大東島の状況を改めて僕らは知ることができました。

開局の日に生中継をしたのですが、島の皆さんは「ようやくこれで沖縄県民になれる」と。「大東島の皆さん、初めましてー」って、そういう番組になりました。それまで南北大東で暮らす人々はBSを見ていましたから、台風が大東島の人たちにとってのピークの時にも、その情報には放送では一切触れられないわけです。台風が通り過ぎてから、頻繁に細かく情報が入ってくるような状況だったといいます。だから、地デジになってようやく、台風情報もリアルな時間に知ることができる環境になりました。

▶報道とスクープ映像――バランスをとりながら中央とのギャップをうめる

――先ほど、報道に関して全国ネットと比較すれば、水平線が傾いているのが、沖縄の普通だというお話がありました。地域との関わりに関して、基地の問題も含めてどのようなスタンスで追っているのかを、最後に改めてお聞きしたいと思います。

山里　沖縄テレビのスタンスはたぶん沖縄のメディア全体から見ると、いわゆる「ニュートラル」寄りというか、なるべくいろいろな情報を分け隔てなく見ていこうという姿勢が強いと思います。

基地の反対運動をされている方々に溶け込んで、そちら側にカメラごと入り込んでいって、強いメッセージを発信するという姿勢も大事だと思うのです。しかし、沖縄テレビの社風でもあると思うのですが、なるべく客観的に表現していくことを基本にしています。僕が作ってきた番組もそうだし、過去、沖縄テレビが作ってきたドキュメンタリーやニュースでも、いろいろな考え方をバランス良く表現するスタンスに立ってやっていこうとしていると思います。それでもやはり先ほど言ったような、中央とのあまりにも大きいギャップをなるべく埋めていきたい、ことあるごとに発信していきたいと思ってはいます。

廃藩置県で日本になり、戦争に負け、アメリカ軍の占領統治下時代があって、また日本に復帰する。それ以前には琉球王朝という時代がある。そういう変遷があって、今の沖縄が成立しているバランスがあると思うのです。ウチナーンチュとしてのアイデンティティーをベースに、バランスを保ちながら大事なことはちゃんと伝えようとする社風が、沖縄テレビにはあると思います。

沖縄で最初のテレビ局であるOTVには、沖縄の歴史を映してきたさまざまな映像があります。スクープ映像もいろいろあるのですが、その中に「初のスクープ映像」である、開局前、1959（昭和34）年6月の映像が残っています。1959年に、開局準備の技術研修で、報道のカメラマンが練習している時期に、石川にある宮森小学校に米軍機が墜落したのです。子どもたちを含む多数の死傷者がでました。その墜落直後の現場を撮影した唯一の動画がOTVにあります。研修中の若き宮城カメラマンが、現場に駆けつけ撮りました。あとで話を聞いたら、沖国大にヘリが落ちたのとほぼ同じような状況だったと感じました。

米兵が来て封鎖したり、燃え残っている機体を持ち出していくような作業を撮影していた宮城カメラマンは、米兵に「お前、そのフィルム出せ」って言われて没収されそうになったらしいのです。「OK、OK、わかった」と機転を利かせて、カメラから出す振りをしてまだ撮影していないフィルムを渡し、撮影していたフィルムはカメラの中に残し帰ってきた。その後、放送したら圧力がかかったらしいんですが……。「復帰運動」「毒ガス移送」「コザ騒動」「日本復帰」……、開局以来、沖縄の現実を記録してきたたくさんの映像と、先輩たちから受け継いできた「テレビマンとしてのDNA」が沖縄テレビの貴重な財産です。

山里孫存（やまざと・まごあり）

報道制作局次長、報道推進部長
1964年沖縄県生まれ。1989年入社。入社2年目から制作部に配属。沖縄のお笑い芸人を起用したバラエティーや、アクターズスクールの音楽番組などを制作。その後、報道部への異動を機にドキュメンタリーを多数制作。代表作は「むかしむかしこの島で」（2005年）、「戦争を笑え」（2006年）、「カントクは中学生」（2010年）など。

▶まとめと解説──九州・沖縄編

九州・沖縄地区は、「アートネイチャースペシャル・電撃黒潮隊」（山口県も含めた九州・沖縄県のTBS系列）から現在の「JNN九州・沖縄ドキュメント ムーブ」までに代表されるように、ドキュメンタリーを中心に意欲的に番組制作をおこなってきた放送局が多くみられる。東京のキー局では、ドキュメンタリー番組が単発ものの特集や深夜時間帯にしかみられないこととは、対照的である。

思えば、1970年代まで、たとえば牛山純一や彼の率いた日本放送記録センターを中心にした、NTV系列の「すばらしい世界旅行」や「驚異の世界」のように、キー局でもゴールデン等において、多くのドキュメンタリー番組が放映されていた。けれども、80年代以後、次第に単発の特集を除いてはその多くが姿を消していった。牛山のかつての批判、「「タレントの座談会」でお茶をにごす、手を抜いた報道の横行」、「芸能関係のプロデューサーとディレクターで、今日的な課題に対する新鮮な感覚や、現場取材のテクニック等の訓練が行なわれていない」、「大衆から遊離した「ひとりよがりの報道」に終わることが多い」（牛山純一「テレビ報道にとっての映像人類学」*1 253～254頁）などは、どのように生かされているのだろうか。時にみられる特集でさえ、タレント、アイドル、お笑い芸人などがナレーターや案内人として登場しているのをみるたびに、視聴率との関係があるのかもしれないが、虚しさを感じざるをえない。その点からすると、九州・沖縄地区の多くの局の試みは評価されるべきだろう。

そのような九州・沖縄地区からインタビューに応じていただけたのは、長崎放送、熊本放送、南日本放送、沖縄テレビ放送の4局である。ただし、諸事情から、長崎放送に関しては本書に収録されていない。インタビューは『ジャーナリズム＆メディア』第9号（日本大学法学部新聞学研究所、2016年3月、https://www.law.nihon-u.ac.jp/publication/doc/journalism09.pdf）に掲載されているので、そちらを参照していただくとして、ここで簡単に紹介だけをしておこう。

長崎放送は、その前身の長崎平和放送株式会社から始まり、1953年にラジオ放送を開始し、1959年からテレビ放送を開始する。多くの放送局が新聞社との直接間接の関係をもつなか、長崎放送は県内経済界が主体となり地元資本を中心にして設立された。そのため、「新聞社が母体として設立されなかったことから、新聞報道に倣うのではなく、新しいメディアであるラジオやテレビのあるべき姿を追い求めるという社風」、「放送という新しい文化を作ろう」という気風が長崎放送の基盤を形成している。その現れが、たとえば1979年の長崎大水害の際の安否情報の報道や、1991年の雲仙・普賢岳災害の際に地元局が主導権をとったことであろう。また、「原爆放送局」としての使命も強く持っている。その他、佐賀県の放送も担っていることも特徴のひとつである。さらに、多くの島嶼地域を含むため、近隣諸県および近隣国との電波錯綜によって、デジタル化の際に大きな困難に直面した。

さて、九州・沖縄地区は台風などを含め、多くの災害や社会問題に対して特徴的な報道姿勢があるように思われる。その例として、南日本放送の災害報道、選挙報道、熊本放送の水俣病やハンセン病、三池炭鉱などに対する報道があげられよう。インタビューでは残念ながら詳細が語られていないが、熊本放送の村上雅通氏による水俣病についての諸ドキュメンタリーを代表に、熊本放送の水俣報道は地域社会の問題と地域に根ざした放送局といった点で示唆的といえよう。

また、沖縄テレビ放送はアメリカ統治下でのスタート、およびその後の日本復帰といった特異な経験をもつ。その上で、基地問題を含め、他の地域とは異なった特色を持っている。また、インタビューでも触れられているが、「琉球諸語」に対する取り組みも注目される。これはキー局を中心とした放送メディアのみならず本土の主たるメディアが根本的に反省しなければならない問題であろう。日本政府あるいは日本国がこの問題を「先住民族性」といった言葉でなし崩しにしているのと、既存の多くのメディアが「方言」で誤魔化していることとは軌を一にしているのではないだろうか。その意味では、胸を張って「琉球諸語」を前面に提示する沖縄テレビ放送のあり方は賞賛に値するし、本土メディアは真摯にこの問題を考える必要があると筆者は考える。

［小林義寛］

注――――

*1 ポール・ホッキングズ、牛山純一編、石川栄吉監修、近藤耕人翻訳監修『映像人類学』（日本映像記録センター、1979年、251～262頁）。ただし、本訳書は、1973年にシカゴで開催された国際人類学・民族学会議の部会論文をまとめた原書 Paul Hockings (eds.), *Principles of Visual Anthropology* (Mouton, 1975) からの抜粋であり、牛山の論文は、原論文に加筆補正している。そのため、原著出版年ではなく翻訳書の出版年を出典にした。

▶放送関連主要賞一覧

日本民間放送連盟賞

https://www.j-ba.or.jp/category/aboutus/jba101979

日本民間放送連盟（民放連）が1953年に創設した賞で、高品質の番組が多く制作、放送されることを促し、CM制作や技術開発の質的向上、放送による社会貢献活動等の発展を図ることを目的とする。2013年より日本放送文化大賞も一体化されている。

ギャラクシー賞

http://www.houkon.jp/galaxy/

放送批評懇談会が1963年に制定した賞で、日本の放送文化の質的な向上を願い、優秀番組・個人・団体を顕彰する。

芸術祭賞

http://www.bunka.go.jp/seisaku/geijutsubunka/jutenshien/geijutsusai/

1946年から文化庁の主催により、毎年秋に日本国内で行なわれている諸芸術の祭典である文化庁芸術祭で贈呈される賞。芸術祭への参加公演・参加作品に対して、それぞれの部門で公演・作品内容を競い合い、成果に応じて文部科学大臣賞（芸術祭大賞、芸術祭優秀賞、芸術祭新人賞）が贈られる。

放送文化基金賞

http://www.hbf.or.jp/awards/article/about_awards

1974年に放送文化基金により制定された賞で、視聴者に感銘を与え、放送文化の発展と向上に寄与した優れた放送番組、および放送文化、放送技術の分野での顕著な業績を対象に表彰する。

「地方の時代」映像祭

http://www.chihounojidai.jp/

1980年から、日本放送協会（NHK）、日本民間放送連盟（民放連）、開催地の各自治体が共同で主催するコンクール。地域の文化や地域の課題、時代をとらえた作品、地方文化を映し出した映像作品を対象とする。

民教協スペシャル

http://www.minkyo.or.jp/01/004/

1986年より公益財団法人民間放送教育協会により年に一度放送されるスペシャル番組。加盟局が提出した企画書を外部審査委員が選考し、制作作品を決定する。

▶民間放送略史

西暦	民放および放送関連の動き	国内外の動き
1951年	4月　民放中波ラジオ16社に放送局予備免許 7月　日本民間放送連盟（民放連）発足 9月　中部日本放送と新日本放送開局、続いて民放ラジオ4局開局	9月　サンフランシスコ講和条約
1953年	2月　NHK東京開局 8月　日本テレビ放送網開局	7月　朝鮮戦争休戦協定
1955年	4月　KRT（東京）開局	11月　保守合同により自由民主党結成
1956年	12月　OTV（大阪）、CBC（名古屋）開局	12月　日本、国際連合加盟
1957年	4月　HBC（札幌）開局 10月　民放36局、NHK7局に一斉予備免許	10月　ソ連、スプートニク1号打ち上げ
1958年	3月　RKB（福岡）ほか民放12社開局	12月　東京タワー竣工、営業開始
1959年	2月　NET（東京）開局 3月　フジ（東京）、毎日（大阪）ほか民放21社開局 5月　放送法改正・番組審議会を義務づけ 8月　テレビ広告費がラジオを抜く	4月　皇太子ご成婚
1960年	9月　民放4社とNHKがカラー放送スタート	6月　日米安保条約改定
1964年	4月　東京12チャンネル開局	10月　東京オリンピック開催
1967年	11月　UHF民放15社に予備免許	
1968年	5月　民放全社がカラー化	大学紛争激化
1969年	5月　民放連とNHKが「放送番組向上協議会」を設置 12月　民放初のFMラジオ局・エフエム愛知開局	7月　アポロ11号月面着陸
1970年	1月　民放連「放送基準」改正、ラジオ・テレビ放送基準を一本化	3月　大阪万博開催
1972年	2月　浅間山荘事件のテレビ中継の累計視聴率が98.2%を記録	2月　冬季オリンピック札幌大会 2月　浅間山荘事件 5月　沖縄返還
1975年	媒体別広告費でテレビが新聞を抜いて首位に	4月　ベトナム戦争終結
1976年	日本ビクター、VHS方式の家庭用VTR発売	2月　ロッキード事件
1978年	4月　初の実験用放送衛星「ゆり」打ち上げ 9月　日本テレビ放送網が音声多重放送開始。同年中に民放3社とNHKもスタート	10月　日中平和友好条約
1979年		3月　米スリーマイル島原発事故 12月　ソ連アフガニスタン侵攻
1984年	5月　NHK衛星試験放送開始	2月　ロス疑惑 4月　東京ディズニーランド開園
1985年	11月　テレビ文字多重放送開始	9月　プラザ合意
1986年	1月　郵政省、民放テレビの全国4波化方針	4月　ソ連・チェルノブイリ原発事故

西暦	民放および放送関連の動き	国内外の動き
1987年		4月　国鉄分割民営化
1988年		リクルート事件
1989年	6月　NHK衛星本放送開始	1月　昭和天皇崩御 5月　天安門事件 11月　ベルリンの壁崩壊、冷戦終結
1990年	11月　WOWOW試験放送開始	
1991年		1月　湾岸戦争
1992年	2月　CS放送開始 12月　初のコミュニティFM放送開始	10月　佐川急便事件
1993年		5月　サッカーJリーグ開幕
1994年	11月　ハイビジョン実用化試験放送開始	6月　松本サリン事件
1995年	11月　東京メトロポリタンテレビ開局	1月　阪神淡路大震災 3月　地下鉄サリン事件
1996年	10月　CSデジタル放送「パーフェクTV」本放送開始	
1997年	3月　郵政省が地上波のデジタル化方針を決定 5月　放送と人権等に関する委員会機構(BRO)発足	7月　イギリス、香港を中国に返還 11月　山一證券、北海道拓殖銀行経営破綻
1998年	5月　スカイパーフェクTV!が発足	2月　長野オリンピック
2000年	4月　放送と青少年に関する委員会設置 12月　BSデジタル放送開始	7月　九州沖縄サミット開催
2001年		9月　米同時多発テロ
2002年	3月　110度CSデジタル放送開始	5月　サッカー日韓共催ワールドカップ
2003年	7月　放送倫理・番組向上機構(BPO)発足 12月　地上デジタル放送開始(東名阪)	3月　イラク戦争開始
2004年		5月　日朝首脳会談 10月　新潟県中越地震
2005年		10月　郵政民営化
2006年	4月　ワンセグサービススタート(東名阪)	
2008年		9月　リーマンショック、金融危機
2010年	12月　放送法大幅改正	
2011年	7月　被災3県を除く全国で地上波が完全デジタル化	3月　東日本大震災
2015年	10月　民放キー局5社が公式テレビポータルサイト「TVer」スタート	

▶テレビネットワーク図

	JNN（28社）	NNN（30社）	FNN（28社）	ANN（26社）	TXN（6社）	独立協（13社）
北海道	北海道放送 HBC	札幌テレビ放送 STV	北海道文化放送 UHB	北海道テレビ放送 HTB	テレビ北海道 TVH	
青森	青森テレビ ATV	青森放送 RAB		青森朝日放送 ABA		
岩手	岩手放送 IBC	テレビ岩手 TVI	岩手めんこいテレビ MIT	岩手朝日テレビ IAT		
宮城	東北放送 TBC	宮城テレビ放送 MMT	仙台放送	東日本放送 KHB		
秋田		秋田放送 ABS	秋田テレビ AKT	秋田朝日放送 AAB		
山形	テレビユー山形 TUY	山形放送 YBC	さくらんぼテレビジョン SAY	山形テレビ YTS		
福島	テレビユー福島 TUF	福島中央テレビ FCT	福島テレビ FTV	福島放送 KFB		
東京	TBSテレビ TBS	日本テレビ放送網 NTV	フジテレビジョン	テレビ朝日	テレビ東京	東京メトロポリタンテレビジョン TOKYO MX
群馬						群馬テレビ GTV
栃木						とちぎテレビ GYT
茨城						
埼玉						テレビ埼玉 TVS
千葉						千葉テレビ放送 CTC
神奈川						テレビ神奈川 tvk
新潟	新潟放送 BSN	テレビ新潟放送網 TeNY	新潟総合テレビ NST	新潟テレビ21 UX		
長野	信越放送 SBC	テレビ信州 TSB	長野放送 NBS	長野朝日放送 ABN		
山梨	テレビ山梨 UTY	山梨放送 YBS				
静岡	静岡放送 SBS	静岡第一テレビ SDT	テレビ静岡 SUT	静岡朝日テレビ SATV		
富山	チューリップテレビ TUT	北日本放送 KNB	富山テレビ放送 BBT			
石川	北陸放送 MRO	テレビ金沢 KTK	石川テレビ放送 ITC	北陸朝日放送 HAB		
福井		福井放送 FBC	福井テレビジョン放送 FTB	福井放送 FBC		
愛知	CBCテレビ	中京テレビ放送 CTV	東海テレビ放送 THK	名古屋テレビ放送	テレビ愛知 TVA	
岐阜						岐阜放送 GBS
三重						三重テレビ放送 MTV
大阪	毎日放送 MBS	読売テレビ放送 YTV	関西テレビ放送 KTV	朝日放送テレビ ABC	テレビ大阪 TVO	
滋賀						びわ湖放送 BBC
京都						京都放送 KBS
奈良						奈良テレビ放送 TVN
兵庫						サンテレビジョン SUN
和歌山						テレビ和歌山 WTV
鳥取	山陰放送 BSS	日本海テレビ NKT				
島根			山陰中央テレビ TSK			
岡山	山陽放送 RSK		岡山放送 OHK		テレビせとうち TSC	
香川		西日本放送 RNC		瀬戸内海放送 KSB		
徳島		四国放送 JRT				
愛媛	あいテレビ ITV	南海放送 RNB	テレビ愛媛 EBC	愛媛朝日テレビ EAT		
高知	テレビ高知 KUTV	高知放送 RKC	高知さんさんテレビ KSS			
広島	中国放送 RCC	広島テレビ放送 HTV	テレビ新広島 TSS	広島ホームテレビ HOME		
山口	テレビ山口 TYS	山口放送 KRY		山口朝日放送 YAB		
福岡	RKB毎日放送 RKB	福岡放送 FBS	テレビ西日本 TNC	九州朝日放送 KBC	TVQ九州放送 TVQ	
佐賀			サガテレビ STS			
長崎	長崎放送 NBC	長崎国際テレビ NIB	テレビ長崎 KTN	長崎文化放送 NCC		
熊本	熊本放送 RKK	熊本県民テレビ KKT	テレビ熊本 TKU	熊本朝日放送 KAB		
大分	大分放送 OBS	テレビ大分 TOS	テレビ大分 TOS	大分朝日放送 OAB		
宮崎	宮崎放送 MRT	テレビ宮崎 UMK	テレビ宮崎 UMK	テレビ宮崎 UMK		
鹿児島	南日本放送 MBC	鹿児島読売テレビ KYT	鹿児島テレビ放送 KTS	鹿児島放送 KKB		
沖縄	琉球放送 RBC		沖縄テレビ放送 OTV	琉球朝日放送 QAB		

白抜き文字の局は、クロスネット社です。

衛星放送は除く

日本民間放送連盟作成・提供

おわりに

1953年、日本でテレビ放送が開始された。それから60年、キー局を中心に多くの議論が展開されてきたが、地方局に焦点をあてたことはあったのだろうか。そのような問題意識から、「記憶と記録が失われる前に」開局からの状況を記録にとどめたいと考えた。当時日本大学法学部新聞学科教授であった小川浩一を中心に、本学部新聞学研究所のプロジェクトがスタートした。本書冒頭の「刊行によせて」はそのような事情から小川が執筆している。

企画は、50年代から60年代初頭にテレビ放送を開始した局を中心に、いくつかの局を選定することから始まった。その際には、日本民間放送連盟の安斉茂樹氏に助言をいただいた。ここに記して感謝する。

ヒアリング、インタビューを続けながら、企画自体は日本全体を網羅していく方向へと拡張され、複数年にわたるプロジェクトへと広がった。とはいえ、本研究所は独立に専従スタッフがいるわけではなく、学部、大学院の授業との関係で休講には補講が義務化されているので、自由に休講が可能ではなく、当然に放送局との日程調整の兼ね合いもあり、結果として3年間で13局にお引き受けいただいた。4年目は両者の調整が上手くいかない中で、本研究所のおかれている経済的、人的状況から判断して、プロジェクトの継続は困難となった。その結果、本書はそれまでの足かけ3年にわたるプロジェクトの成果として刊行することとした（出版にあたっては掲載を辞退された放送局もあるが、その局を含めた成果は本研究所の紀要『ジャーナリズム＆メディア』〔本研究所ウェブサイトにてPDFとしても閲覧可能〕を参照されたい）。本プロジェクトを理解いただき、ご協力をいただいた各放送局のみなさまには、あらためて感謝の意を表したい。

さらに、本研究所では、プロジェクトの進捗状況をみながら、70年代以後のUHFなどの独立局を含めた多局化時代やその後も視野におさめたプロジェクト拡張の提案もおこなわれたが、人的、経済的資源もかなり限定的な本研究所からすると実現は困難である。その上、近年の大学がおかれている状況、とくに人文・社会科学、とりわけ実利も実学にも関係のない領域に対する近年の状況は非常に厳しい。そうした桎梏のなかで、どのような方法になるかはわからぬが、「記憶と記録が失われる前に」何らかの対応を考えていきたいと願っている。

最後になるが、3年間のプロジェクトは日本大学法学部および本学部新聞学研究所ならびに本研究所スタッフの援助によって支えられた。感謝したい。また、決して一般的に売れるとは思えないプロジェクトの成果の出版を引き受けていただいた森話社の英断に感謝したい。さらに、当時森話社の編集担当として煩雑な編集作業および各放送局との間での校正を含めたやりとりなどに対応し、森話社退社後も引き続き編集を担当していただいた西村篤氏（現・七月社）には、出版計画から2年以上にわたり辛抱強く対応していただき、心からありがたく思っている。氏がいなければこのような成果を出版できなかったであろう。ここに記して感謝の意に代えたい。

米倉 律・小林義寛・小川浩一

［編者］

米倉 律（よねくら・りつ）

1968年、愛媛県生まれ。NHK報道局ディレクター、放送文化研究所主任研究員を経て、現在、日本大学法学部新聞学科准教授。映像ジャーナリズム

『新放送論』（共編著、学文社、2018年）、「「戦争体験・記憶」の継承をめぐるポリティクス―"戦後七〇年"関連テレビ番組の内容分析を中心に―」（『政経研究』第54巻4号、2018年3月）、「震災テレビ報道における情報の「地域偏在」とその時系列変化―地名（市町村名）を中心としたアーカイブ分析から―」（『ジャーナリズム＆メディア』第10号、2017年3月）

小林義寛（こばやし・よしひろ）

1961年、神奈川県生まれ。日本大学法学部新聞学科教授。文化社会学

「多元的現実論の視点からメディアの信頼性への問い― A. シュッツのドン・キホーテ論を導き手に―」（『ジャーナリズム＆メディア』第11号、2018年3月）、「遍在する、ニュースと〈個人〉―情報の「受け手／送り手」と「公共性」―」（伊藤守・岡井崇之編『ニュース空間の社会学―不安と危機をめぐる現代メディア論―』世界思想社、2015年）

小川浩一（おがわ・こういち）

1944年、東京都生まれ。東海大学名誉教授、元日本大学法学部新聞学科教授。社会学（社会変動論、コミュニケーション論）

『マス・コミュニケーションへの接近』（編著、八千代出版、2005年）、『社会学的機能主義再考』（霜野寿亮との共著、啓文社、1980年）、「日本の階層固定化とジャーナリズム」（『ジャーナリズム＆メディア』第5号、2009年3月）

［インタビュー聞き手］

佐幸信介（さこう・しんすけ）

1966年、長野県生まれ。日本大学法学部新聞学科教授。社会学、メディア研究

『国道16号線スタディーズ―二〇〇〇年代の郊外とロードサイドを読む―』（共著、青弓社、2018年）、『失われざる十年の記憶――九九〇年代の社会学―』（共著、青弓社、2012年）、「長谷川如是閑のジャーナリズム論と界の構造―メディアとジャーナリズムが交叉する場所―」（『ジャーナリズム＆メディア』第7号、2014年3月）

小林聡明（こばやし・そうめい）

1974年、大阪府生まれ。日本大学法学部新聞学科准教授。東アジア国際政治史／メディア史、朝鮮半島地域研究

『在日朝鮮人のメディア空間』（風響社、2007年）、『メディアと文化の日韓関係』（共著、新曜社、2016年）、「アジア太平洋地域における戦時情報局（OWI）プロパガンダ・ラジオ」（『政経研究』第54巻2号、2017年9月）

ローカルテレビの60年――地域に生きるメディアの証言集

発行日……………………………2018年8月7日・初版第1刷発行

監修………………………………日本大学法学部新聞学研究所

編者………………………………米倉 律・小林義寛・小川浩一

発行者……………………………大石良則

発行所……………………………株式会社森話社

〒101-0064 東京都千代田区神田猿楽町1-2-3

Tel 03-3292-2636

Fax 03-3292-2638

振替 00130-2-149068

印刷………………………………株式会社厚徳社

製本………………………………榎本製本株式会社

ISBN 978-4-86405-130-9 C1036